本书为2019年度江苏高校哲学社会科学研究

重大项目"食品安全标准法律制度改革研究"（编号2019SJZDA017）研究成果之一

舌尖上的安全

第五届
食品安全法论坛文集

曾祥华　万　艺　主编

上海交通大学出版社
SHANGHAI JIAO TONG UNIVERSITY PRESS

内容提要

  2018 年 11 月,第五届食品安全法论坛在江南大学法学院召开。本书对与会专家学者及实务界代表的观点予以归纳和总结,包括电子商务立法与网络食品交易第三方平台的责任梳理、保健食品网络营销监管问题研究、农村食品安全多元治理模式之构建、国外转基因食品安全规制模式的考察以及对我国行政法规制的启示等方面的问题,从责任认定、征信制度、信息公开、审查方式等角度探讨食品安全法存在的问题以及改进措施。

  本书适合法律界人士以及对食品安全感兴趣的社会人士阅读。

图书在版编目(CIP)数据

  舌尖上的安全：第五届食品安全法论坛文集 / 曾祥华,
万艺主编. —上海：上海交通大学出版社,2019
  ISBN 978 - 7 - 313 - 21983 - 1

  Ⅰ.①舌… Ⅱ.①曾… ②万… Ⅲ.①食品安全-文集
Ⅳ.①TS201.6 - 53

  中国版本图书馆 CIP 数据核字(2019) 第 212131 号

舌尖上的安全：第五届食品安全法论坛文集

....

主　　编：	曾祥华　万　艺			
出版发行：	上海交通大学出版社	地　　址：	上海市番禺路 951 号
邮政编码：	200030	电　　话：	021 - 64071208
印　　刷：	上海春秋印刷厂	经　　销：	全国新华书店
开　　本：	710mm×1000mm　1/16	印　　张：	14.5
字　　数：	274 千字		
版　　次：	2019 年 11 月第 1 版	印　　次：	2019 年 11 月第 1 次印刷
书　　号：	ISBN 978 - 7 - 313 - 21983 - 1/		
定　　价：	58.00 元		

前 言

"民以食为天,食以安为先"。食品安全的重要性不言而喻,人人皆知,但是,时至今日,我国的食品安全问题依然十分严重,食品安全依然是大众的渴望。

江南大学是一所特色鲜明的大学,其食品学院在我国同类学科中创建最早、基础最好、覆盖面最广,在教育部的全国一级学科评估中,食品科学与工程学科多次蝉联第一,2017 年 9 月,该学科入选"双一流"建设学科名单。与学校特色优势学科相结合,与地方特色相结合,是法学研究,尤其是位于大都市之外、法学学科尚处于发展中的法学院研究的优选方向之一。笔者自入职江南大学以来,即开始关注《食品安全法》①,2012 年冬,借助学院、学校的支持,举办了第一届食品安全法论坛,在海内外同仁的支持下,论坛取得了成功。接着 2013 年又举办了第二届研讨会。由于长三角几所院校的同仁怀有共同的热忱,第三届、第四届论坛由同济大学法学院、浙江省科技法研究会、中国计量大学法学院承办。感谢法律出版社的大力支持,第一届、第二届论坛文集得以出版,与广大读者见面。由于各种原因,第三届、第四届论坛未能出版文集。

在江南大学领导的关心指导下,第五届食品安全法论坛又回归江南大学,在美丽的无锡召开。本届论坛由江南大学食品安全法研究中心与江苏双汇律师事务所共同承办,感谢热心公益的江苏双汇律师事务所及其主任田华峰先生的大力支持。论坛作为连续性学术研讨活动,将继续举办下去。

本次论坛以《食品安全法》实施中的法律问题、食品安全治理中的权利救济机制、网络食品安全问题研究、食品安全标准与食品风险的法律规制为主题,进行了热烈的讨论。各位专家各抒己见,为食品安全法治建设贡献智慧,提出了许多真知灼见。本书即为此次论坛智慧的结晶。关于第一个主题,目前的确有许多实际运行中的问题需要探讨,好在已经引起学术界和实务界的关注。对于第二个主题,笔者曾经获得过中国法学会部级项目立项,作为该项目的成果,专

---

① 即《中华人民共和国食品安全法》,简称《食品安全法》,2009 年由第十一届全国人民代表大会常务委员会第七次会议通过,2015 年进行了修订,2018 年再次进行修正。

门组织撰写了一本小书《食品安全权利救济机制研究》，已由法律出版社出版，在此毋庸赘言。现仅就网络食品安全问题研究和食品安全标准法律制度的改革发表一点浅见。

网络食品交易是一种新业态，有关第三方平台的义务和责任的研究近年来才开始起步，论述平台的监管责任居多，尚不够系统深入，当然，有对网络交易平台的法律责任综合研究可资借鉴。网络餐饮是新生事物，无国际经验可借鉴，要在发展中不断探索，摸索适合我国发展现状的食品安全管理模式。大部分学界学者主要研究论述了网络食品交易第三方平台提供者的民事责任，对其行政责任、刑事责任研究较少。对于网络食品交易第三方平台提供者的责任，国外大部分学者还是借鉴对网络服务商的责任认定，而各国的网络服务商立法趋势也表明，立法需符合网络发展技术更新快的要求，不能仅仅注重保护权利人的利益，而合理适用过错责任原则有利于平衡多方利益。而且根据监管部门掌握的信息，国外一些发达国家对平台责任的规定大多限于平台用户侵犯商标、专利、著作权和名誉权等范围，这样的立法模式可能并非疏漏，而反映的是相应的政策考量。我们应当以公私合作规制理论为指导，坚持责任适当原则，对中国领先的新业态，做出自主学术新探索，促其可持续健康发展。借鉴"利益衡量"理论，运用动态的视角，以学科交叉、模型分析等方法进行研究。

2015 年国务院发布《关于印发深化标准化工作改革方案的通知》（以下简称《通知》），而同年修订的《中华人民共和国食品安全法》却未能很好地体现《通知》的精神，食品安全标准依然不健全、不平衡，2017 年《中华人民共和国标准化法》的修订标志着我国标准化工作进入新时代，食品安全标准修订需要进一步加强。因此，应当加强对食品安全标准法律制度改革的研究。

很多学者纠缠于将技术标准转化为技术性法规，希望提高其法律位阶，然而，并没有触及问题的实质。《食品安全法》排除团体标准，表明对社会组织行业自治的不信任，因此，对食品安全团体标准的研究相当缺乏，与社会共治的理念相矛盾。该法将企业标准与国家标准、地方标准均视为"食品安全标准"，这种立法上的大而化之的笼统规定，反过来引发了学术界将三者相提并论式的讨论，从而导致对食品安全企业标准的特殊性缺乏深入细致的考量。食品安全企业标准法律性质和法律效果亟须正确定位和认真分析。《中华人民共和国立法法》修订后，对于地方标准制定主体是否扩大到设区的市，只有个别学者提及，尚无定论，故也需要更多的研讨。

发达国家学者更加注重行业协会、第三方研究及检测机构等社会中介组织的优势，认为他们是标准体系建设中的重要力量。针对这一点，有学者提出在食品安全标准制定过程中关注专家的可能影响，食品企业可能"俘获"专家，使得食品安全标准审评专家们面对"利益冲突",从而影响食品安全标准制定的公正性。有学者强调标准制定程序公开,应该充分发挥私人主体的重要作用,建议标准制定程序民主化。也有学者指明食品安全标准体系应当贯彻系统性原则、层次性原则、平衡性原则、规划性原则。

对食品安全标准法律制度的研究可以将宏观层面的制度考量和微观层面的具体分析较好地结合起来,使得行政法学更好地回应真实世界,让行政法学的研究更有生机,对现实有更强的解释力。从动态的角度研究食品安全标准法律制度的变迁,会更好地理解制度及其变革。关注欧美"私人行政程序法"理论,即正当程序要求影响了私人主体的标准制定程序,也许会引发法学理论的创新。对国外理论的借鉴和对国内立法、执法的反思,可以超越立法引导研究的进路,促进法学研究的升华。对不同标准的法律性质和效果的分别探讨,可以避免"一刀切"式的武断结论,强化研究的精准性。对食品安全团体标准的新探索会提升社会共治理论。学科的交叉,可以突破部门法界限乃至促进法学与自然科学的融合。

食品安全标准对保障消费者健康和生命,提升政府食品监管能力,规范和引导食品生产者和经营者行为具有重要的意义。探究规范食品安全标准的制定程序,让食品生产经营者和消费者在标准制定中发挥更大作用,会使食品安全标准更加合理。通过完善食品安全标准的内容,明确食品安全的制定主体,引进团体标准等手段来构建完善的食品安全标准体系,减少不同层级、不同地域之间食品安全标准的冲突,对完善食品安全治理制度的顶层设计具有重要意义。对国外食品安全标准体系法律制度的研究,可以为健全我国食品安全监管体系提供非常有益的经验和启示。

我们应当避免完全的政府规制或自我规制,寻求合适的合作规制。团体标准是我国标准化体制改革的重点。应当具体探讨团体标准制定的范围和原则;从特殊性的角度研究食品安全企业标准的法律性质和法律效果;对设区的市能否制定地方标准及其范围进行探索。借鉴欧美"私人行政程序法"理论,运用动态的视角,以学科交叉、模型分析等方法进行研究。

另外,笔者早年曾经极力主张食品安全主要靠法律,而不是靠道德,引起了网友的争论。现在基本上仍然坚持上述观点。笔者认为,没有法律公平切实的实施,就不能叫做真正的法治,停留在字面上的法律,不能承受使命之重。欲保证食品安全,必须厉行法治,而人人平等本身既是法治的要义,也是实现法治的必然条件。特权一日不除,食品安全则一日无从保障。当然,笔者现在对自己的观点稍加修正,即道德的力量也不可小觑,在一个缺乏信仰,丧失道德底线的社会,实现食品安全,无异于痴人说梦,缘木求鱼。

  笔者还要强调，仅仅依靠政府机构的力量监管食品安全，即使政府机关及其所属公务员是千手观音，也不可能达成目标。只有具备成熟的社会组织，实现社会共治，食品安全方能得到可靠保障。一方面强调社会共治，另一方面消除团体标准，对社会组织不信任（当然私人规制也会有不足与弊端），不敢放手，岂不是自相矛盾？纯粹的计划经济和纯粹的市场经济都是要不得的，政府和市场都会失灵。同样的道理，纯粹的政府规制和纯粹的自我规制也都会失败。只有公私合作治理，才是食品安全治理的正道。

  再次感谢学术界、实务界各位同仁、新老朋友参与，我们需要你们继续的大力支持，也希望有更多的同仁参与进来，尤其是希望年轻的一辈多多参与，如此，则我们的事业才会不断发展壮大，后继有人。

江南大学食品安全法研究中心 曾祥华

2019 年 7 月 12 日于无锡天景园

目　录

食品安全法实施中的法律问题

我国对国际组织食品安全工作的参与和促进 ………… 曾文革　冯　帅(2)

食品安全行政复议中的法律适用问题研究 ……………………… 曾祥华(12)

社会权力视域下我国食品安全规制的路径创新 ………………… 张　锋(24)

食品安全制裁措施的协调性研究 ……………………………… 梅　锦(32)

食品销售领域惩罚性赔偿"明知"要件的司法认定 …… 庄绪龙　宁尚成(44)

供应链视角下食品安全乱象的社会共治政策研究 ……………… 马艺闻(57)

食品安全治理中的权利救济机制

论农村食品安全多元治理模式之构建 …………………………… 张志勋(64)

食品安全社会救助制度研究 …………………………………… 高　凛(74)

食品安全信息披露与消费者知情权的反思与重构 …… 王　靖　马淑芳(86)

试论我国食品安全大规模侵权的权利救济机制的完善 ………… 魏琦宗(97)

网络食品安全问题研究

电子商务立法与网络食品交易平台的责任梳理 …… 陈宏光　张明彭(106)

保健食品网络营销监管问题研究 ……………………… 刘筠筠　翟仟仟(115)

网络餐饮服务与食品安全保障 ………………………………… 王玉楼(123)

食品新业态营商环境优化与政府监管平衡性

　研究 ………………………… 王广平　王　颖　丁　冬(133)

网络食品安全问题乱象及解决路径探究 ……………… 徐　晓(148)

网络食品安全研究及对策 ···························· 钱梦云(157)

政府监管与网络食品安全若干问题探讨 ················ 余 镛(163)

网络食品安全若干问题探究 ·········· 买列义哈吉·卡马力拜克(171)

食品安全标准与食品风险的法律规制

国外转基因食品安全规制模式的考察以及对我国行政法规制的

  启示 ···························· 张 弘 司楠楠(180)

新时代北京居民对保健食品安全的法治需求研究 ·· 陈凤芝 杨 青(192)

食品企业标准法律制度的完善 ···················· 季任天(207)

我国食品安全标准的法律性质与效力探究 ············ 刘亚茹(217)

食品安全法实施中的法律问题

我国对国际组织食品安全工作的参与和促进*

曾文革　冯　帅**

摘　要　食品安全问题具有跨国性、严重性和现实性,是近年来国际社会较为关注的重大问题之一。作为世界第一大食品出口国和第五大食品进口国,我国扮演着食品出口国和食品进口国的双重角色,在国际组织食品安全工作中发挥着举足轻重的作用。目前,我国已开始主动参与联合国粮食及农业组织、世界卫生组织、国际食品法典委员会和国际标准化组织等的系列工作,且已取得了一定成效,彰显出了我国负责任的大国风范,推动着国际食品安全法治的向前发展。

关键词　食品安全工作;国际组织;中国

自 20 世纪中期开始,食品安全问题便已引起国际组织的关注,如联合国粮食及农业组织、世界卫生组织、国际食品法典委员会和国际标准化组织等均已开始将食品安全问题纳入其项下议题,并作了多方努力。与此同时,食品安全问题在我国的频繁发生,也已引起国内政府和各界人士的广泛关注,他们已经开始意识到食品安全法治的重要意义,并通过及时追踪食品安全全球治理的新发展和畅通对外食品贸易渠道,来提高我国食品安全监管法律规范的立法水

---

　　*　本文为司法部国家法治与法学理论研究项目"'一带一路'倡议下中国农业海外投资的企业权益法律保障"(课题编号:17SFB2045)阶段性研究成果,本研究成果同时得到中国国家留学基金资助。
　　**　曾文革,法学博士,重庆大学法学院教授、博士生导师;冯帅,法学博士,清华大学法学院博士后研究人员。

平,积极促进食品安全的国际法治,重塑消费者对我国食品安全监管能力的信心①,向全世界展现我国国家治理体系和治理能力现代化的成就,为我国赢得了良好的国际声誉和食品安全国际法治的话语权②。从总体来看,我国参与国际组织的粮食和食品安全工作取得了较大进展。

一、我国参与联合国粮食及农业组织的工作

联合国粮食及农业组织(Food and Agriculture Organization of the United Nations,FAO)是联合国系统内最早的常设专门机构,其于1945年10月16日在加拿大的魁北克正式成立,1946年12月14日成为联合国的专门机构,目的在于提高人民的营养水平和生活标准。FAO的创始成员国有42个,致力于提高粮农产品的生产和分配效率,促进世界农业经济发展,并消除饥饿和贫困。目前,FAO拥有194个成员国、1个成员组织(欧盟)及2个准成员(法罗群岛、托克劳群岛)。FAO组织内部由三大机构八大部门组成,其中,三大机构分别指:粮食及农业组织大会,即FAO的最高权力机构,负责重大的国际粮食及农业问题;粮食及农业组织理事会,由大会按地区分配原则选出的49个成员国组成;秘书处,为粮食及农业组织的执行机构。八大部门是指在秘书处下设置的农业及消费者保护部,经济及社会发展部,渔业及水产养殖部,林业部,人力、财政及物质资源部,知识及交流部,自然资源管理及环境部,技术合作部等部门。在1992年达成的《世界营养宣言》中,明确指出,营养健康是人类发展进步的首要措施,也是社会与经济发展策略、计划与优先的中心。同时该《宣言》还强调采取国际合作形式来达到人口与可利用的资源之间的平衡。在1996年的《世界粮食安全罗马宣言》和《世界粮食首脑会议行动计划》中,倡导人人享有获得安全、充足和营养食物的权利,并提出了60项行动建议来施以辅助。

中国是FAO的创始成员国之一,自1973年4月恢复在FAO的合法席位时起便一直扮演着重要角色。FAO也十分重视中国在世界农业领域中的作用,并于1983年1月在北京设立了驻华代表处。2004年5月,中国与FAO在北京共同举办了粮农组织第27届亚太区域大会。在此次大会上,与会代表们共同回顾了世界粮食首脑会议为消除全球贫困和饥饿而确定的目标任务,认真审议了世界粮食首脑会议五年回顾会议后续行动的实施成效,深入讨论了本地区农业、农村发展和粮食安全面临的重大问题,并就加速推进反饥饿、反贫困斗

---

① 刘萍,冯帅.公司社会责任的国际造法运动研究[M].北京:法律出版社,2015:256-260.

② 曾文革,等.食品安全国际软法研究[M].北京:法律出版社,2015:189-190.

争涉及的许多战略性问题向部长级全体大会提出了建设性建议。由于大会举办时间恰逢"国际水稻年"，为配合本届区域大会的召开，中国政府专门筹办了"中国水稻展览"，希望通过这一活动，与亚太区域各国分享自己的经验与成果，构筑加强相互合作与交流的平台。同时，本届大会也是中国与亚太区域各国相互学习、交流经验的好机会。中国将继续本着增进了解、扩大对话，加强合作的精神，共同探讨加速本地区农业发展的战略途径。

2008 年 9 月 25 日，千年发展目标高级别会议在美国纽约举行，政府、基金会、企业和民间团体积极响应"到 2015 年削减贫困、饥饿和疾病"的行动号召，宣布新的承诺，以实现千年发展目标。在此次会议上，中国政府宣布向 FAO 捐款 3 000 万美元设立特别信托基金，用于帮助发展中国家提高农业生产能力的项目和活动。为了更好地使用该基金，并达到消除贫困的预期目标，2009 年 3 月，中国政府与 FAO 在北京签署了《中华人民共和国政府与联合国粮农组织关于信托基金的总协定》，并正式启动相关合作项目。2009 年初至 2011 年 6 月底，FAO 任命原助理总干事、亚太区域代表何昌垂为副总干事，进一步加大了中国在食品安全法治中的地位并赋予其更多责任。

2014 年 9 月 5 日，由中国农业部和 FAO 共同主办、农业部对外经济合作中心承办的"联合国粮农组织参考中心授牌仪式暨工作研讨会"在长沙举行。会上，FAO 对中国政府长期以来在南南合作方面的巨大贡献与支持表示感谢，对中国已经取得的南南合作成效表示了肯定。此外，与会双方还共同启动了"中国——联合国粮农组织南南合作知识分享网"，讨论了《FAO 参考中心运行与管理办法（征求意见稿）》。2015 年 6 月 7 日，中国与 FAO 签署了中国向"粮农组织——中国南南合作信托基金"提供 5000 万美元资金的协定，旨在支持发展中国家建设可持续的粮食系统和具有包容性的农业价值链[①]。FAO 表示，中国提供的最新资金将在未来五年用于支持中国农业专家与全球"南方国家"开展交流，特别是在中亚、太平洋岛屿、非洲和拉丁美洲的低收入缺粮地区。

近年来，FAO 在形式上已不仅仅局限于关注农作物和粮食等，而是对食品安全问题投入了较多精力，从注意过敏原引发的食品安全问题，逐渐转向注重风险评估和营养均衡等方面的食品安全问题。现今，中国在接受 FAO 援助的同时，也正日益重视支持和参与 FAO 的各项活动，且支持力度不断加大，参与的合作领域也在不断拓宽。

---

① 宗会来. 中国与 FAO 合作的机遇和挑战及应对措施[J]. 世界农业，2015（10）：8 - 11.

二、我国参与世界卫生组织的工作

世界卫生组织（World Health Organization，WHO）是联合国下属的一个专门机构，总部设置在瑞士的日内瓦，是国际上最大的政府间卫生组织，截至2015年共有194个成员国、6个观察员。1948年4月7日，WHO在《世界卫生组织法》的基础上宣布成立，旨在使全世界人民获得尽可能高水平的健康，其主要职能包括促进流行病和地方病的防治，提供和改进公共卫生，推动确定生物制品的国际标准等[①]。WHO的组织机构有五个：一是大会，为内部最高权力机构；二是委员会，为内部最高执行机构；三是秘书处，为内部常设机构；四是地区组织，分为非洲、美洲、东南亚、欧洲、地中海和西太平洋等区域委员会及地区办事处；五是代表，分为顾问、临时顾问、专家委员会等。

中国是WHO的创始成员国之一。自1972年5月中国恢复了在WHO的合法席位时起，就积极出席了WHO历届大会和地区委员会会议，并被选为执委会委员。1978年10月，中国卫生部部长和WHO总干事在北京签署了《卫生技术合作谅解备忘录》。1981年，WHO在北京设立驻华代表处。1991年，时任中国卫生部部长陈敏章被WHO授予"人人享有卫生保健"金质奖章，成为全球第一位被授予此奖的卫生部部长。20世纪80年代，中国加入了食品污染监测与评估计划的各项工作。2000年起，中国建立了食品污染物监测网、食源性疾病监测网，并在全国范围内启动。

2007年11月26日至27日，中国国家质量监督检验检疫总局发起并与中国卫生部和WHO共同主办了国际食品安全高层论坛，主题是"加强交流合作，促进国际食品和农产品贸易的健康发展"。论坛重点围绕宣传食品安全的协调行动等展开讨论，为中国及其他国家提供了一个交流共享食品安全经验的机会和共同促进食品安全合作的平台。本次论坛通过了《北京食品安全宣言》，并指出食品安全措施应当以充分的科学依据和风险分析原则为基础，不应对贸易造成不必要壁垒。认为国家应当确保充分、有效地实施食品安全法律，尽可能地采用以风险为基础的方法，通过南南合作和南北合作，加快食品安全能力建设，以确保大家获得更安全的食品。

2008年5月19日至24日，在WHO第61届世界卫生大会上，中国代表团积极参加了全体会议、委员会会议、起草小组会议和技术介绍会等各项活动，全面参与了各项议题的发言及讨论；2010年5月17日至5月21日，在WHO第

---

① World Health Organization. Minutes of First Regional Committee[C]. Manila：WHO-WPRO，1951：8-10.

63 届世界卫生大会上,中国代表团提出并推动的"出生缺陷决议案"获得通过,同时大会选举中国作为 WHO 执委会的新任执委国之一;2014 年 5 月 21 日,在第 67 届世界卫生大会期间,中国代表与 WHO 及桑给巴尔代表等共同签署了《开展血吸虫病防治合作的谅解备忘录》,该《备忘录》明确指出,中国政府将提供资金和技术,而 WHO 主要提供技术支持和组织协调。2015 年 5 月 18 日至 5 月 26 日,在 WHO 第 68 届世界卫生大会上,中国代表围绕"建设有应变能力的卫生系统"主题作了发言,并向世界分享了中国的成功做法和经验。

此外,中国与 WHO 已经启动了 2004—2005 年、2006—2007 年、2008 年—2009 年、2010 年—2011 年、2012—2013 年等双年度合作项目,对食品药品安全、卫生体制改革和卫生人力资源建设等进行了细致规定。截至 2015 年底,中国的 WHO 合作中心已达 69 个,其数目之多位居 WHO 西太平洋地区国家之首。WHO 合作中心作为中国与 WHO 开展卫生技术合作的窗口,在促进卫生技术交流、人员培训等方面发挥了积极的辐射和示范作用。这也再次印证了,中国在 WHO 中的地位正呈逐步上升的趋势①。

不安全的食品给全球卫生带来了威胁,危及每个个体。WHO 致力于促进全球预防、发现及应对与食品安全问题有关的全球公共卫生威胁,旨在确保消费者相信政府并对食品安全的合法合理供应放心。从工作的成效上来看,作为联合国在卫生领域的专门机构,WHO 在协调全球卫生事务方面也确实发挥着越来越重要的作用。对此,中国也高度重视 WHO 的重要作用,同 WHO 保持着长期友好的合作关系,并在国内建立了适当的食品系统和基础设施以应对食品安全风险,促进公共卫生、动物卫生、农业及其他部门在食品安全方面的沟通和联合行动,以实现 WHO 的目标。

三、我国参与国际食品法典委员会的工作

1961 年 11 月,在第 11 次会议上,FAO 决定成立国际食品法典委员会(Codex Alimentarius Commission,CAC),敦促 WHO 尽快建立 FAO/WHO 联合食品标准计划。1962 年,FAO/WHO 联合食品标准会议召开,决定成立 CAC 以期制定国际食品安全法典。1963 年,CAC 在 FAO 和 WHO 的共同努力下正式成立,其目标是成为一个以保障消费者健康、确保食品贸易公平为宗

---

① 张辰雪.中国在世界卫生组织中的地位逐渐提升[J].中国公共卫生管理,2009(6):600-603.

旨的制定国际食品标准的政府间国际组织①。现今,CAC 已有 173 个成员国和 1 个成员国组织(欧盟),覆盖了全球 99% 的人口。目前,CAC 下设秘书处、执行委员会、6 个地区协调委员会、21 个专业委员会和 1 个政府间特别工作组,一般而言,几乎所有的国际食品安全标准均是在 CAC 的下属委员会中讨论和制定,并经 CAC 大会审议后通过的。在 FAO 和 WHO 的大力支持下,CAC 在食品质量和安全方面的工作业已得到世界各国的广泛重视,国际食品法典标准也因而被视为食品安全领域的最重要的国际参考标准,并得到全社会的鼎力支持。世界贸易组织(World Trade Organization,WTO)甚至在《实施卫生与植物卫生措施协议》(Agreement on the Application of Sanitary and Phytosanitary Measures,简称 SPS 协议)中将具有"软法"性质的国际食品法典标准作为成员间因食品安全标准或法规差异产生贸易争端时的仲裁标准。

中国于 1984 年正式加入 CAC,并于 1986 年成立了中国食品法典委员会,由与食品安全相关的多个部门组成。原国家卫生和计划生育委员会作为委员会的主任单位,负责国内食品法典的协调工作。委员会秘书处设在国家食品安全风险评估中心。秘书处的工作职责包括:组织参与国际食品法典委员会及下属分委员会开展的各项食品法典活动,组织审议国际食品法典标准草案及其他会议议题,承办委员会工作会议、食品法典的信息交流等。

经过三十余年的工作实践,中国已全面参与了国际食品标准的相关工作,在多项标准的制定、修订工作中发挥了重要作用,并逐渐得到了国际社会的认可。2002 年,中国首次作为国际食品安全标准的牵头国,开展了《减少和预防树果中黄曲霉素污染的生产规范》的起草工作,2005 年 7 月,该标准顺利获得通过。2006 年 7 月,中国经 CAC 大会批准成为国际食品添加剂法典委员会(Codex Committee on Food Additives,CCFA)和农药残留法典委员会(Codex Committee On Pesticide Residues,CCPR)的主持国,由卫生部和农业部承担相关工作,成为 CAC 首个承担综合委员会的发展中国家。2007 年 4 月和 5 月,中国作为主持国首次成功举办了第 39 届 CCFA 会议和第 39 届 CCPR 会议,此后每年的 CCFA 会议和 CCPR 会议也将由中国负责组织召开。在中国举办的历届会议上,中国在国际食品安全标准制定方面的作用得到了进一步加强。

2011 年 3 月 11 日至 18 日,第 43 届 CCFA 会议在中国厦门召开,会上,中国政府明确表示愿意与世界各国一起积极参与国际食品安全事务,推进国际食

---

① 刘庚,季任天,雷振伟. CAC 食品标准体系对我国食品安全标准体系的启示[J]. 企业技术开发,2007 (5):110 - 112.

品安全、贸易和技术等方面的国际合作，为维护全球人民的健康做出努力。2011 年 4 月 4 日至 9 日，第 43 届 CCPR 会议在北京召开，会上中国代表表示，作为主席国，中国将积极加强与各国的交流合作，为全球农业稳定发展作出应有贡献。对此，2011 年 11 月，中国成立了国家食品安全风险评估中心，进一步加强了食品安全技术支撑的能力建设。同年，中国成为代表亚洲区域的执委会成员，且于 2013 年再次连任，任期两年。2014 年 3 月 17 日至 21 日，第 46 届 CCFA 会议首次在中国香港召开，会议就食品添加剂通用标准及食品添加剂安全管理工作范畴内的各项议题进行了深入讨论及交流。2014 年 7 月 14 日至 18 日，第 37 届 CAC 大会在瑞士日内瓦召开，会上通过了 29 项国际食品法典标准，包括中国担任主持国的 CCFA 和 CCPR 所提交的上百项食品添加剂和农药残留限量标准，也包括中国作为工作组长牵头起草的大米中砷限量标准等。2015 年 3 月 23 日至 27 日，第 47 届 CCFA 会议在西安召开，会上中国代表支持电子工作组提出的次级添加剂的定义，但对于次级添加剂的管理方式，则建议仅制定相关的使用原则，这一观点得到了 CCFA 与会代表的一定程度的支持。2015 年 7 月 6 日至 11 日，在第 38 届 CAC 大会上，中国代表团重点关注了非发酵豆制品区域标准、牛生长素最大残留限量草案、阿拉伯胶等议题，并提出了自己的观点，同时参与了主席、副主席和亚洲地区执委的选举，且积极参加了大会举办的各项活动，向全球传递了中国立场。2016 年 3 月 14 日至 18 日，第 48 届 CCFA 会议在西安召开，会上中国代表总结了中国在国际食品安全方面作出的积极贡献，并表示已全面完成了食品标准清理和食品安全国家标准整合任务，同时建议以 CCFA 会议为平台，积极开展与相关各方在食品添加剂管理领域的交流与合作。

在 2017 年 7 月份召开的 CAC 第 40 届会议上，50 项国际食品标准和 30 多项新的工作建议被集中讨论。与会成员考虑并通过了一系列的新国际食品标准，以保护消费者的身体健康并促进国际食品贸易的公平进行。中国对 CAC 工作的参与不仅表现在与 CAC 的食品安全合作上，还在国内的相关政策立法中有所呈现，如《中国食品法典委员会工作规则》在第一条便指出：该工作规则的制定目的即是为规范中国的食品法典委员会工作，提高中国参与 CAC 工作的水平。鉴于中国在 CAC 的地位得到了进一步提升，可以预见，在 CAC 的食品安全标准即将更新、完善的情况下，中国所发挥的作用也将越来越大。

四、我国参与国际标准化组织的工作

1946 年 10 月，25 个国家标准化机构的代表在伦敦召开大会，决定成立新的国际标准化机构，定名为国际标准化组织（International Organization for

Standardization，ISO），大会起草了 ISO 的第一个章程和议事规则，并认可通过了该章程草案。1947 年 2 月 23 日，ISO 正式成立。该组织总部设于瑞士日内瓦，现有 117 个成员，包括 117 个国家和地区，是世界上最大的非政府性标准化专门机构。ISO 的最高权力机构是每年一次的"全体大会"，其日常办事机构是中央秘书处，中央秘书处现有 170 名职员，由秘书长领导。ISO 的主要任务是制定国际标准，协调世界范围内的标准化工作，与其他国际性组织合作研究有关标准化问题，包括交通运输、农业、环境和食品安全等方面。在食品安全问题上，ISO 先后制定了《食品安全管理体系审核与认证机构要求》《食品安全管理体系——ISO22000：2005 的应用指南》等。《食品安全管理体系——ISO22000：2005 的应用指南》是基于食品危害分析关键控制点体系（Hazard Analysis Critical Control Point，HACCP）原理开发的自愿性国际标准，旨在保证全球的食品安全供应，并使其作为整个食品链中的技术标准，且能够对企业的食品安全管理体系的建立进行有效指导。

中国是 ISO 的创始成员国之一，但由于种种原因，中国于 1978 年才加入 ISO，在 2008 年 10 月召开的第 31 届 ISO 大会上，中国正式成为 ISO 的常任理事国；2011 年 10 月，中国成为国际电工委员会（International Electrotechnical Commission，IEC）常任理事国；2013 年 3 月中国成为 ISO/TMB 常任成员[①]。2013 年 9 月 16 日至 21 日，在第 36 届 ISO 大会上，中国代表首次担任 ISO 主席，标志着中国在 ISO 领域已经取得了突破性进展。2014 年 9 月 8 日至 12 日，第 37 届 ISO 大会在巴西里约热内卢举行，中国作了"标准助推发展，共筑 ISO 未来"的主题演讲，以及"分享中国经营，创新发展模式"的专题发言，并与巴西签署了标准化合作协议。2015 年 9 月 14 日至 18 日，第 38 届 ISO 大会在韩国首尔举行，中国代表分别与美、英、德、法等国代表进行了会谈，并就 ISO2016—2020 年战略规划、ISO 治理等重大议题提出了建设性建议，且提出的组建稀土技术委员会的提案业已得到 ISO 的批准。

可以说，对全球的消费者和企业来说，食品安全隐患会带来灾难性甚至毁灭性的后果。ISO 的食品管理体系标准在全球食品供应链上正发挥着前所未有的重要作用。一方面，目前，作为食品安全标准的重要参照物——ISO22000 食品管理体系标准已在 2018 年修订完成，主要工作包括系统的管理办法、前提方案和贯穿于整个食品链的互动交流。这些工作的展开离不开各成员国的共同努力，而中国作为人口大国，发挥了重要作用。另一方面，中国在《食品安全

[①] 刘智洋. 光荣与梦想 责任与挑战——第 36 届国际标准化组织（ISO）大会侧记[J]. 中国标准化，2013（10）：13.

法》实施后，也正着力于建立企业食品安全体系认证的制度化管理，试图推动食品安全管理体系的国内认证。就该层面而言，未来中国与 ISO 在食品安全问题上的合作力度将会得到进一步增强。

需要说明的是，近年来，除上述国际组织外，我国也已开始并深化了与发达国家和发展中国家的跨国食品安全合作①。在与发达国家进行合作方面，2008年 11 月 18 日，中国卫生部与美国卫生和公众服务部召开了中美食品安全政策研讨会，针对"加强食品安全机构间合作"等进行了深入探讨和交流，决定在食品安全风险评估、食品安全事故应急处理和完善食品安全管理体制等方面开展广泛合作。同年 11 月 19 日，美国食品药品监督管理局设在北京的办事处正式挂牌开张，而根据协议要求，中国也将与美国设立对等的食品安全派出监管机构②。2015 年 11 月 2 日，中国质检总局发起中美欧三方食品安全合作高官会议，正式启动三方合作机制，共同向国际社会发出携手共促食品安全的信号、奏响国际共治的时代和音。三方一致同意持续开展合作并择机提升合作层级。在与发展中国家合作方面，2013 年 12 月 9 日，中阿合作论坛第五届企业家大会暨投资研讨会在成都举行，各方围绕"深化互利合作，促进共同发展"主题探讨中国与阿拉伯联盟国家间的经济合作，尤其是推动农业、食品安全等领域的合作。

五、我国参与和促进国际组织食品安全工作的进一步思考

在国际组织的食品安全工作中，我国确实发挥着重要作用，且多次成为相关会议和论坛的主持国，推动着国际食品安全工作的顺利开展，这表明我国在国际食品安全法治中已享有一定程度的话语权，拥有了一定的国际平台与路径。然而，同发达国家相比，我国在此方面仍然存在一定差距。再加上，我国的食品及粮食尚存在一定的安全隐患③，因此，未来我国仍需主动把握与追踪最前沿的食品安全发展动向④，更深层次、更广泛地参与并促进国际组织的工作，同时加强与发达国家、发展中国家的南北合作和南南合作，以期早日实现食品安全的国际法治。

---

① 江虹，赵羚男. 食品安全国际多边合作的经验教训及其启示[J]. 江西社会科学，2015 (9)：172 - 178.

② 胡立彪. 互信互利开展食品安全国际合作[N]. 中国质量报，2008 - 11 - 21(004).

③ 马晓河. 新形势下的粮食安全问题[J]. 世界农业，2016 (8)：238 - 241.

④ 王丽洁. 供给侧结构性改革视域下食品安全监管探析[J]. 中州学刊，2017 (4)：71 -75.

具体而言,就中国与 FAO、WHO、CAC 和 ISO 的合作来看,其存在的主要问题有以下三点:一是总体层面的合作战略框架缺失,导致合作范围仅局限于食品安全的某一具体流程,全局性和主动性的项目合作略显不足;二是中国的联合国安全理事会常任理事国地位与其现下参与相关国际规则制定的角色地位不相匹配,其所发挥的作用有待进一步提升;三是受制于现有国际组织"自上而下"型项目援助方式,中国在接收国际组织援助和提供给其他发展中国家援助方面的执行效率较为低下[①]。对此,中国宜应在以下三方面进行合理应对。其一,积极争取相关国际组织的重要席位并提高中国雇员的比例,进一步提升中国在国际食品安全工作上的发言权和影响力;其二,积极参与食品安全技术标准"游戏规则"的制定,以占据食品安全技术的制高点,适时推出中国方案;其三,与相关国际组织建立更为稳定的合作机制,推进中外食品安全国际合作的可持续发展。

---

① 肖骏,郭晴. 借鉴国际经验的中国与联合国粮农组织合作策略研究[J]. 世界农业,2014(11):40.

食品安全行政复议中的法律适用问题研究[*]

曾祥华^{**}

摘　要　食品安全相关法律法规规章众多,在处理具体案件时,同一法律事实会与多部法律相关联,必须处理好上位法与下位法、特别法与一般法、新法与旧法、重法与轻法、具体的法与原则的法的关系。法律位阶制度适用于合法的法律冲突,不适用于违法冲突,也不适用于成文法与不成文法之间。在具体适用时,如下位法不抵触上位法则下位法优先适用。在一般法与特别法的识别上,行政执法机构应当审慎,根据具体的情形、工作的性质目标来进行判断。国外通行的做法是旧的特别法优于新的一般法,我国的裁判制度影响了效率。对法条竞合不能适用"重法优于轻法"原则,对于想象竞合应"择一重处断",操作方法采用"先比后定法"。同种处罚的轻重,拘留按照最长期限来判断,罚款按照最高罚款额度来判断。最终的处罚决定不得低于轻法规定的最短拘留期限或者最低罚款额度。

关键词　食品安全;法律位阶;一般法优于特别法;新法优于旧法;重法优于轻法

食品安全事关每个公民的生命健康,也关系国计民生,食品安全治理是一个复杂而艰巨的任务,在严峻的食品安全形势之下,从政府到国民包括整个舆情,都倾向于重典治乱,然而依法治国和人权保障要求任何事情的处理都必须

---

　　* 本文为 2019 年度江苏高校哲学社会科学研究重大项目"食品安全标准法律制度改革研究"(编号 2019SJZDA017)阶段性成果。

　　** 曾祥华,江南大学法学院教授,院长,硕士生导师。

公平公正,在权利与权利之间,在权力与权力之间保持平衡。"有权利必有救济",完善的治理之道必须畅通所有权利救济的渠道,不然难以达到消费者与生产经营者,监管机构权力与行政相对人权利之间的平衡。行政复议作为行政系统内部的一个救济渠道,也是行政系统内部的一个层级监督机制,在食品安全治理中发挥重要的作用。食品安全行政复议有其自身的特别之处,现就现实中经常出现或可能出现的一些问题做一探讨,供学术界和实务界指正。

依法行政首先要求严格依照法律做出行政行为,适用法律是否正确是判断行政决定是否合法的主要依据。因此,针对案件事实选择正确的法律规范是行政执法的关键步骤。法律依据在行政主体做出最初行政决定时,特别是在复杂案件中,可能已经遇到法律冲突的情形,并进行了法律选择。但是,在复议机关做出复议决定时,面对相互冲突法律仍然要再进行一次法律选择,或者说是对被申请复议的行政决定的法律适用进行一次再审查。

食品安全相关法律法规规章众多,在法律层面,除了《中华人民共和国食品安全法》以外,尚有《中华人民共和国产品质量法》(以下简称《产品质量法》)、《中华人民共和国农产品质量安全法》(以下简称《农产品质量安全法》)、《中华人民共和国消费者权益保护法》、《中华人民共和国标准化法》(以下简称《标准化法》)、《中华人民共和国行政处罚法》(以下简称《行政处罚法》)、《中华人民共和国行政许可法》等,甚至还会涉及民事、刑事法律。在行政法规层面,有《中华人民共和国食品安全法实施条例》《国务院关于加强食品等产品安全监督管理的特别规定》等。在行政规章层面,有卫生部的《餐饮服务食品安全监督管理办法》、国家质量监督检验检疫总局的《出口食品生产企业备案管理规定》等。各地还制定有各自的食品安全相关地方性法规和地方规章。此外,食品安全标准也会发挥实际上相当于法律规范的作用,特别是强制性标准,如国家卫生和计划生育委员会公布的《食品添加剂使用标准》(GB 2760 – 2014)、《食品营养强化剂使用标准》(GB 14880 – 2012)等。在实际工作中,各相关机构和部门还会发布指南、批复、裁量基准等,最高人民法院发布的司法解释也会成为行政监管机构决定以及复议的参考。

在处理具体案件中,行政机关必须综合考虑各种法律规范,同一法律事实会与多部法律相关,如欲选择适用正确的法律规范作出行政决定,必须处理好上位法与下位法、特别法与一般法、新法与旧法、重法与轻法、具体的法与原则的法的关系。一般说来,上位法优于下位法,特别法优于一般法,新法优于旧法,但这仅是原则,难以一言以蔽之。

在存在法律冲突的情形下,行政机关当然需要进行法律选择。事实上还有一种情形,即在法律规范之间没有冲突的情况下,行政机关仍然需要进行法律选择,虽然不同位阶的规范对某一事项的规定并没有相互抵触,行政机关依然需要在上位法与下位法之间选择合适的规范。

一、法律位阶与法律适用

上位法优于下位法是法律适用的一般原则,也是法学理论中的一个常识。不同的法律规范之间根据制定机关的地位等因素确定不同的位阶,位阶较高的是上位法,位阶较低的为下位法。当然也有学者指出,划分上位法与下位法的标准有三:权力的等级性、事项的包容性和权力的同质性①。上位法优于下位法的内容主要是:下位法不能与上位法相抵触。对于同一事项,当下位法的规定与上位法的规定相抵触时,下位法服从上位法,下位法与上位法相抵触的规定无效。另外,如果下位法对某一事项先做出规定,上位法对该事项未作规定,不存在相抵触的问题,但是,一旦上位法事后对同一事项做出规定,而下位法的内容与新的上位法的规定相抵触,下位法相抵触的规定无效,下位法要么废止,要么修改相应条款。

《中华人民共和国立法法》(以下简称《立法法》)第87、88、89条分别规定了宪法、法律、行政法规、地方性法规、规章之间的位阶,第90条规定了自治条例、单行条例、经济特区法规做出变通规定的,在各自的范围内适用。这是对下位法服从上位法原则的例外规定。

法律位阶制度是解决法律冲突的一个有效设置,下位法与上位法相抵触自然无效,因此表面看来似乎只要违反上位法引起法律冲突一律适用此一原则来解决,其实并非如此,上下位阶之间的法律冲突有两种情况:一种是合法冲突;另一种是违法冲突。前者是规范性文件的制定者在宪法法律授权的立法权限范围内立法,只是因为职能交叉、重叠引起的对同一事项做出的不同规定。后者是立法者超越宪法法律授予的权限范围进行立法。对于违法冲突,不适用法律位阶制度来解决,而是通过违宪审查、违法审查来解决。对此,中外学者多有论述,德国的毛雷尔教授认为:"位阶理论的冲突规则只有在相互冲突的法律规范都被认为有效的情况下才适用。"②另外,《立法法》第90条规定的变通法与被变通法的情况,虽然有上下位法之间的关系,却要适用"变通法优于被变通法"的原则。

根据有的学者的研究,不成文法与成文法之间不适用法律位阶制度。"作为法律位阶制度所要求的统一的法律体系,对于不成文法而言都永远难以达到

---

① 胡玉鸿.试论法律位阶划分的标准[J].中国法学,2004(3):22-32.

② 哈特穆特·毛雷尔.行政法学总论[M].高家伟,译.北京:法律出版社,2000:71.

这一程度。"从稳定性而言,不成文法,变动不居,内容很难明确。法律位阶制度同样不适用于成文法与判例法之间①。

成文法与不成文法之间不适用法律位阶制度,习惯法之间是否适用法律位阶制度呢?这是一个被忽视的问题。毛雷尔教授认为:"习惯法通常可能具有正式的法律的阶位,也可能具有宪法的位阶(宪法习惯法)或者规章法的位阶(地方惯例)。各个位阶的法律规范(法规命令例外)都有习惯法。与相应的归级相对应,在出现冲突时根据上位法解决。"他还指出,宪法性习惯法不得通过正式法律予以排除或者限制②。这里就引出一个疑问,既然高位阶的习惯法不能被低位阶的成文法所排除或者限制,是否可以得出与前述观点相反的结论呢? 即成文法与不成文法之间似乎还是有位阶的存在,法律位阶制度依然可以适用于成文法与不成文法之间? 其实,尽管法律位阶制度既适用于立法也适用于法的实施,尤其是执法和司法之中,但是,成文法与不成文法之间不适用法律位阶制度却限于法的实施领域,而不包括立法领域。国内学者也主要是从法律适用的角度尤其是司法领域论述不成文法(主要是习惯法)与成文法的位阶关系。大多数学者认为习惯法是次位的法源(法律渊源),即与制定法处在不同的法渊位阶(指法律渊源之间的位阶,不是前述制定法之间的位阶),通常情况下,习惯法的地位比制定法低。但是,有的学者认为习惯法在不同历史阶段地位不同,甚至认为即使在现代,"在个别领域和个别地区,甚至可以占据优位法源的地位"。习惯法不一定比制定法的地位低,其地位和作用甚至比制定法还显著。"在刑法、行政法等公法领域,如果涉及对公民权利的限制甚至是剥夺的,严禁官方援引习惯法规定;但是在宪法领域,公民可以享有宪法惯例上的权利和自由。""在刑事、行政等领域,习惯法基本上不起作用。"③至于在行政法领域,不成文法的作用,有的学者提出了略微不同的看法,认为"政策、行政命令甚至权威领导人指示","成为事实上的法律(其中政策占大多数)"④。有学者进一步强调政策的事实上的法律效力,但他同时指出政策的法源位阶在制定法之下⑤。行

---

① 胡玉鸿,吴萍.试论法律位阶制度的适用对象[J].华东政法学院学报,2003(1):38 - 45.

② 哈特穆特·毛雷尔.行政法学总论[M].高家伟,译.北京:法律出版社,2000:74 - 75.

③ 李可.论习惯法的法源地位[J].山东大学学报,2005(6):23.

④ 孟勤国.论当今中国的双轨法制[J].当代法学研究,1988(2).转引自韩荣和.法的渊源的位阶结构[J].齐齐哈尔大学学报(哲学社会科学版),2007(5):54 - 56.

⑤ 韩荣和.法的渊源的位阶结构[J].齐齐哈尔大学学报(哲学社会科学版),2007(5):54 - 56.

政命令对行政机关来说自然非常重要,但是,行政命令不能违反法律,对违法的行政命令,公务员可以提出异议,如果执行违法的行政命令,发出命令者和执行者都应当承担法律责任。至于权威领导人的指示更是如此,这也是依法行政的基本要求。顺便提及的是,在刑法学界,比较一致地认为,目前不能完全排除习惯法的适用,认可习惯法在解释犯罪构成要件时的作用。有的学者强调习惯法影响犯罪的成立;有的学者注重习惯法在定罪量刑中的影响①。行政法领域是否可以借鉴,值得研究。

习惯法、政策、命令、法理等法源,只能是在成文法没有规定或者成文法不明确的情况下发挥补充法源的作用。一般说来,制定法的效力居于不成文法之上,在有成文法明确规定的情况下,应当依据成文法。在法典法国家尤其如此,我国法律传统接近于大陆法系(法典法),我国的台湾地区也是如此。

需要特别指明的是,上位法优于下位法是在法律规范效力等级的角度。在法律适用的角度则呈相反的方向,即下位法优先适用,因为下位法往往规定得更加具体、更具有可操作性,实施起来更加方便,易于适用。毛雷尔指出:"位阶确立的是上阶位规范效力的优先性,而不是其适用的优先性。实践中往往是优先适用下阶位的规范。"②例如,《中华人民共和国宪法》第21条规定了保护人民健康,全国人大常委会制定了《中华人民共和国食品安全法》,国务院制定了《中华人民共和国食品安全法实施条例》,很多省份又制定了各自的食品安全条例,还有的地方出台了《××省食品安全行政处罚裁量基准》。那么,在具体实施的时候,行政机关首先考虑适用具体的下位法,而不是抽象的原则的上位法。当然,这种下位法的优先适用必须符合一个条件,就是下位法与上位法不抵触。孙笑侠教授指出:"有时效力较高的法律规范往往只是一般性规定,而效力较低的法律规范则规定得比较具体,那么在它们不相抵触的情况下可以援用效力较低的法律规范。"③在齐玉苓诉陈晓琪的"宪法司法化第一案"中,对于最高人民法院的批复,学术界就出现不同的意见,反对者的一个疑问就是:在有《教育法》和《高等教育法》(该案当事人涉及中专教育,其实不适用《高等教育法》)的情况下,是否应当援引《宪法》作为判决的依据?尽管"宪法司法化第一案"本身引起了人们对宪法实际效力的关注,理论界和实务界的讨论具有重要的价值,但是,

---

① 李冠煜.刑法解释论的现代课题:争议消解与完善路径[J].武汉科技大学学报(社会科学版),2017(1):97.

② 哈特穆特·毛雷尔.行政法学总论[M].高家伟,译.北京:法律出版社,2000:73.

③ 孙笑侠.法律对行政的控制——现代行政法的法理阐释[M].济南:山东人民出版社,1999:102-103.

在有下位法更加具体的规定的情况下,还是应当适用下位法进行裁判,而不应径行适用更抽象的宪法条款。有学者认为,"以下位法作为其法律活动的依据,可以保证行为结果的安全性与可预测性;对于执法机关而言,则因为有具体的标准而减少裁量权力的滥用,同时为执法决定的合法性提供正当的客观基础"[①]。

但是,在具体实践中如何判断下位法是否违反上位法?谁来判断下位法违反上位法?基层执法机关和行政复议机构认为下位法违反了上位法,而下位法的制定机关级别可能比具体执法机关和复议机关高,执法机关和复议机关有权做出判断吗?对于这些问题,复议机关可以依据《中华人民共和国行政复议法》第 7 条和第 26 条的规定进行处理。做出最初行政处理决定的机构只能在行政系统内部请示。超出行政系统的范围,可以依据《立法法》的规定申请裁决,但是,裁决需要耗费时间,影响行政处理的效率。

二、特别法与一般法、新法与旧法

法律适用的另一个原则是特别法优于一般法。该原则不仅是一个理论原则,也是一个法律原则,《立法法》第 92 条规定:"同一机关制定的法律、行政法规、地方性法规、自治条例和单行条例、规章,特别规定与一般规定不一致的,适用特别规定;新的规定与旧的规定不一致的,适用新的规定。"

所谓一般法就是针对一般情况做出的规定,所谓特别法是法律关于特定时间、特定的人员、特定的事项做出的规定。也有学者指出,根据法的四维效力理论,特别法是指"与一般法不同的适用于特定时间、特定空间、特定主体(或对象)、特定事项(或行为)的法律规范"[②]。特别法与一般法的关系,可以存在于法律之间,也可以存在于法律条款之间;可以存在于不同法律的不同条款之间,也可以存在于同一法律的不同条款之间。在时间上,特别法与一般法没有固定的前后关系;在内容和范围上,两者也可能是包含或交叉关系[③]。

有时候,一般法与特别法比较容易识别,如《标准化法》与《食品安全法》关于标准的规定,前者是一般法,后者是特别法。关于强制性标准,《标准化法》第

---

① 胡玉鸿,吴萍.试论法律位阶制度的适用对象[J].华东政法学院学报,2003(1):38-45.

② 汪全胜."特别法"与"一般法"之关系及适用问题探讨[J].法律科学,2006(6):50-54.

③ 顾建亚."特别法优于一般法"规则适用难题探析[J].学术论坛,2007(12):124-128.

10 条本身有所规定："法律、行政法规和国务院决定对强制性标准的制定另有规定的，从其规定。"该条内容本身就体现了特别法优于一般法的精神。另外，《标准化法》规定了 5 种标准：国家标准、行业标准、地方标准、团体标准和企业标准。而《食品安全法》只规定了国家标准、地方标准和企业标准，没有规定行业标准和团体标准，那么在食品安全行政执法领域，就只能依据《食品安全法》。

《产品质量法》与《食品安全法》既是一般法与特别法的关系，也是旧法与新法的关系，对两者之中相互抵触的条款，无论是依据哪个原则，都应当适用《食品安全法》。《食品安全法》没有规定的，可适用《产品质量法》。如对食品的"伪造或者冒用认证标志等质量标志；伪造产地；伪造或者冒用他人的厂名、厂址"等行为，应当适用《产品质量法》进行处置。

在一般法与特别法的识别上，有时候是复杂的，从不同的角度会得出不同的结论[1]，因此，行政机构应当审慎识别，根据具体的情形、工作的性质目标来进行判断。

特别法与一般法的关系还可能与新法旧法之间的关系交织在一起，使得问题变得更加复杂。一般来说，特别法优于一般法，新法优于旧法，新的一般法取代旧的一般法，新的特别法取代旧的特别法。但是，当两者交织的时候就衍生出新的一般法与旧的特别法谁优先的问题。《立法法》第 94、95 条对此规定了裁决制度。在执法或司法或实践中，遇到法律难题，基层执法或司法机构申请上级或有权机关裁决也是中国大陆一个通行的做法。《最高人民法院关于审理行政案件适用法律规范问题的座谈会纪要》规定："新的一般规定允许旧的特别规定继续适用的，适用旧的特别规定；新的一般规定废止旧的特别规定的，适用新的一般规定。"难以确定时逐级申请有权机关裁决。但是，申请裁决延迟了行政决定或司法裁判的时间，影响了效率，使得正义姗姗来迟。国外通行的做法是旧的特别法优于新的一般法。英美法系有"后制定的一般法不废止前特别法"的法谚。德国（大陆法系）的平特纳教授说："较新的一般法律只在适当的解释中表明废除旧的特别法律时方优先于旧法（否则旧法仍作为特别法或例外规定继续有效）。""未废除的规定继续有效。""任何新法律的立法者在未明确表示废除或优先于现行法律时，即意味着立法者欲把新法作为现行法的补充。"[2]

有学者对新法优于旧法原则提出质疑，主要理由是新法优于旧法容易影响法的安定性，尤其是法律的长期确定性，带来藐视法律传统的后果，容易导致公

---

[1] 刘闯. 论行政执法中法规重合的法律适用——以进出口食品执法监管为视角[J]. 法治与社会，2015(2)：151-154.

[2] 平特纳. 德国普通行政法[M]. 朱林，译. 北京：中国政法大学出版社，1999：11.

民权利受到立法者专断权力的侵犯①。这些担心不无道理,对新法优于旧法原则的适用确实需要采取审慎的态度。但是,当新法明确废止旧法的情况下,必须适用新法。在新法与旧法处于同一位阶,很难判断何者为特别规定,何者为一般规定的情形之下,应当适用新法。

一般说来,《农产品质量安全法》是特别法,《食品安全法》是一般法。但是,2015 年修订后的《食品安全法》相对于 2009 年的《食品安全法》而言,对农药管理制度、农业投入品残留风险评估、农兽药残留限量标准、农业投入品使用制度等进行了多方面全新规定。对转基因食品安全问题,新《食品安全法》规定了强制标识制度。此外,对生产中使用剧毒、高毒农药,违法生产经营污染物超标,经营死因不明或未经检疫的动物性农产品等,新《食品安全法》对相应法律责任进行了详细规定②。尽管总体上来说,两者是特别法与一般法的关系,但就农产品中的食品质量来说,后出台的新《食品安全法》③中有规定,先出台的《农产品质量安全法》没有规定的,自然适用《食品安全法》。如果两者的规定不一致,如何适用? 第一,针对食品安全严峻的形势,新法创新了立法理念,包括"从农田到餐桌"全程治理的理念、协同治理的理念、责任治理的理念等,如果仍然适用旧法,新法的理念无法贯彻实施,新法改善食品安全治理的立法目标亦无法实现。第二,新《食品安全法》第 2 条专门规定:"供食用的源于农业的初级产品(以下称食用农产品)的质量安全管理,遵守《中华人民共和国农产品质量安全法》的规定。但是,食用农产品的市场销售、有关质量安全标准的制定、有关安全信息的公布和本法对农业投入品作出规定的,应当遵守本法的规定。"这里实际上采取了不同情况不同处置的方法,并没有简单地适用特别法优于一般法,也没有简单地采用新法优于旧法。总之,仅仅从两部法律总体上识别特别法与一般法是不够的,必须针对具体条款规定的具体内容来进行识别,方能正确地适用法律。尽管《食品安全法》做出了规定,但是,具体实践操作中仍然会遇到意想不到的问题,如在食用农产品的市场销售、标准制定、信息公布、农业投入品使用等之外,《农产品质量安全法》的规定与《食品安全法》的规定不一致,适用前者与当今严格治理的立法理念,与新的形势、新的政策相背离,执法者、司法人员应当如何处理? 这似乎又回到前述法律渊源的位阶,即制定法高

① 薛强. 对新法优于旧法原则的质疑[J]. 法制与社会,2008(8):26-28.

② 李佳洁等. 新《食品安全法》对《农产品质量安全法》修订的启示[J]. 食品科学,2016(15):283-287.

③ 《食品安全法》2009 年 2 月通过之后,2015 年对内容进行了修订,即俗称的新《食品安全法》,2018 年的修正,主要是为了配合国务院机构改革而对涉及的相关部门名称的改动。

于习惯法、政策。另一方面,这种难题也给立法者提出了要求,应当及时修改落后于时代与新法不相适应的相关旧法,以便协调法律之间的冲突。

三、重法与轻法

在行政法领域,重法与轻法的关系处理主要存在于行政处罚之中,行政法在行政处罚方面的理论,借鉴、移植和融合了刑法理论的精神。如处罚法定原则借鉴了罪刑法定原则,过罚相当原则借鉴了刑法的罪责相适应原则。因此,讨论行政法上的重法与轻法的关系,必须吸收刑法相关理论。

在中国大陆的刑罚适用中,重法优于轻法的观点总体上是普遍接受的,只是在其适用范围上争议较大。所谓重法优于轻法,在刑法中具体表现为重罪吸收轻罪或者"从一重处断"。在对想象竞合犯和法规竞合(或称法条竞合)以及连续犯、牵连犯的处断中,都有学者主张实行这一原则。由于在行政处罚中较难选择法律依据的情形主要存在于想象竞合和法规竞合中,下面就借鉴刑法中这两个方面的相关理论来进行讨论。

《刑法》并没有规定想象竞合犯,但是理论上和实践中被普遍接受。想象竞合犯是指一个行为触犯了数个罪名的犯罪形态。法规竞合是指行为人实施一个犯罪行为的同时触犯数个在犯罪构成上具有包容或交叉关系的刑法规范,只适用其中一个刑法规范的情况。两者的区别:①法规竞合的一个行为产生一个结果;想象竞合犯往往是一个行为产生数个结果。②法规竞合的法律条文存在包容和交叉关系,而想象竞合犯不存在这种关系。③对于法规竞合,依照特别法优于普通法的原则解决;对于想象竞合犯,依照"从一重处断"的原则处理[①]。在行政执法方面,也有学者主张对法条竞合也使用重法优于轻法原则[②]。

有学者针对法条竞合中适用重法优于轻法的理论,专门提出批评和否定性意见。龚培华认为,对于法条竞合,大陆法系遵照"特别法排除一般法""吸收法排除被吸收法""基本法排除补充法"等原则,并无重法优于轻法的理论。"重法轻法关系是有其特定含义和适用范围的;法条竞合的法律本质决定了在法条竞合中不存在重法与轻法的竞合;在法条竞合特别法普通法关系上再赋予重法轻法关系是不科学的。"[③]中国台湾地区著名学者陈朴生提出了"法条关系互见"的

---

① 高铭暄,马克昌.刑法学[M].北京:北京大学出版社,高等教育出版社,2016:186-188.

② 刘闯.论行政执法中法规重合的法律适用——以进出口食品执法监管为视角[J].法治与社会,2015(2):151-154.

③ 龚培华.评法条竞合重法优于轻法原则[J].中国法学,1992(2):77.

概念,并论述了其适用原则,即当普通法为轻法,特别法为重法竞合时,适用特别法;当普通法为重法,特别法为轻法竞合时,亦适用特别法[1]。刘士心指出,对法条竞合犯适用"重法优于轻法原则"颠倒了定罪与量刑的逻辑关系,定罪是量刑的基础。"重法优于轻法"原则导致先比较刑罚的轻重,后确定罪名,有"执刑找罪"嫌疑[2]。

在行政法领域,是否适用"重法优于轻法",主要在于深刻理解特别法优于一般法原则和一事不再罚原则。

特别法之所以优于一般法,原因如下:第一,特别法是针对特别的情形做出的特别规定,特别法对于违法行为的性质、违法行为的社会危害性、违法行为侵害的社会关系或社会秩序相对于一般法,更能体现过罚相当原则。依照特别法的具体规定处理,才能更加准确。第二,特别法是立法者针对特别情形做出的特别处理,有其特殊的立法目的和出发点,只有对特别情形的违法行为依照特别规定处理,方能符合立法者的原意,实现立法的特定目标。特别法可能规定较重的处罚,也可能规定较轻的处罚,这是立法者根据违法行为的社会危害性的大小有意做出不同于一般法的处理。一般来说,特别法规定的处罚较重,此时适用特别法本身已经实现了重罚的目的。有时特别法规定的处罚可能轻于一般法的规定,此时如果为了重罚而适用一般法,既违反了立法目的,也违反了过罚相当原则。

一事不再罚原则的根本目的在于避免重复处罚以致加重违法行为人的负担,防止过度侵犯行政相对人的权益,体现过罚相当原则。在存在"三乱"尤其是"乱罚款"严重的背景下出台的《行政处罚法》,立法目的极其明显。这也是一事不再罚仅仅针对罚款的直接原因。尽管目前法律的规定适用面比较狭窄,但是,其精神实质应当贯穿于整个行政处罚之中。

法条竞合是一个行为触犯了数个在违法行为构成上具有包容和交叉关系的行政法规范。根据一事不再罚原则的精神实质,不应当承受数个相同的处罚,也不该只承受较重的处罚。在我国行政执法中,多头执法的问题一直没有解决。在食品安全监管执法中,尽管进行过多次改革调整,目前执法主体尚有食药、质监、工商、卫生、农业等多个部门,即使在食药、质监、工商"三合一"成立市场监管部门以后,卫生、农业等部门仍然同时是监管主体。如果同一行为侵犯了同一性质的社会关系,实行重法优于轻法原则,在监管职能事实上存在交

---

① 陈朴生.刑法总论[M].台北:正中书局,1969:189.

② 刘士心.法规竞合犯"重法优于轻法原则"之否定论[J].南开大学法政学院学术论丛,2002(00):181.

叉的情况下，可能导致行政立法和行政执法中各个部门争相设立重罚和实施重罚以达到争取执法权的目的。如果相反，轻法优于重法，则可能导致行政相对人规避法律规定的责任。因此，只有实行特别法优于一般法的原则才能实现过罚相当。

在实际执法中，有的实务部门的工作者有时之所以赞成在法规竞合时适用"重法优于轻法"原则，是因为在有些案件中如果按照特别法处罚反而会导致轻罚的结果，这让他们感到达不到从严治理的目的。其实，一方面，尽管食品安全形势依然严峻，重典治乱的思想比较流行，但是严格执法并非一味从严。食品安全形势是多方面因素结合在一起所造成，并非从严从重从快所能解决，即使收一时之效，也难以达到长治久安。另一方面，在法规竞合的情形下违反特别法优于一般法原则，适用"重法优于轻法"，类似于"执刑找罪"，先定处罚后找条款，近于"先射箭后画圈（靶子）"，违反了处罚法定原则。其实，如果"过"与"罚"的确不相适应，应该通过修法来解决。当然，实践中还有一种相反的倾向，即基层执法机构为了避免行政复议或者行政诉讼的麻烦，实行"轻法优于重法"，选择对相对人较轻的处罚作出处理，一味迁就违法行为人，也违反了法治的要求。

在刑法学理论中，对于想象竞合犯的处断，争议不休，除了"择一重处断"以外，还有"择一重从重处断"，甚至有多罪并罚的主张。各种观点均有自己的理论依据，但是仍然缺乏具有充分说服力的观点。尤其是为什么是"重法优于轻法"，而不是"轻法优于重法"（这是人们自然而然会产生的疑问），只有很少学者论及。有学者指出，想象竞合犯区别于单纯一罪，因为其侵害数个法益，触犯数个罪名；想象竞合犯中的犯罪事实除已经满足一罪的犯罪构成外，还有剩余的可填充其他犯罪构成的事实[1]。在行政法领域，处理想象竞合类的违法行为时，由于一个行为触犯了数个不存在交叉和包容的关系的法律规范，数个法律规范均可适用，可是同时适用数个规范进行处罚，则违反了"一事不再罚"原则的精神实质，也加重了行政相对人的负担，显然不合理。"择一重罚处断"已经是采用了相对于数罚并罚较轻的处罚，因此，"重法优于轻法"原则是合理的（当然，如果没有"一事不再罚"原则，可以多重处罚，也就不存在重法轻法的选择）。我国台湾地区"行政处罚法"第 24 条规定："一行为违反数个行政法义务规定而应处罚锾者，依法定罚锾额最高之规定裁处。但裁处之额度，不得低于各该规定之罚锾最低额。""前项违反行政法上义务行为，除应处罚锾外，另有没入或其他种类行政法之处罚者，得依该规定并为裁处。但其处罚种类相同，如从一重处

---

① 彭辅顺.想象竞合犯中从一重处断原则的适用[J].社会科学家，2005(3)：110-113.

罚已足以达成行政目的者,不得重复裁处。"该条规定既体现了一事不再罚,又应用了从一重处断。

对于"择一重罚处罚"的操作方法,我国《行政处罚法》并没有做出规定。现借鉴我国刑法学理论和我国台湾地区法律做一初步探讨。首先是重法与轻法的比较。一是"先比后定法",即先在违法行为所触犯的数个规定中,选择处罚最重的处罚,然后在重法的处罚幅度内作出处罚决定。二是"先定后比法",即先依据违法行为所触犯的各个规定分别进行裁量、分别作出处罚,再从数个处罚中选择最重的处罚。一般来说,前者比后者更便于实际执法(和司法)实践。其次是具体的方法。①比较主要处罚种类的轻重,如《中华人民共和国行政处罚法》第8条就是基本上按照轻重顺序列举了行政处罚的种类。至于其他法律,比如《食品安全法》,根据具体处罚的性质和各罚种在法律条文中的顺序来判断。②同种处罚的轻重,拘留按照最长期限来判断,罚款按照最高罚款额度来判断。当然,如果重法规定的最短拘留期限低于轻法规定的最短拘留期限,或者重法规定的罚款最低额度低于轻法规定的最低额度,最终的处罚决定不得低于轻法规定的最短拘留期限或者最低罚款额度(前述中国台湾地区法律也体现了这一精神),否则,违反了"择一重罚处罚"的本意。

社会权力视域下我国食品安全规制的路径创新*

张 锋**

摘 要 食品安全领域"政府失灵"和"市场失灵"的根源是规制权力生态
中公权力、私权力、社会权力的结构性失衡。社会权力主体在参
与食品安全公共政策的制定、推动政府食品安全信息公开、完善
食品安全风险评估以及构建食品行业的自律机制等方面具有重
要作用,因此本文提出构建社会权力视域下我国食品安全规制的
均衡机制、参与机制与保障机制。

关键词 社会权力;食品安全规制;均衡机制;参与机制;保障机制

"民以食为天,食以安为先",食品安全是人类生存和发展的基础,它关系到
每个消费者的切身利益和社会的稳定,面对食品安全事件的频发,人们不得不
反思传统的政府权力、市场权力视域下的我国食品安全规制路径依赖,探讨食
品安全爆发的深层次原因和结构性困境,研究社会权力视域下我国食品安全规
制的路径选择。

一、市场失灵+政府失灵:社会权力主体对食品安全规制的理论依据

按照古典经济学的观点,只要设立了各种生产要素、商品进入自由交易的
统一市场,让"看不见的手"发挥调节作用,就可以达到"自然秩序",并且认为市

---

* 本文为国家社会科学基金项目"我国食品安全多元规制模式研究"(11CFX047)阶
段性成果。

** 张锋,上海市委党校副教授,上海财经大学博士研究生,上海市习近平新时代中
国特色社会主义思想研究中心研究员。原文发表于《延边大学学报(社会科学版)》2012 年第
3 期。

场是一部运作精巧、成本低廉、效果最佳的机制①。但是,由于企业的理性经济人思维,很难避免部分企业在个体利益最大化的驱动下,作出严重违背国家法律、市场准则和行业制度的行为,表现为市场主体的"道德风险"和逆向选择。比如,像三鹿集团这样的知名国企竟公然践踏市场制度的逻辑和社会道德的底线,在明知奶农提供的牛奶非法添加三聚氰胺的情况下,为了获得更多利润,仍然加工、生产、销售"三鹿奶粉",置消费者健康安全于不顾。在这里我们看到"市场失灵"的本质——资本对利润最大化的追逐。每次面对食品安全事件的发生,公众在谴责违法企业唯利是图、市场失灵之后,最大的呼声就是希望政府加强监管,期望监管部门以更严格的立法、执法和司法来弥补市场机制的缺陷,地方政府也往往借此提出要拥有更大的权力、占有更多的资源。但分析频频爆发的食品安全事件,人们不难发现,很多食品安全事件发生除了源自"市场失灵"外,也不时看到"政府失灵"的影子。再以"地沟油"事件为例,"地沟油"的生产、运输、销售已经形成完整的产业链,并且是跨区域作案,应该说政府只要有一个监管部门认真履行监管职责,很可能就可以更早地发现"地沟油"的生产、流通、销售,更好地打击"地沟油"的违法犯罪行为。但是,我们却发现多个监管部门在"地沟油"事件中集体失语,不能履行政府监管机构的职能,不能及时掌握食品安全犯罪的行踪,这不能不引起对传统"政府万能主义"的反思。痛定思痛"地沟油"事件,我们可以得出我国食品安全规制面临"市场失灵"和"政府失灵"的双重尴尬。

食品安全规制领域中"政府失灵"和"市场失灵"的发生,其根源是"政府公权力"和"市场私权利(力)"缺陷。政府作为国家利益、社会利益的代表者,它作出的行为应该具有公信力,体现公正、公平、合法、合理。但是,政府部门也具有理性经济人的思维,有着自己的部门利益和个人利益,在缺乏有效监督和约束的情况下,可能出现"政府失灵",导致其行为违背监管部门的初始目标。而"市场私权利(力)"主体更具有逐利性,更注重行为获利最大化,更易发生"道德风险"和"投机行为",并且食品市场是一个信息高度不对称的市场,食品的供应者占有明显的信息优势,消费者在食品信息中处于严重劣势,这样的现实也为食品相关企业违法、投机提供了机会,从而出现食品安全领域的"市场失灵",致使消费者的食品安全权利得不到有效的保障。

因此有必要将食品安全规制主体扩大到社会权力主体,社会权力主体是独立于政府公权力与市场私权利(力)之外的第三种权力,它作为一种民间的权力

---

① 查尔斯·沃尔夫.市场或政府:权衡两种不完善的选择[M].北京:中国发展出版社,1994.

主体,具有一定的草根性和公益性,可以平衡协调社会总体性权力关系(公权力、私权利和社会权力),实现社会总体性权力的结构性均衡和功能性互补。在食品安全规制领域,社会权力的主体是食品行业的中介组织、行业协会、自治组织等社会组织,它们参与对食品安全的规制,具有规制成本低、规制方式灵活和规制效力持久的特点。其一,社会权力主体是各类社会组织构成的,具有一定的独立性、公益性、专业性,具有更多的信息、资源、动力监督政府的监管行为,实现社会权力对政府公权力的监督。其二,社会权力主体可以补充政府和市场的不足。国外发达国家在实践中都很重视"第三部门"("非政府组织""民间组织""草根组织"的通称)在公共管理中的特殊作用,将政府不具备优势的公共服务委托给"第三部门",来弥补公共管理中"政府失灵"的缺陷。而对于市场而言,一些行会组织发挥信息优势,既可以对食品行业行为进行监督,也可以通过宣传、指导来规范、引导食品企业的行为,避免食品相关企业的"道德风险"发生。其三,社会权力主体可以提高食品安全规制公共政策的科学性。食品安全监管规制政策制定中规制者、被规制者、消费者各有不同的利益诉求,难免出现本位主义、机会主义以及搭便车的现象,社会权力主体可发挥第三方利益中立的优势,加强政府、企业、消费者之间的沟通,来寻求食品安全公共规制政策的最佳平衡点和利益均衡点,提高规制政策的科学性和公正性①。

二、机理考量:社会权力主体在食品安全规制中的作用分析

基于对食品安全规制中"市场失灵"与"政府失灵"的分析,结合社会权力主体的特点及其在社会总体性权力中的作用,以下论述社会权力主体在参与食品安全公共政策制定、推动政府食品安全信息公开、完善食品安全风险评估以及建立食品行业自我约束机制等方面的重要作用。

第一,参与食品安全规制公共政策的制定。食品安全关系中央政府、地方政府、监管部门、企业、消费者等多方的利益,在设计食品安全规制政策时,必须考虑多元利益主体的诉求,尽量促进各方利益的均衡,设计的制度体现科学性、公正性和可操作性。比如,关于食品安全的标准制定,消费者对食品安全的标准希望越严格越好,而不会过多地考虑监管的成本和实践操作的困难;而被监管者总是呼吁企业生产的实际困难以及我国面临的特殊国情,希望监管标准符合国情,具有实践性和可操作性,并尽可能地降低企业成本;监管者作为执法主体,可能顾及执法的人力、物力等装备和设备的约束,希望标准尽量贴近实际,强调可操作性,并尽可能避免过多的监管责任。面对这样的情况,公共政策制

---

① 郭道晖.社会权力与公民社会[M].南京:译林出版社,2009.

定过程中就需要一个相对中立的主体来平衡、协调各方的关系,搭建一个讨论的平台,进行公开的讨论、辩论,实现食品安全标准由个体理性向公共理性的转变。社会权力主体作为一个组织体系,有着民间性、专业性和公益性的特点,具有一定的信息收集、分析、判断、处理能力,可以综合考虑各方的利益诉求,给出更加科学、合理的政策建议,为食品安全规制公共政策的制定提供更多的信息。同时,制定的食品安全规制政策,实施效果如何,如何进一步制度配套、修正和补充,也需要跟踪、研究、评估。政府作为食品安全公共政策的制定者,不宜再单独对政策的实施效果进行评估;而企业作为被规制者,更不能成为政策实施效果评估的主体;食品的消费者虽然很关注食品安全政策的实施效果,但由于受自身条件和能力的限制,也不能成为政策评估的主体。这种情况下,社会权力主体则可以充分发挥其民间性、专业性和组织性的优势,发挥其在食品安全规制政策的制定、执行、评估和反馈中的作用。

第二,推动政府食品安全信息的公开。目前我国食品安全领域还缺乏高效的信息公开机制,食品安全信息不能及时在生产者、经营者、消费者、政府之间低成本、高效率地流动、共享,食品企业产品的安全信息不易被监管部门、消费者获得,或者信息获得的成本太高。著名经济学家乔治·阿克洛夫在《柠檬市场:质量不确定性和市场机制》中提出"逆向选择"理论,认为当产品的卖方拥有对产品质量比买方更多的信息时,就会导致出售低质量产品的情况,从而使低质量产品驱逐高质量商品。因为食品安全信息的不对称,消费者可能选择价格低的食品,而食品企业要提供高质量的食品,就必须付出更高的生产成本,而市场的"逆向选择"不能给高质量产品以成本补偿,致使一些食品行业甘冒"道德风险"。如"三鹿事件"中非法添加三聚氰胺,如果企业用不添加三聚氰胺的牛奶生产奶粉,生产的奶粉蛋白质含量就不能达到国家规定的标准。在市场价格相对稳定的情况下,企业面临两个选择:一个是非法添加三聚氰胺,不增加生产成本;另一个是提高奶粉的蛋白质含量,增加生产成本。而消费者又不愿为增加的部分成本买单,企业在利益的驱动下,更多的选择是非法添加。

政府应建立高效、及时的信息公开机制,来解决食品安全规制中信息不对称的困境,但是政府受自身条件、预算和利益限制,在缺乏有效的激励和约束机制下,监管部门提供的信息可能不能满足消费者的需要,这就要发挥食品相关的社会组织(消费者协会、食品企业协会)的作用,来推动政府食品安全信息公开。因为社会组织相对独立于政府与市场之外,具有一定的独立性、民间性、专业性,他们可以采取检举、投诉、起诉等方式,发挥社会权力对规制公权力的监督,尤其是社会权力可借助网络媒体的影响,对规制者施加各种压力,促使规制机构提高食品安全信息发布的科学性、及时性、准确性。并且,政府在向社会发布食品安全信息时,也存在公信力问题。如果消费者对规制部门发布的食品安全信息不相信,这时候也需要社会权力主体来协助规制机构权威信息的确认,提高消费者、公众对政府发布食品安全信息的认可和信任①。比如,"牛肉膏"事件被曝光后,广州市工商局回应称:"牛肉膏"之类的食品添加剂属于调味品性质,只要生产和使用证照齐全,符合国家相关规定,消费者可以放心使用。而消费者普遍对此持怀疑态度。面对这种情况,可能需要社会权力主体发出"独立的声音"来补充政府规制机构的"个人独白",这样会起到"四两拨千斤"的效果。

第三,提高食品安全风险分析的科学性。食品安全风险分析包括风险评估、风险管理和风险交流三部分,要想有效实施必须保证主体的分离,风险评估主体、风险管理主体应当由不同的机构担当,即两者的职能必须分离,避免风险评估者和风险管理者的职能混淆,避免出现"运动员和裁判员"的双重角色,减少利益冲突,提供风险评估的公信力。

结合我国食品安全风险评估的实践,单纯依靠公权力主体、私权利(力)主体、社会权力主体都很难解决食品安全风险分析的科学性和公正性问题。因为政府单独推进食品安全风险评估往往受地方保护主义的影响以及自身能力的约束,往往出现"政府失灵",而食品相关企业本身的趋利性,更缺乏动力作出令社会信服的风险评估报告。只有社会权力主体以其第三方的优势,发挥其在参与食品安全风险评估时的民间性、专业性优势,才能保障食品安全风险评估结果的相对独立、公正、可接受。如在欧盟国家,重大食品安全的风险评估都邀请专门的社会独立研究机构参加,来保证食品安全风险评估的科学性和公正性,有些非常专业的食品安全风险分析事项专门委托社会专业机构实施,以此保障食品安全风险分析的科学性、公正性②。

第四,推进食品行业自律机制的完善。众所周知,食品行业具有较强的专业性,规制者、消费者、被规制者之间存在严重的信息不对称的现象,若要切实推进我国食品行业自律机制的完善,必须发挥食品安全规制社会权力主体的作用。因为这些社会组织往往由食品企业组成,组织内部拥有完整的章程和规范,并且章程、规范是它们在协商一致的基础上达成的契约,具有约束力和强制性。其一,食品安全规制社会权力主体更熟悉行业内部的专业信息,法律、法规等制度规范,可以通过宣传食品安全法律、法规以及食品安全操作规则等内容,

① 王绍光.多元与统一——第三部门国际比较研究[M].杭州:浙江人民出版社,1999.

② 卞海霞.我国食品安全监管的新趋势:无缝隙监管[J].延边大学学报,2009(2):93-96.

引导、规范食品行业的生产行为,使其自觉遵守法律、法规和行业的规定;其二,食品安全规制社会权力主体更容易对内部实施有效的监督,因为食品行业的专业性强,存在严重的信息不对称,政府规制机构和消费者很难对食品企业的诚信、守法行为进行监督,往往都是事后媒体曝光后才发现,即使事后给予惩罚,但也对消费者造成了较大的危害,而行业协会组织可以运用信息优势,对行业内部的违规、违法行为进行监督,可以形成全过程的监督,在产品没有流通到消费者之前就发现问题食品,减少不合格食品对消费者的危害,并且监督成本低,监督效果持续。

三、顶层设计:构建社会权力主体对食品安全规制的多元机制

基于对社会权力主体在食品安全规制中作用的分析,我们发现,要保障食品安全就要创新社会权力主体参与食品安全规制的机制、体制,但由于我国的历史传统和社会现实,当前我国的社会权力主体培育还不够充分,存在组织体系不完整、公信力不强等问题,亟须保障社会权力主体对食品安全规制的顶层设计。

第一,构建食品安全规制中社会总体性权力的均衡机制。食品安全规制涉及面广、环节多,生产、加工、储藏、流通、消费等都会发生食品安全事件,任何单一权力主体都很难实现有效的规制,只有建立多元权力主体的共同参与机制,才能保证食品安全的有效治理。但是,在我国社会总体性权力主体中,长期存在政府公权力主体过于强大,并缺乏有效的制约和监督,致使其规制的动力和压力不足,出现"政府失灵"的情况。而市场权力主体经过培育发展,虽已初步建立起市场经济制度,但由于我国的市场经济是政府主导下的市场经济,形成独特的"不完善的政府"和"夹生的市场"并存的格局,市场权力主体更易出现机会主义倾向,即"市场失灵"。而社会权力主体一直处于政府和市场的夹缝中,发育缓慢,社会权力主体呈现能力不足、独立性不高、公信力不强等特征。总之,当前我国食品安全规制的总体性权力(公权力、私权力、社会权力)出现严重失衡,虽然当前政府强调社会管理创新,重视发挥社会组织在社会管理中的作用,呼吁大力发展各类社会组织。但是,总体上社会组织还有待加强提高,并且有些政府部门存在"工具主义"倾向,把社会组织作为社会管理的工具,只希望社会组织提供一些公共服务,弥补政府和市场的缺乏,而不重视对社会组织的培育、支持,限制了社会权力主体的健康发展。

因此,亟须构建食品安全规制领域社会总体性权力的均衡机制。其一,严格约束政府公权力,各级规制机构要依法监管。在继续完善对监管机构的纵向行政压力的同时,培育更多的"压力集团",开拓更广阔的监督渠道,建立对监管

者的"责任追究机制"，使公权力在法律、法规、社会、媒体等多重监督下实施。如建立对监管机构主要领导人的不信任投票制、弹劾制以及引咎辞职等制度，完善人民代表大会、媒体监督的制度化设计；其二，规范市场权力主体的行为，鼓励企业守法自律。发挥市场权力主体在市场价格、信誉、信用、产权、信息和消费者购买指数等方面的监管作用，建立信息、信用、信誉机制，发挥市场的激励作用，保障市场经济功能的正常发挥，实现"无形之手"的自我调节，做到守法自律；其三，大力培育发展社会权力主体，完善食品安全规制社会主体的组织体系，提升社会权力主体的公信力，提高食品安全规制社会权力主体的公共服务能力和专业素养①。只有确保社会总体性权力主体的结构均衡，才能构建主体多元、力量均衡、功能互补、机制协调、力量互动的食品安全规制总体性权力体系。

第二，创新社会权力主体对食品安全规制的参与机制。食品安全规制总体性权力的均衡机制主要是解决宏观权力结构的均衡问题，要切实发挥社会权力主体在食品安全规制中的作用，必须创新社会权力主体对食品安全规制的参与机制，为社会权力主体参与食品安全规制提供制度化的平台和渠道。其一，政府要建立社会权力主体参与食品安全规制的制度化渠道。政府监管机构应将部分规制职能委托或转移给社会权力主体，让其与政府共同承担食品安全规制的责任，并逐步建立共同规制的制度化、规范化的机制。如阿根廷在牛奶质量监督方面，由政府委托四大农业团体和各类农业加工的行会组织实施部分规制职能，对出现问题的企业和农场，由行业协会进行处理，较好地弥补了政府监管的不足。其二，建立社会权力主体参与对食品安全公共政策的评估。食品安全事关消费者的权益和社会稳定，在食品安全信息公开、食品风险评估等方面要吸收社会权力主体参与，为其参与公共政策的评估创造条件和环境，鼓励社会权力主体作出独立的政策建议和评估意见，切实发挥其专业性、民间性和组织性的优势。在美国、欧盟国家，大量社会权力主体参与食品安全政策评估、风险分析，既发挥了社会权力主体的民间性优势，也深化了政府、企业、社会组织、消费者之间的信息沟通②。

第三，完善社会权力主体参与食品安全规制的保障机制。当前我国食品安全规制的社会权力主体还处于发展阶段，还不能完全满足政府、市场以及消费者的需要和期待，要完善相应的法律、法规、财税、融资以及管理登记等方面的

---

① 张锋.从群体性事件看民间组织的功能逻辑与发展路径[J].延边大学学报，2010(5):31-36.

② 张锋.借鉴与启示：对发达国家食品安全规制模式的考察[J].天府新论，2012(2):100-104.

保障机制。其一,完善社会权力主体相关的法律、法规。当前我国对社会权力主体的管理多采用的是双重管理(社会组织的设立需要到民政部门备案和接受上级部门的监管),亟须改革双重管理制度。只要符合国家的法律、法规,相关的社会权力主体到民政部门备案即可,不需要上级部门的监管。这样可以避免很多政府机构把社会组织看作"二政府",看成是自己的下属单位,影响了社会权力主体的独立性、公信力,限制了社会权力主体的服务能力。如当前广东省就尝试社会组织登记备案制度的创新,社会组织成立只需要到民政部门登记备案,而不需要再找挂靠的组织机构。这种为社会组织放权松绑的做法,很值得借鉴。其二,加大对社会权力主体在财政、税收、金融等方面的支持力度。当前我国社会权力主体面临的最大的问题是缺乏经济保障,导致其在提供公共服务时往往"有心无力",缺乏必要的人员、装备和设备保障。政府可以完善对社会组织的税负减免制度,通过政府购买服务的方式,为符合资质的社会组织提供财政支持,这样既可以减轻政府的行政成本,也为社会组织的发展输入了资金。其三,建立对社会权力主体的监督约束机制。当前我国的社会权力主体的发展还不完善,鱼龙混杂,有些社会组织出现"权力寻租"的乱象①。如近年来,一些食品行业协会举办的各种"评比","年度品牌""消费者满意奖""十佳称号""最信赖品牌"等,不是真正推动行业健康发展,而是为了敛财,收取大量的赞助费,严重违背社会组织存在的初衷和原则。所以,要构建政府监管、社会组织自律以及社会媒体的舆论监督来保障社会权力主体的公信力和公益性。

本文基于对食品安全领域"政府失灵"和"市场失灵"的分析,剖析了我国食品安全事件频发的根源是规制权力生态中公权力、私权力、社会权力的结构性失衡。以社会权力为研究视域,系统分析了社会权力主体在参与食品安全公共政策的制定、推动政府食品安全信息公开、完善食品安全风险评估以及推进食品行业的自律机制中的重要作用。为保障社会权力主体在食品安全规制中的作用发挥,结合我国政治、经济、社会的实际,通过制衡食品安全规制公权主体行为,规范市场主体的私权力行为,培育社会权力主体的力量,构建食品安全规制中社会总体性权力的均衡机制;通过对食品安全规制公共政策的制定、执行、评估、反馈,沟通协调政府、市场、社会、消费者多重利益关系,建立社会权力主体对食品安全规制的规范化、制度化参与机制;通过完善相应的法律、法规、财税、融资、管理登记以及监督约束等方面的内容,建立健全食品相关社会权力主体的法治化保障机制,以期为我国食品安全规制提供新理论视角和制度探索。

---

① 屠世超.契约视角下的行业自治研究——基于政府与市场关系的展开[M].北京:经济科学出版社,2011.

食品安全制裁措施的协调性研究

梅 锦[*]

摘 要 对违法行为进行制裁是食品安全治理的主要依托手段。制裁措施的不协调已经在很大程度上影响了对食品安全治理的效果,这种不协调性主要体现为民事制裁与行政制裁的不协调,行政制裁与刑事制裁的不协调。在我国当前应当选择"政府治理为主、私立救济为辅"的治理路径,应在完善各类制裁措施的基础上,尤其关注行政制裁和刑事制裁措施的协调性。对此,在民事制裁措施上,应当降低消费者对食品侵权的举证要求,并考虑将律师费用在一定范围内由败诉方承担;在刑事制裁措施上,有必要将生产、销售不符合安全标准的食品罪由"危险犯"转变为"行为犯",规定危害食品安全的过失犯罪,并将与食品相关的运输、贮存、持有行为纳入刑法的调整视野。

关键词 食品安全;治理路径;制裁措施;协调性

食品安全问题是关系国计民生的重大问题。近年来,我国社会各界加强了对食品安全的关注力度,并采取了多种措施对食品安全中存在的问题进行了综合治理,取得了一定的成效,但存在的困境并没有从根本上得到解决。从社会治理的角度看,其行为方式可概括为"奖"和"惩"两大方面。结合生产、销售不安全食品所造成的危害后果及其所获得的经济利益来看,若主要通过"奖"的方式将很难达到有效打击危害食品安全的社会效果。因此,食品安全的治理核心应当是借助于各类制裁措施。本文认为,我国当前的食品安全状况与我国当下食品安全治理措施的不完善、不协调存在重大关系。从制度的层面加以研究,

* 梅锦,刑法学博士,江南大学法学院副教授。

进而探讨制裁措施的协调性,是解决当下食品安全问题的重要方面。

一、食品安全制裁措施的现状

根据《中华人民共和国食品安全法》《中华人民共和国食品安全法实施条例》《中华人民共和国刑法》《中华人民共和国行政处罚法》《中华人民共和国消费者权益保护法》等相关法律的规定,对于危害食品安全的行为,其惩处措施可分为三类:民事制裁、行政制裁和刑事制裁。

(一)民事制裁

对于民事违法行为,《中华人民共和国民法总则》第 179 条规定了"停止侵害、排除妨碍、赔偿损失、支付违约金"等 11 种民事责任的承担方式。与一般的民事侵权责任相比,法律对危害食品安全的民事侵权行为规定了更严重的民事责任。具体而言:

其一,将赔偿损失作为民事责任的主要承担方式。《食品安全法》规定:消费者因不符合安全标准的食品受到侵害的,可以向经营者、生产者要求赔偿。相较于其他民事责任的承担方式而言,赔偿损失是较为严重的一种责任承担方式。

其二,提升了惩罚性赔偿的幅度。民事关系是平等主体之间的一种法律关系,其责任的承担方式以"补偿救济"为原则。但是在某些情况下,出于对某种行为严厉打击的需要,立法者也会对某些民事违法行为适用惩罚性措施。对此,我国《食品安全法》中就明确规定:对于不符合安全标准的食品,消费者除要求正当的损害赔偿外,还可以主张"价款十倍"或"损失三倍"的赔偿金,且主张的赔偿金数额不足一千元的,可主张一千元。

其三,扩大了连带责任的承担范围。连带责任是一种较为严格的责任承担方式。对此我国《食品安全法》规定,当出现"用非食品原料生产食品"等违法行为时,行为人仍为其提供生产经营场所或其他条件时,该主体就要同生产经营者承担连带责任。这一规定,扩大了我国民事诉讼主体承担连带责任的范围。

(二)行政制裁

我国《行政处罚法》中,对于当事人的违法行为明确规定了六种行政处罚方式,即"警告""罚款""没收违法所得、没收非法财物""责令停产停业""暂扣或者吊销许可证、暂扣或者吊销执照""行政拘留"。2015 年修订后的《食品安全法》,关于"法律责任"章节条款有 28 条,其中涉及行政处罚、行政处分的就有 26 条,对危害食品安全的违法行为作了较为全面的规定,其行政处罚力度相较于 2009年的《食品安全法》而言也更加严厉。

其一,提升了原有惩罚的力度。修订后的法律对于处罚的方式没有变化,但提升了处罚的力度。如对于"未取得食品生产经营许可从事食品生产经营活动"的行为，2009 年的《食品安全法》规定：货值金额"不足一万元的，并处二千元以上五万元以下罚款""一万元以上的，并处货值金额五倍以上十倍以下罚款"；修订后的《食品安全法》则将罚款数分别提升到"五万元以上十万元以下"和"十倍以上二十倍以下"。

其二，对原危害行为增设了处罚方式。这种情况表现为，修订后的《食品安全法》对于同一种危害行为，在保留原有处罚方式的基础上又增设了新的处罚方式，从而使得行政主体有更多的选择余地。如针对"用非食品原料生产食品"的行为，2009 年的《食品安全法》规定："应当并处罚款，情节严重的则吊销许可证"；修订后的《食品安全法》则在提升罚款数额的基础上，新增了可对相关的负责人和直接责任人员处"五日以上十五日以下拘留"的处罚。

其三，扩大了处罚范围。这种情况是指，2009 年的《食品安全法》对该类行为没有调整，而修订后的《食品安全法》新增了对该类行为的处罚。如对"违法使用剧毒、高毒农药"的行为，修订后的《食品安全法》对其作了新增规定；根据该规定，有上述行为的除依照有关规定给予相应处罚外，还可以由公安机关直接给予"拘留"的处罚。

其四，创设了新的行政处罚种类。我国《行政处罚法》明确列举了六种处罚方式，同时也规定，行政处罚的种类还包括"法律、行政法规规定的其他行政处罚"。而修订后的《食品安全法》根据调整的需要就创设了"执业限制"处罚。根据规定，"执业限制"的类型包括两种：一是"有限执业限制"，二是"永久执业限制"。前者如"被吊销许可证的食品生产经营者"，自处罚决定作出之日起五年内不得申请食品生产经营许可；后者如"因食品安全被判处有期徒刑以上刑罚的"，则终身不得从事食品生产经营管理工作。

（三）刑事制裁

《刑法》涉及食品安全犯罪的规定并不多，间接的罪名包括：投放危险物质罪、非法经营罪、虚假广告罪、食品监督渎职罪、动植物检疫徇私舞弊罪等。直接相关的罪名为：生产、销售不符合安全标准的食品罪和生产、销售有毒、有害食品罪。直接罪名所调整的行为方式对食品安全的影响最大，在危害食品安全的刑事制裁中发挥的作用也最大。我国 2011 年出台的《刑法修正案（八）》对上述罪名进行了较大的修改，加大了对危害食品安全行为的惩罚力度，具体体现为：

其一，扩大了重罪的处罚范围。《刑法修正案（八）》对生产、销售有毒、有害食品罪加重刑的犯罪构成作了修改，在原有的"对人体健康造成严重危害"的基础上增加了"或者有其他严重情节的"规定，就使得那些尽管未对人体健康造成严重危害但具有其他严重情节的行为也可以适用"5 年以上 10 年以下有期徒刑"。

其二,提升了法定最低刑的标准。一方面,《刑法修正案(八)》取消了生产、销售有毒、有害食品罪中"拘役"刑的规定,将该罪的处罚起点升格为有期徒刑;另一方面,《刑法修正案(八)》取消了单处罚金的规定,即对于食品安全犯罪都要判处主刑且并处罚金,实行"打罚并重"的政策。

其三,提升了罚金的处罚力度。1997 年《刑法》对食品安全犯罪,要单处或并处"销售金额百分之五十以上二倍以下罚金",《刑法修正案(八)》则将其直接规定为"并处罚金",如此就取消了罚金的数额限制,使得司法机关能够根据案件的具体情况确定合理的罚金数额。

(四)现状分析

从上文对食品安全制裁措施现状的分析,可以发现以下两个方面的特征:

其一,法律对危害食品行为的打击力度普遍加大。不论是民事制裁、行政制裁还是刑事制裁,各个部门法对于危害食品安全行为的惩罚力度都变大了,不但体现为惩罚力度的单纯增加,也表现为惩罚范围的扩大。从我国食品安全的现状以及世界上其他国家对食品安全的调整措施看,加大对食品安全的惩罚力度都是必要的。

其二,行政制裁手段占据绝对主导地位,民事、刑事制裁的手段、范围较窄。关于危害食品安全的制裁措施中,民事制裁主要针对日常消费所导致的轻微民事违法行为,刑事制裁主要针对导致民众生命、健康权益受到严重侵害的生产、销售行为。而关于食品生产、销售以及之前、之后的诸多具体环节,则由行政制裁手段加以调整。行政制裁的类型包括行政处罚和行政处分。2015 年新修订的《食品安全法》在《法律责任》一章中共有 28 条,其中涉及行政处罚、行政处分的就有 26 条;行政处分的具体手段从警告、罚款到吊销执业许可、拘留,处罚较为全面。民事制裁的方式从一般的民事赔偿到惩罚性赔偿,惩罚性赔偿有一定的条件限制;刑事制裁主要体现在"生产、销售不符合安全标准的食品罪"和"生产、销售有毒、有害食品罪"两个罪名上。

要探讨我国当下食品安全各制裁措施之间是否协调,如何进一步完善,应当先明确我国食品安全的应然治理路径。治理路径的选择决定了各种制裁措施的角色定位以及制裁方式的完善。

二、食品安全治理的路径选择

从既有的制裁措施来看,行政制裁、刑事制裁手段由政府来实施,而民事制裁手段则属于公民的自我救济手段。食品安全制裁措施如何进行完善,首先应明确政府、公民在食品安全治理中处于何种地位，这也就涉及我国当下食品安全治理的路径选择。

（一）学术观点之评析

关于食品安全的治理，《食品安全法》第三条规定，"食品安全工作实行预防为主、风险管理、全程控制、社会共治，建立科学、严格的监督管理制度"。显然，"社会共治"已经成为食品安全治理的基本理念，但是在这个基本理念中，哪个主体应当居于主导地位则并没有明确。对此，我国学界有不同的观点，核心分歧在于如何对"政府"和"公民"在食品安全治理中的角色进行合理的定位。概括而言，争论的观点主要包括以下三种：

其一，政府主导论。这种观点为我国学界的多数学者所认同，即认为政府部门应当在食品安全治理中居于主导地位，企业、其他行业组织或者公民则居于辅助地位。该理论的出发点在于，认同我国公权力治理占据主导地位的传统社会治理模式，但没有对食品安全治理的特性加以区分。至于政府主导下的具体治理方式则有分歧，有学者提倡在当下应当注重"提升行政规制和司法规则"[1]；有学者则认为，应当"将监管权限恰当集中，减少监管部门的数量，尽量避免机会主义行为，在国家层面设立专门的食品安全委员会"[2]。

其二，多方主体共治论。这种观点既看到了公权力主导在传统社会治理中的优势，又注意到市场经济在资源配置、商业秩序调节中的积极作用，因此，强调政府、企业等多个主体在食品安全治理中的协作作用，力图构建食品安全多中心的合作治理模式，即"改变政府在食品安全领域的绝对主导地位，构筑食品安全社会参与治理的基础，促进食品企业的自我规制，构建第三部门参与食品安全治理的体制环境"[3]。

其三，私人主导论。持该观点的学者强调市场在当下资源配置中的重要作用，试图借助企业的自我约束机制或消费者的自我评判来达到间接推动食品安全治理的社会效果。有学者指出："食品产业链的生产者、加工企业和流通业者通过自己的声誉来积极维护食品安全是食品安全体系有效运转的核心"[4]，而作

---

① 韩永红.美国食品安全法律治理的新发展及其对我国的启示——以美国《食品安全现代化法》为视角[J].法学评论，2014(3)：92 - 101.

② 颜海娜，聂勇浩.制度选择的逻辑——我国食品安全监管体制的演变[J].公共管理学报，2009(3)：12 - 25.

③ 秦利，王青松，佟光霁.基于多中心合作治理的食品安全问题研究[J].农机化研究，2009(3)：4 - 7.

④ 张晓涛，孙长学.我国食品安全监管体制：现状、问题与对策——基于食品安全监管主体角度的分析[J].经济体制改革，2008(1)：220 - 221.

为食品安全体系构建的重要参与方——消费者,则可以通过"'用脚投票'的市场力量有效阻吓企业放弃潜在的不法行为,积极探索食品安全的社会治理之道"①。

(二)本文的观点

在食品安全治理路径的选择上,本文认为首先应当明确以下两点:

其一,依靠社会公众不代表以社会公众为主导。在当前社会治理的各个环节,都很难依靠单一的主体;脱离社会公众的参与,要达到良好的治理效果几乎是不可能的。同样在食品安全治理领域,缺乏社会公众的参与也是不可能成功的。正因为此,我国《食品安全法》也提出应当要"社会共治",大力发展社会组织,提升社会公众积极参与的程度。但依靠社会公众并不代表应当发挥社会公众在食品安全治理中的主导作用。社会公众在食品安全治理中的角色定位,应当结合食品领域的特性、社会发展程度等因素加以综合考量。

其二,食品安全领域不同于一般的市场领域。在一个相对自由的经济运行环境中,市场应当发挥自我调节的核心作用,此时公权力的过多干预,反而不利于市场关系的和谐发展。但是市场存在着"逐利性""盲目性""滞后性"等天然的弱点,单纯依靠市场的调节作用,并不能在所有领域实现资源的有效配置,也不利于社会利益的最大化。食品的生产、经营活动与社会公众的生命、健康和财产安全密切相关,并不能简单地用商品交换规律加以衡量。因此,基于食品领域的特殊性,让市场发挥主导、支配地位并不可行。

本文认为就食品安全的治理而言,在遵循"社会共治"的前提下,应当发挥政府机关在其中的主导作用,而社会公众、企事业单位等非政府主体应当积极参与,但在当前只应处于辅助的地位。具体理由如下:

其一,与国家对当前社会治理的总体政策相一致。2013 年颁布的《中共中央关于全面深化改革若干重大问题的决定》关于"创新社会治理体制"部分就明确指出:"坚持系统治理,加强党委领导,发挥政府主导作用,鼓励和支持社会各方面参与,实现政府治理和社会自我调节、居民自治良性互动。"可见,在当前的社会治理体制下,政府机关仍然应当发挥主导作用;明确政府机关在食品安全领域治理中的主导地位,具有制度体系传承上的合理性。

其二,社会公众打击食品安全违法行为的能力不足。随着我国经济、科技的进步,食品领域的生产、加工技术也在不断升级换代。从最初的农牧产品到加工食品,再到食品添加剂的大量出现,人们消费的食品也更加多样化、高级

---

① 吴元元.信息基础、声誉机制与执法优化——食品安全治理的新视野[J].中国社会科学,2012(6):15-23.

化。但相较于传统的食品而言，民众对现代食品的认知难度也大大增加了。在这样的背景下，缺乏一定的专业知识和专业装备是很难对食品的成分、性能以及安全状况进行评估的；在具体的纠纷解决中，导致举证责任存在困难。因此，有学者提出"在社会转型期，制度环境和技术的不确性诱发的厂商机会主义是食品安全治理失效的根源"①。此时，让普通的社会民众承担起打击危害食品安全行为的主导作用并不具有现实可行性。

其三，公民的私力救济缺乏经济动力。民众对食品安全的危害行为主张民事救济，除了在承担举证责任上存在困难外，更重要的原因在于其主张民事救济的行为很可能得不到有效的经济补偿。在一般情况下，个体若通过诉讼的方式主张民事救济，除了需要支付高额的律师费用外，还需要花费大量的人力、时间。我国虽然针对不符合安全标准的食品，规定了消费者可以主张惩罚性赔偿，但惩罚的力度是有限的，即只能主张商品"价款十倍"或"损失三倍"的赔偿金，赔偿金数额不足一千元的，可主张一千元。这种民事赔偿的法律规定，对于简单的食品安全民事纠纷而言尚有一定的合理性和可行性，但对于需要通过诉讼来解决的、较为复杂的食品消费纠纷则不具有经济上的对等性。在许多情况下，个体消费者将"得不偿失"，自然也就缺乏自我救济的动力。

其四，私力救济不足以有效打击食品危害行为。食品的生产经营行为属于市场经济行为的一种，但是不符合安全标准的食品市场经营行为除了会侵犯他人财产权、扰乱市场正当的经营秩序外，更重要的是，会对社会公众的生命、健康权益造成严重的侵害。并且相对于财产上的侵害而言，食品危害行为对人身权的侵害更加突出。一旦对人身权益造成侵害，其背后的法律关系就不再局限于民商事主体之间的交易关系，而是上升为问题食品的生产经营主体与代表社会整体利益的国家之间的关系。很显然，我国当前食品安全领域的民事救济措施，一方面，只限于经济赔偿（补偿原则为主、惩罚赔偿为辅），惩处力度不足；另一方面，只是为了弥补平等主体之间的法律关系，以私下的协商解决为重要依托。因此，若将公民个人的私力救济作为食品安全治理的主要依赖手段，将明显不足以打击社会中的食品危害行为。

其五，私力救济具有滞后性。食品安全治理的目标在于建立良好的食品安全社会环境。从治理的角度看，其具体的治理方式应当是全方位的，即应当包括事前的宣传预防、事中的监督检查、事后的惩处打击。从主体身份角度来看，事前的预防、事中的检查只有代表国家的公权力机关才有权力去实施。而普通

---

① 崔焕金，李中东. 食品安全治理的制度、模式与效率：一个分析框架[J]. 改革，2013（2）：133-141.

的社会民众只有遭受到问题食品的不良后果时,才有可能通过民事救济的方式来主张自己的权益。显然,其救济的方式都属于事后救济,具有滞后性,不利于食品安全治理目标的实现。

三、食品安全制裁措施协调性的分析

食品安全制裁措施之间的协调,是为了更好地打击危害食品安全的行为,以达到更好的社会治理效果。当前,我国食品安全治理应当秉持"政府为主、社会为辅"的路径。具体到食品领域现有的制裁措施而言,应当发挥"行政制裁、刑事制裁"在治理中的主导作用,同时辅以恰当的"民事制裁"。民事、行政和刑事制裁三者间的处罚力度是逐步变大的,要探讨制裁措施的协调性问题,即探讨民事制裁与行政制裁、行政制裁与刑事制裁的协调关系。结合到食品安全治理的路径选择,不难发现现有的制裁措施之间存在一定的不协调,并且已经影响到了食品安全的有效治理。具体而言,表现如下。

(一)民事制裁和行政制裁存在一定的不协调

食品安全的行政制裁种类较多,包括警告、罚款、吊销执照、拘留等多种形式;民事制裁则规定了惩罚性的赔偿方式。从形式,即制裁方式上看,民事制裁和行政制裁似乎衔接性较好,但从实质上看,两者实际并不能有效衔接,主要表现为民事制裁的惩罚力度还不够。虽然 2015 年修改后的《食品安全法》加大了对危害食品安全侵权行为惩罚性赔偿的力度,但赔偿的幅度相较于受害者的付出(诉讼费用、时间、精力等)而言仍然太少,故而民事制裁的实效性在多数情况下往往不能有效显现。

(二)行政制裁和刑事制裁存在较大的不协调性

对于危害食品安全的行为,行政制裁中的最重处罚为"拘留";《刑法》则规定了"生产、销售不符合安全标准的食品罪"和"生产、销售有毒、有害食品罪"两个罪名,前者的处罚较轻,最低刑为"三年以下有期徒刑或拘役,并处罚金"。由于拘留的期限通常为十五日以下,合并执行的,最长不超过二十日;拘役的期限为一个月至六个月。从处罚力度上看,两类处罚是协调的。但是从总体上看,行政制裁和刑事制裁仍存在较大的不协调性,主要体现在以下两大方面:其一,刑事制裁只针对危害食品安全的故意行为,不处罚过失行为;其二,生产、销售不符合安全标准的食品只有达到"足以造成严重食物中毒事故或其他严重食源性疾病"的危险时,刑法才认定为犯罪;其三,刑事制裁只针对生产、销售"不符合安全标准"和"有毒、有害"食品的行为。可见,相对于行政处罚而言,刑事制裁的处罚范围明显过窄。

四、食品安全制裁措施协调性之完善

在食品安全的治理路径中，政府应当占据主导性地位，而公民的私力救济应处于辅助地位。要探讨食品安全制裁措施的协调性，应当在关注民事、行政制裁措施协调性的基础上，重点对行政制裁和刑事制裁的协调性加以探讨。

（一）对食品安全的民事制裁措施进行完善

在食品安全治理领域，民事制裁和行政制裁的不协调主要体现为民事制裁在实质上缺乏足够的威慑力。对此，可以从以下两个方面进行完善。

1. 减轻消费者在民事举证中的责任

当发生食品安全的侵权纠纷时，其中涉及的核心问题是"举证责任"的分配。我国当前的《民事诉讼法》和《侵权责任法》对于食品安全纠纷的举证责任问题并未加以专门规定。按照民事纠纷"谁主张谁举证"的一般举证原则，此时证明责任应由消费者承担。那么，消费者需要证明以下三个事实：一者，证明食品的来源，即相关的食品是由某商家销售的；二者，销售的食品存在质量问题；三者，造成的损害和有问题的食品存在因果关系。相较于食品的生产、经营者而言，消费者要对上述诸多环节进行举证实际上是非常困难的，尤其是对于某些经过复杂工艺过程制作的、涉及生物技术领域的或食品食用后已经过一段时间的等问题食品。对此有必要对食品领域纠纷的举证责任进行一定调整，适当减轻消费者的证明义务。

细言之：对于上述待证事实中的第二问题，即证明食品存在质量问题，由于我国的《侵权责任法》中针对产品质量问题作了"举证责任倒置"的特殊规定，即由产品的生产经营者对产品不存在质量问题进行规定。显然，食品也属于产品的一种，也应当适用举证责任倒置的证明标准。而对于食品的来源和因果关系的证明问题，本文赞同某些学者的观点，即对于食品的来源问题，采用公平诚信原则，只要证明商家确实销售过某食品即可，而对于因果关系的证明则应采用盖然性标准，即消费者只要能够证明造成的损害和食品之间存在一定的可能性即可①。

2. 加大对受害人的民事补偿力度

对于较为复杂或严重的食品案件民事纠纷，在实践中就需要通过诉讼的方式来解决。为更好地发挥社会公众通过诉讼来获得救济的积极性，必须解决食品诉讼中的成本收益问题，即让消费者通过诉讼的所得大于支出。而当前制约

---

① 张治宇.论我国食品消费维权举证责任之完善[J].南京工业大学学报（社会科学版），2013(4)：54-60.

民众诉讼积极性的核心就在律师费用的承担问题上。虽然我国的相关法律已经规定,民事诉讼的"诉讼费""鉴定费"等费用由败诉方承担,但律师费用则往往需要由起诉人自己承担。而实践中,律师费的支出往往较大,并且会远远超过因胜诉而由生产经营者所支出的"惩罚性赔偿"。

本文认为可由司法解释作出规定,因食品安全造成的民事纠纷,当消费者胜诉后其支付的律师费可由败诉方(即生产经营者)承担。这种规定将赋予食品的生产经营者更重的义务,但考虑到食品安全的特殊性,这种规定在当下是合理的。当然考虑到实践中,消费者可能滥用该项权利或者过分加重生产经营者的负担情况,可以规定律师费用以国家或地方司法机关规定的标准为限,超出部分由消费者自行承担。

(二) 对食品安全刑事制裁措施进行完善

考虑到食品安全的社会形势以及国外打击食品安全犯罪的先进立法经验,本文认为要解决行政制裁和刑事制裁的衔接问题,核心就是要扩大危害食品安全犯罪的范围,同时放松对构成要价的认定。具体措施如下。

1. 将生产、销售不符合安全标准的食品罪由"危险犯"改成"行为犯"

将生产、销售不符合安全标准的食品罪由"危险犯"修改为"行为犯",就必须去除现行《刑法》第一百四十三条中"足以造成严重食物中毒事故或者其他严重食源性疾病的"(以下简称"足以")规定。只要实施了生产、销售不符合安全标准的行为,即使未造成"足以"危险的,也可以构成犯罪。《刑法》条文作如此修改,一方面,解决了司法实务部门对"足以"认定难的问题,便于司法实践操作;另一方面,也扩大了刑法的处罚范围,可更好地实现刑罚与行政处罚的衔接。对于那些生产、销售不符合安全标准的食品,又未达到"足以"危害程度的,现有的法律既不能对其定罪也不能给予适度的行政处罚。《刑法》的修改,可以化解此类矛盾。

将生产、销售不符合安全标准的食品罪修改为行为犯,是否会导致刑罚处罚范围不当扩大的问题? 本文认为,只要合理地理解了《刑法》条文,是完全可以避免此种现象发生的。即使生产、销售不符合安全标准的食品罪是行为犯,也不意味着只要实施了"生产、销售不符合安全标准的食品行为"就一概构成犯罪。原因在于,我国《刑法》第 13 条的"但是"中明确规定"但是情节显著轻微危害不大的,不构成犯罪",而《刑法》总则的规定适用于包括分则在内的一切有刑罚规定的法律。由于"我国刑法采用了立法既定性又定量的立法模式"[①],对于

---

① 王政勋.定量因素在犯罪成立条件中的地位——兼论犯罪构成理论的完善[J].政法论坛,2007(4):152-163.

生产、销售不符合安全标准的食品罪而言,仍然需要行为人实施的生产、销售行为达到一定的危害程度才可以定罪。对此,司法机关可以综合案件的具体情况加以认定,而最高人民法院也可以通过制定"立案标准"的方式加以解决。

2. 在刑法中增设危害食品安全的过失犯罪

有学者指出食品安全领域是一个专业性强、科技含量高的领域,存在隐发的风险,故以"新过失犯罪论"中的"危惧感说"为基础,认为"对于某些难以认定的过失犯罪,可以不必过于查证行为人是否有结果预见可能性,只要行为人负有避免结果发生义务而没有履行,且发生了危害结果,即可构成过失犯罪"①。固然,以"新过失犯罪论"为基础增设过失犯罪,有助于扩大《刑法》对此类行为的处罚范围,但该理论本身却面临着诸多的批评。正如有学者指出的,若行为人"对结果预见可能性只需要危惧感的程度就够了的话,就会过于扩大过失犯的成立范围,有时与客观责任没有大的差别"②。因此,在刑法理论界未能普遍接受的情况下,"新过失理论"可以作为认定行为人承担"民事责任"甚至"行政责任"的根据,但不能据此认定为构成犯罪。本文所主张的过失犯罪,仍是一种"确定的过失",而非"推定的过失",即认定行为人构成过失犯罪,仍要求其在主观上已经预见到或虽未预见但具有预见的可能性。此种意义上的过失犯罪和"行为与责任同在"的刑法原理完全契合。

对于如何将危害食品安全的过失行为认定为犯罪,国外刑法有三种立法例:其一,有危害结果的出现,才构成过失犯罪。如《俄罗斯刑法典》第238条第2款规定:"过失造成人员健康的严重损害或过失造成人员死亡的,处数额为10万卢布以上50万卢布以下……"其二,有现实危险状态的出现,才构成过失犯罪。如《葡萄牙刑法典》第282条第2款规定:"如果前款所指的危险是因为过失而造成的,处不超过5年监禁。"其三,有抽象危险状况的出现(只要实施了危害行为),即构成过失犯罪。如《巴西刑法典》第272条规定:"如果是过失实施犯罪的;刑罚——1年以上2年以下拘役,并处罚金。"由于我国采用的是刑罚与行政处罚法相分离的"二元制"处罚模式,刑罚措施具有相当的严厉性,故在考虑将某一行为"入罪化"时应保持足够的谨慎。加之我国《刑法》总则对过失犯罪有"以致发生这种结果"的明文规定,故将危害食品安全的过失行为认定为犯罪应当参照国外的第一种立法例,即只有当危害食品安全的行为过失造成客观

---

① 毛乃纯.论食品安全犯罪中的过失问题——以公害犯罪理论为根基[J].中国人民公安大学学报(社会科学版),2010(4):81-85.

② 大塚仁.犯罪论的基本问题[M].冯军,译.北京:中国政法大学出版社,1993:245.

的危害结果时,方构成犯罪。

3. 将危害食品安全的运输、贮存、持有行为认定为犯罪

对于如何将运输、贮存行为纳入《刑法》中,有学者提出,经营的行为包括销售、运输、贮存的行为,因此可以将"143 条的'生产、销售'行为修改为'生产、经营'行为"①。对此,本文并不赞同。一方面,"经营"的行为相对于"销售、运输、贮存"等行为而言,其内涵虽然更加宽泛,但不够明确,可能会导致理解上的分歧,不利于司法实践的操作;另一方面,将运输、贮存与销售行为分开规定,符合我国既有的刑事立法例。如我国《刑法》对涉及枪支、弹药、爆炸物的犯罪有"非法制造、买卖、运输、邮寄、储存枪支、弹药、爆炸物罪""非法持有、私藏枪支、弹药罪"等规定;对涉及假币的犯罪有"出售、购买、运输假币罪""持有、使用假币罪"等规定。因此,比照我国既有的立法例,可将"生产、运输、贮存"的行为规定为一个选择性罪名,将"持有"的行为单独成立一罪。

① 刘伟.风险社会语境下我国危害食品安全犯罪刑事立法的转型[J].中国刑事法杂志,2011(11):29-35.

食品销售领域惩罚性赔偿"明知"要件的司法认定[*]

食品销售领域惩罚性赔偿"明知"要件的司法认定 [*]

庄绪龙　宁尚成 [**]

摘　要　惩罚性赔偿虽冠以"惩罚"语词,但其主要功能是食品生产和销售领域的安全保障,而非纯粹的惩罚。由于社会分工的角色差异,在食品安全领域,生产者与销售者之间的责任承担显然应该有所区分:作为食品的研发、生产者,社会公众对于食品安全的期待而言显然应当高于销售者。在论理解释的角度,生产者的责任承担并不需要"明知"要件,但销售者责任承担应当证明"明知"要件。司法实践中,判例经常混淆生产者与销售者惩罚性赔偿责任要件、扩大销售者法定义务违反的内容,将法定义务违反作为推定明知的规则机械化、形式化,造就了"明知"认定的泛化现象。应该认为,销售者主观上"明知"的认识因素仅包括明确知道和推定知道,而不包括"应知而不知",意志因素为故意。在"推定明知"的认定过程中,必须论证常态联系构建的基础事实及其与待证事实之间的因果关系,综合销售者自身能力、销售行为的妥当性以及政策性因素等情况综合判断。此外,还应该赋予销售者"不明知"的反驳权,裁判文书也应当对推定明知的基本事实与理由进行科学详细论证,以契合社会的公共认同。

关键词　食品销售;惩罚性赔偿;明知;法定义务违反

---

* 　原文发表于《山东法官培训学院学报》2018 年第 5 期。

** 　庄绪龙,华东政法大学博士研究生,现任江苏省无锡市中级人民法院助理审判员;宁尚成,江苏省无锡市中级人民法院助理审判员。

一、食品销售领域惩罚性赔偿"明知"认定的泛化

民以食为天,食品安全始终是关系国计民生的重大问题。近年来,在诸多食品安全事件频现的背景下,我国法律对食品安全问题作了十分严格的规定。例如,2009 年颁布实施、2015 年修订的《中华人民共和国食品安全法》(以下简称《食品安全法》)为进一步突出食品安全的保障,就祭出了"惩罚性赔偿"的大旗,加大了对食品生产者和销售者违规生产销售行为的惩治力度。该法第 184 条规定:"生产不符合食品安全标准的食品或者经营明知是不符合食品安全标准的食品,消费者除要求赔偿损失外,还可以向生产者或者经营者要求支付价款十倍或者损失三倍的赔偿金。"依照《食品安全法》可以明确的是,对于责任严苛的惩罚性赔偿,其基础行为必须是销售者在"明知"的主观过错前提下的违法、违规行为。但是,在该法以及相关司法解释中,并未对"明知"作相应的解释或规定。

由此,这里的问题便是,司法实践中如何认定主观要件上的"明知"?按照现代汉语的一般解释,"明知"是指"明明知道"①。由此可知,语言学意义上"明知"的意蕴是"确实知道"的指涉。但是,与语言学意蕴指涉不同的是,法律意义上的"明知"不仅包括客观上的"确实知道",还包括经由客观行为的"推定明知"。在法律领域,"明知"是用于表述行为人主观内容的术语。但作为一种心理活动,行为人是否达到"明知"的程度,难为外人所探悉,且往往会面临行为人否认和缺少直接证据的局限,"明知"的界定和理解仍是长期困扰司法实践的焦点问题之一。《食品安全法》自 2009 年实施至今,司法实践对食品销售者"明知"的理解和认定远未形成一致,"同案不同判"的情况时有发生。值得比较的是,与消费者主张销售者"明知"较难成立不同,我国当前司法实践中对食品销售者认定"明知"的现象比较普遍,逐渐呈现一种相对泛化的"客观归责"倾向。

为考察食品销售者惩罚性赔偿的司法实践状况,笔者搜索整理了近年来全国各地 31 个省、市、自治区法院相关案件共 300 件进行数据统计和分析。数据表明,该 300 件案件中支持惩罚性赔偿的案件共 205 件,但 205 件支持惩罚性赔偿的案件中法院未认定销售者"明知"即适用惩罚性赔偿的案件共 45 件,以违反法定义务径行认定"明知"的 148 件,结合法定义务推定"明知"的仅占 12 件。

---

① 中国社会科学院语言研究所词典编辑室. 现代汉语词典[M]. 北京:商务印书馆,2012:910.

（一）忽视"明知"要件，直接判决承担"惩罚性赔偿"责任

司法实践中，消费者向经营者主张惩罚性赔偿，一般而言，经营者均会提出其不"明知"的抗辩主张。在这种情形下，有的法院直接忽视惩罚性赔偿的主观要件，直接不予回应，径行以其销售的食品系不符合食品安全标准的食品为由，直接判令其承担十倍赔偿责任。在裁判文书中，虽然判决主文引用的法条均系《食品安全法》规定的惩罚性赔偿条款，但判决说理与该法条对应的构成要件格格不入，难以令人信服。

例如，在"胡荣琳案"中，法院文书说理载明：进口的食品、食品添加剂以及食品相关产品应当符合我国食品安全国家标准。桐君阁江北区一店未举证证明涉案产品中添加蜂蜡的合法性，故桐君阁江北区一店销售了不符合食品安全标准的产品，胡荣琳要求桐君阁江北区一店退还货款 813 元，并支付货款 10 倍赔偿金的诉讼请求成立，法院予以支持①。在"华联马家堡分公司案"中，法院文书说理部分更是直截了当地指出：华联马家堡分公司作为食品的销售者没有尽到相应的审查义务，故其应当承担民事责任②。

（二）套用"违反法定义务"帽子，未经论证直接认定"明知"

法院论证销售者"明知"的思路为其违反法定义务，但文书说理中均未就违反法定义务与"明知"内容之间的证据资料及其关系进行论证或者合理推定。在规范分析的角度，销售者销售的食品虽最终认定为不符合食品安全标准的食品，但是否就可以认定为其违反了法定义务，以及违反了法定义务是否就等同于经营者的主观状态为"明知"而销售，认为并不能直接得出相关结论。遗憾的是，在相关判例中，文书的判决说理部分虽然提到了"违反法定义务"的根据，但与销售者主观的"明知"内容并未进行有效分析，"违反法定义务"成为认定销售者主观存在"明知"内容的一顶"铁帽子"。

例如，"孙银山诉南京欧尚超市有限公司江宁店买卖合同纠纷"一案③，入选最高人民法院公布第 23 号指导性案例，其裁判说理部分载明：食品销售者负有保证食品安全的法定义务，应当对不符合安全标准的食品及时清理下架。但欧尚超市江宁店仍然销售超过保质期的香肠，系不履行法定义务的行为，应当被认定为销售明知是不符合食品安全标准的食品。该判例就遵循了"不履行法定

---

① 参见重庆市江北区人民法院(2015)江法民初字第 07234 号民事判决书和重庆市第一中级人民法院(2016)渝 01 民终 5836 号民事判决书。

② 参见北京市丰台区人民法院(2014)丰民初字第 05153 号民事判决书和北京市第二中级人民法院(2014)二中民(商)终字第 09520 号民事判决书。

③ 参见南京市江宁区人民法院(2012)江宁开民初字第 646 号民事判决书。

义务直接认定其构成销售明知"的逻辑,这在司法实务界影响力不容小觑。在此指导性案例的指引下,司法实践中也出现了类似的判决,值得反思。

再如,在"群光公司案"中,文书说理载明:作为案涉产品的销售商,应充分注意、理解我国食品安全法律法规,尤其是在案涉产品外包装上已明确标示配料中含有辅酶Q10、蜂蜡的情况下,群光公司完全有条件审查上述材料是否符合我国食品安全标准、是否违反禁止性规定,但群光公司并未尽到上述义务,应认定为系销售明知不符合食品安全标准的食品①。笔者认为,上述判决以采取经营者违反法定义务为由直接推导出存在主观过错,进而认定为明知的逻辑并不可取,惩罚性赔偿并非适用无过错原则,在"违反法定义务"的前提下,更需要充分论证分析销售者"明知"的有无及其程度。

(三)不当延拓"明知"范畴,将"应知而不知"情形纳入扩大解释

司法实践中,关于食品销售者"明知"的认定,有判例认为"明知"也包括"应知而不知"的类型。由此,在"应知而不知"的情形下,也应当承担惩罚性赔偿责任。例如,2014年9月5日,李某在万民超市购买240瓶鱼肝油维生素C软糖,涉案产品虽经有关出入境检验检疫机构检验合格,且经过海关检验,但违反了卫生部《关于"黄芪"等物品不得作为普通食品原料使用的批复》,即含有不得添加的鱼肝油成分。法院生效判决认为:国家有关部门对涉案产品的规定公开且明确,万民超市无论是知而违之还是应知而不知,均为无视国家法律尊严,对消费者权益漠视甚至践踏的行为,应予惩罚,该判决维持了原审做出的十倍惩罚性赔偿②。

具有比较意义的是,与该案将"应知而不知"属于"明知"范畴的扩大解释不同,实践中有判例认为"应知而不知"的情形不属于"明知"。在该案中,法院认为被告长安商场在采购涉案商品时,查验了涉案食品供货商的营业执照、组织机构代码证、食品流通许可证等资质证照,并且查验了涉案食品的进口手续及记载涉案食品符合我国食品安全标准内容的卫生证书,履行了其作为销售者必要的查验义务。长安商场是基于进口食品安全监管部门出入境检验检疫局所出具的专业、权威且具有法律效力的检验检疫结论的合理信赖,并非明知涉案产品不符合食品安全国家标准,主观上不存在过错③。

客观而论,惩罚性赔偿作为保护消费者权益、规范市场秩序的有力武器,在司法实践中发挥了巨大效用。但是,不可忽视的是,惩罚性赔偿也是一把名副

---

① 参见四川省成都市中级人民法院(2016)川01民终1950号民事判决书。
② 参见广州市中级人民法院(2015)穗中法民一终字第2534号民事判决书。
③ 北京市第二中级人民法院(2015)二中民(商)终字第09437号民事判决。

其实的"双刃剑"，其在惩治市场不端行为的同时，如果不能精准适用，极有可能矫枉过正，不当限制甚至侵害食品销售者的合法权益。有论者指出："在缺乏程序保障的前提下，如何实现惩罚性赔偿个案的实体法公正，成为亟待中国司法实践予以回应的难题。"①在当前"风险社会"和"事故社会"的大背景下，为了更好地塑造"安全中国"的社会环境，在食品销售领域强调销售者的注意义务和责任承担无疑是必要的。但是，在以"惩罚性赔偿"为主要惩罚手段的同时，需要严格按照法律规定的主客观要件予以精准认定，即违法行为的客观要件与"明知"的主观要件匹配缺一不可，这也是责任承担的基本原理。换言之，如果将"惩罚性赔偿"的主客观要件简单化、机械化处理，罔顾"明知"主观责任的区分，粗放、盲目地加重销售者责任，极有可能会造成商品流通领域的混乱，最终的不利结果也会延宕至全体消费者的利益减损。

二、"惩罚性赔偿"语境下"明知"的内容解构

我国传统侵权法理论对侵权人的主观过错一般采取故意和过失两分法。由于"明知"内容涵摄的丰富性和多样性，现阶段学界和司法实务界对于行为人主观责任要件"明知"的研究仍然较为薄弱，意见并不统一。比较而言，"明知"的认定在刑法理论和实务界已是讨论多年的问题。

自最高人民法院、最高人民检察院在 1992 年 12 月 11 日公布《关于办理盗窃案件具体应用法律若干问题的解释》，首次将"明知"认定为"知道"或"应当知道"，此后一系列的刑事司法解释就明确地将"明知"的含义界定为"知道"或者"应当知道"②。但该种界定也遭到一些学者的反对。他们认为，如果"明知"包括"应当知道"，就会混淆故意与过失的划分。这种观点主张，应将"应当知道"规范表述为"推定知道"。对此，有刑法学者和实务界人士对此予以了澄清，认为即便司法解释中"应当知道"用语表述上可能会造成误解，但"明知"（包括"应当知道"）为主观上的故意不包括过失这一基本立场各方已达成一致③。

---

① 税兵．惩罚性赔偿的规范构造——以最高人民法院第 23 号指导性案例为中心[J]．法学，2015(4)：98－108．

② 如《关于依法查处盗窃、抢劫机动车案件的规定》《关于审理破坏森林资源刑事案件具体应用法律若干问题的解释》《办理走私刑事案件适用法律若干问题的意见》《关于办理妨害预防、控制突发传染病疫情等灾害的刑事案件具体应用法律若干问题的解释》《关于办理假冒伪劣烟草制品等刑事案件适用法律问题座谈会纪要》《关于办理侵犯知识产权刑事案件具体应用法律若干问题的解释》《办理毒品犯罪案件适用法律若干问题的意见》等。

③ 陈兴良．"应当知道"的刑法界说[J]．法学，2005(7)；陆建红．刑法分则"明知"构成要件适用研究[J]．法律适用，2016(2)．

关于食品安全法中惩罚性赔偿"明知"的理解,大多数学者认为遵从规范解释立场,认为"明知"应解释为"确定知道"的状态。与此相对应,也有观点认为:即使销售者不知道自己所出售的是不符合食品安全标准的食品,但是他应该知道或有能力知道,亦应认定为"明知"①。我们认为,对于"明知"的理解首先要遵从立法的规范解释,其次要以惩罚性赔偿的制度功能加以印证(即立法目的解释),主要在于探知"明知"的认识因素和意志因素。在惩罚性赔偿的视域,"明知"的认识要素包括两种类型:一是确定知道;二是推定知道。在意志因素层面,"明知"只能由故意表征,过失不能被"明知"所囊括。

(一)当然解释视角下"明知"的认识因素:确定知道

按照现代汉语的一般解释,"明知"是指"明明知道"。"明明知道"或者"确定知道"显然是"明知"的一种最明了、最明确的主观心理状态,这几乎是不需要过多阐释的常识性结论。

在惩罚性赔偿的销售领域,"明知"当然包括"确定知道",也应包括下文将要阐述的"推定知道"。具体而言,所谓"确定知道"是指销售者明确承认知道或有直接证据证明其确实知道;推定知道是指销售者否认明知,亦无直接证据证明知道,但通过审查销售者已经实施的客观行为,通过法律推定和经验推定其知道。需要明确的是,无论是确定知道还是推定知道,均不应包括行为人"本应知道"而实际上"不知道"的情况。与2015年新修订的《食品安全法》同日修订的《中华人民共和国广告法》(以下简称《广告法》)中第四十五条、第五十六条也明确将"明知"和"应知"两种情形并列②,证明立法者立法时清楚区分了"明知"和"应知"之间在认识状态上的区别。如果真如某些观点所认为的食品销售者"应知而未知"亦需要承担惩罚性赔偿责任的立场,立法时完全可以采取和《广告法》相同的立法表述。上文中有法院认为无论销售者是"知而违之"还是"应知而不知",均应判决十倍赔偿的裁判立场值得商榷。

(二)论理解释视角下"明知"的认识因素:推定知道

"明知"可通过自认等直接证据予以认定,即明知的直接认定。但如果只通

---

① 贡永红,胡庆东.《食品安全法》中销售者"明知"的司法认定[J].江南论坛,2015(9):33-35.

② 《广告法》第四十五条:公共场所的管理者或者电信业务经营者、互联网信息服务提供者对其明知或者应知的利用其场所或者信息传输、发布平台发送、发布违法广告的,应当予以制止。《广告法》第五十六条第三款:前款规定以外的商品或者服务的虚假广告,造成消费者损害的,其广告经营者、广告发布者、广告代言人,明知或者应知广告虚假仍设计、制作、代理、发布或者作推荐、证明的,应当与广告主承担连带责任。

过直接证明方式认定"明知"，必然将造成大量"明知故犯"而无直接证据证明的情形，从而使得不法行为人逃脱法律的制裁。为合理免除或分配原告举证责任，破解诉讼僵局，"推定"作为法官认定案件事实的重要手段在司法实践中大量得以运用。作为从已知的基础事实推断未知待证事实的一项制度，"推定"的逻辑结构为"基础事实＋常态联系→推定事实"，这是论理解释视角下关于"明知"认定的必然结论。理论上，推定事实的成立必须同时满足基础事实真实可靠、常态联系具有高度盖然性、推定事实不被推翻三个条件。

在审理食品销售领域的惩罚性赔偿案件时，为减轻原告的举证义务，实践中一般将法定义务违反作为认定销售者明知的理由。司法的主要推理逻辑是，销售者不能证明其履行了法律规定的义务时，即推定其构成明知。该种操作方式虽然简便易行，却面临经营者法定义务范围认识不一和以法定义务违反推定明知精确性不足两大问题。如何对待销售者法定义务违反在明知推定中的作用，销售者违反何种法定义务可作为推定明知的常态联系，是"推定知道"必须要面对的重大问题。

（三）法理解释视角下"明知"的意志因素：故意

作为最严苛的民事责任，惩罚性赔偿多限定于主观故意的情形。换言之，"明知"的意志因素只应限定为故意不应包括过失。从比较法层面考察，即便在承认重大过失构成惩罚性赔偿构成要件的美国，为体现惩罚性赔偿的慎用原则，重大过失亦必须与粗暴的、恶名昭彰的、应受谴责的情形相联系。如美国《侵权行为法重述》第 908 条就规定惩罚性赔偿的目的是"惩罚极端无理行为之人，且亦为阻止该行为人及他人于未来从事类似之行为而给予之赔偿；惩罚性赔偿得因被告之邪恶动机或鲁莽弃置他人权利于不顾之极端无理行为而给予"。我国《消费者权益保护法》《最高人民法院关于审理商品房买卖合同纠纷案件适用法律若干问题的解释》中关于惩罚性赔偿的规定，均是针对行为人的欺诈行为或其他故意行为。司法实践中将违反法定义务径行认定为"明知"的情况，忽视了"明知"与"故意"的对应关系。这是因为，行为本身违反法定义务与明知其销售的食品系不符合食品安全标准的食品并非完全等同。违反法定义务仅能表明被告行为具有违法性或者过失，并不必然表明行为人具有主观上的故意，而"惩罚性赔偿必须以侵权人的过错形态为故意时方可适用"[①]。此言

---

① 最高人民法院.《中华人民共和国侵权责任法》条文理解与适用[M].北京：人民法院出版社，2010：343.

谓之，"将违反法定义务等同于明知，显然是混淆了过错形态的区分"①。

惩罚性赔偿意在惩戒"明知故犯"者，如此方能凸显惩罚赔偿规则赖以存在的制度正当性，最大效用地发挥惩罚性赔偿的吓阻功能②。我国《食品安全法》并未将过失等情形作为惩罚性赔偿主观要件加以规定，故无论文义解释抑或立法目的解释，"明知"的意识因素都只能限于故意③。实际上，违反法定义务的认定至多可以构成销售不符合安全标准食品与"明知"之间的常态联系，推定事实能否成立还涉及推定的运行条件及其规范适用问题。

三、法定义务违反作为推定"明知"的常态性路径

（一）推定"明知"中的常态联系

常态联系作为基础事实和推定事实之间的因果关系，其可靠性直接决定了推定事实能否成立。作为推定结构中的大前提，常态联系要求基础事实与推定事实之间具有近似于充分条件的逻辑联系。关于违反法定义务是否可以作为推定"明知"的常态联系，理论界存有不同看法。支持者认为法定义务系行为人应履行的最低义务标准，违反法定义务与"明知"之间存在大概率关系，将此作为推定"明知"的常态联系不仅符合法律政策，也可以减少证明及认定负担；反对者认为违反法定义务只能表明行为人存在过错，不能据此认为其属于"故意"（甚至不能证明存在重大过失），违反法定义务与"明知"之间并不具有高度盖然性。

事实上，"推定明知"成立的基础是逻辑和经验，但运用时不能仅限于此，还必须考虑其他因素，如社会政策、公平性、便利性以及程序方便等④。高度盖然性属于因果关系判断范畴，不可避免夹杂了立法者和司法裁判者的主观认识和司法政策。违反法定义务能否作为"明知"的常态联系，不能苛求以近似于自然规律、形式逻辑推理的标准要求。实际上，在民事司法解释中早有以违反执业

---

① 税兵.惩罚性赔偿的规范构造——以最高人民法院第23号指导性案例为中心[J].法学，2015(4)：98-108.

② 税兵.惩罚性赔偿的规范构造——以最高人民法院第23号指导性案例为中心[J].法学，2015(4)：98-108.

③ 该理解与《侵权责任法》第四十七条关于产品侵权惩罚性赔偿立法者解释一致，即适用产品侵权惩罚性赔偿，侵权人必须具有主观故意。参见全国人大常委会法制工作委员会民法室编《中华人民共和国侵权责任法条文说明、立法理由及相关规定》第197页。

④ 龙宗智.推定的界限及适用[J].法学研究，2008(1)：106-125.

准则、规则认定为"明知"的法律推定①。"有些推定的设立理由不仅是认识论的考量，还有价值论或政策性的考量，如司法公正的要求、诉讼效率的要求、稳定社会关系的要求等。在这类推定中，立法推定与司法推定的区别可能就不在于伴生关系的盖然性高低了。"②在我国当前食品安全刻不容缓的时期，要求销售者从严履行法律规定，作为义务必须且正当。在食品销售惩罚性赔偿的领域，将违反法律义务作为销售者明知的常态联系具有良好的司法导向效用，但如何准确厘定法定义务的基本构成，则是需要司法机关着重把握的核心问题。

（二）关于依据法定义务推定"明知"的不同认识

法定义务违反作为"推定明知"的基础事实，这是当期学界普遍承认的观点，那么接下来的问题便在于：如何依据法定义务来推定销售者"明知"？司法实践中，对于这一根基性问题存在不同认识，远未达成一致。

1. 进货查验义务的形式审查与实质审查争议

一般认为，涉案产品即使不符合食品安全标准，但判断经营者是否"明知"其销售的食品为不符合安全标准的食品，应从其是否履行了合理的进货查验义务等方面进行审查，如其供货商是否具有相应的营业执照、食品生产或者流通许可，其销售的产品是否超过了保质期等。例如，在"广东植养方医药有限公司案"中，法院认为上诉人已经提交了其经销商广东植养方医药有限公司和生产商肇庆申氏三九医药有限公司的营业执照、食品生产许可证、食品经营许可证、经过合法备案的涉案产品的《广东省食品安全企业标准》以及相应产品的出库单等，足以证实上诉人已经履行了合理的进货查验义务，所以在无其他相反证据情况下，要求其承担十倍赔偿责任的法律依据不足③。

与"以进货查验义务的形式审查"作为明知推定的依据不同，实践中有的法院判决认为，销售者需要对食品的具体成分等专业性、实质性内容履行检验义

---

① 例如，《最高人民法院关于审理涉及会计师事务所在审计业务活动中民事侵权赔偿案件的若干规定》第五条规定："注册会计师……出具不实报告并给利害关系人造成损失的，应当……承担连带赔偿责任：（一）……（二）明知被审计单位对重要事项的财务会计处理与国家有关规定相抵触，而不予指明；（三）明知被审计单位的财务会计处理会直接损害利害关系人的利益，而予以隐瞒或者作不实报告；（四）明知被审计单位的财务会计处理会导致利害关系人产生重大误解，而不予指明；（五）明知被审计单位的会计报表的重要事项有不实的内容，而不予指明；……第（二）至（五）项所列行为，注册会计师按照执业准则、规则应当知道的，人民法院应认定其明知。"

② 何家弘. 从自然推定到人造推定——关于推定范畴的反思[J]. 中国法学，2008(4)：110-125.

③ 参见广州市中级人民法院(2017)粤01民终3579号民事判决书。

务。例如,在"群光公司案"中,法院认为:作为涉案产品的销售商,应充分注意、理解我国食品安全法律法规,尤其是在涉案产品外包装上已明确标示配料中含有辅酶 Q10、蜂蜡的情况下,群光公司完全有条件审查上述材料是否符合我国食品安全标准、是否违反禁止性规定,但群光公司并未尽到上述义务,应认定为系销售明知是不符合食品安全标准的食品①。

2. 对行政机关出具食品安全资质的合理信赖争议

销售者作为市场经济的重要参与者,其所承担的经济角色是促进商品交换的顺畅流通。在食品安全角度,由于销售者往往并不具备专业的检验能力,其履行法定义务的一种途径就是对专门行政机关出具的检测报告、检疫证明的信赖。换言之,销售者合法取得专业行政机关出具的食品安全资质等信息,就足以证明其在食品销售时不存在"明知"的主观恶意。例如,在"诺天源贸易有限公司案"中,法院认为:经营者提交了经由出入境检验检疫机构出具的卫生证书,出入境检验检疫机构作为国家负责进出口食品安全监督管理工作的主管机构,其颁发的卫生证书具有较高的权威性和可信度,且其相较于经营者,对食品安全辨识的专业性更高,能力更强。被上诉人作为经营者已尽到了必要的查验义务,有理由相信涉案产品符合食品安全标准,并不存在主观上明知的情形②。

与上述司法判例相左的是,实践中对于专业行政机关出具检验检疫报告文件的合理信赖问题,有的法院并不"买账"。例如,在"利福广场(苏州)有限公司买卖合同纠纷"一案中,利福广场(苏州)有限公司销售的咖啡由天津出入境检验检疫局签发了卫生证书,标有"经抽样检验,所检项目符合我国食品安全标准要求"的内容。后国家食品药品监督管理总局等 5 部门发布公告,撤销硅铝酸钠这一食品添加剂,该咖啡杯在新规下属于不符合食品安全标准的食品。对此,法院认为,产品取得出入境检验检疫机构出具的卫生证书并不能免除利福广场(苏州)有限公司对于成分标签的审查义务。对消费者而言,其有权利相信销售者已经对显而易见的食品成分是否安全的问题进行了审查,并基于该种信赖购买产品。相较于利福广场(苏州)有限公司所称的其对于卫生证书内容的信赖,消费者的该种信赖更应得到保护,也即应赋予消费者在此种情况下直接向销售者主张赔偿责任的权利,利福广场(苏州)有限公司主张的其应受到的信赖保护不足以对抗消费者的权利主张。利福广场(苏州)有限公司应该知道涉案产品不符合食品安全标准,构成"明知"③。

---

① 参见四川省成都市中级人民法院(2016)川 01 民终 1950 号民事判决书。

② 参见深圳市中级人民法院(2017)粤 03 民终 1444 号民事判决书。

③ 参见江苏省苏州市中级人民法院(2016)苏 05 民终 2175 号民事判决书。

我们认为，上述观点不当扩大了食品销售者的审查义务范围，混淆了食品生产者和食品销售者的责任和能力界限。虽然《食品安全法》第一百四十八条第一款规定了生产经营者首负责任制，但并非意味着生产者和销售者在注意义务上的混同，食品销售者的法定义务必须结合食品销售者在食品生产流通环节的角色和作用来理解，要求食品销售者按照相关生产的强制性规范对食品进行把关，无疑增加了交易环节的成本，也造成销售者责任过大。《食品安全法》第一百三十六条规定：食品经营者履行了进货查验等义务，有充分证据证明其不知道所采购的食品不符合食品安全标准，并能如实说明其进货来源的，可以免予处罚，也反映出食品销售者并不需要全面了解所有的有关食品安全的规定。事实上，以所有食品安全规定作为常态联系，已经偏离了常态联系构建中高度盖然性的要求。

四、经由法定义务违反推定"明知"的实体根据与程序保障

经由上述相关案例评介与分析，在食品销售领域，惩罚性赔偿司法适用中的"明知"应当从严把握，亦即必须证明销售者主观过错的范畴为"确定知道"和"推定知道"。在判断标准上，以"违反法定义务"为基本判断路径的作为义务违反是恰当的思路。我们主张，为协调平衡消费者权益保护、食品安全秩序和销售者自身权益、销售市场顺畅的双重利益，在惩罚性赔偿视域，食品销售者负有的作为义务应仅包括第五十三条和第五十四条所规定的进货查验义务和按照保证食品安全的要求贮存食品，定期检查库存食品，及时清理变质或者超过保质期的食品的义务，即审慎的形式审查义务。

当然，这种所谓的"审慎形式审查义务"也只是一种可以描述但很难明确证明的标准，在司法实践中还需要细化具体的判断依据。目前，我国《食品安全法》及相关司法解释中并没有关于销售者销售不符合食品安全标准的"明知"的拟定或法律推定，司法实践中要运用《食品安全法》第一百四十八条第二款苛以销售者惩罚性赔偿责任，除有直接证据证明销售者明知外，必须运用推定的方式。在这当中，如何结合销售者能力、食品安全政策规范适用推定是正确认定明知的关键。经由归纳，我们认为可以从实体依据和程序保障两个方面予以"推定明知"。

（一）"推定明知"判断的实体依据

第一，销售主体的综合认知能力考察。销售者是否具备认知该食品为不符合食品安全标准的客观能力，是判断其是否构成"明知"的首要因素。如销售者为个人，则应综合其年龄、职业经历、文化程度、阅历、经验、素质等方面认定其是否具备"明知"的可能性；如销售者为企业，则该企业的经营规模、专业程度、

流通中的作用、企业日常的制度规范等是裁判者判断是否可能明知的因素。

着重提出主体因素,旨在避免实践中明显违背销售主体认知能力苛以惩罚性赔偿责任的问题,以及简单以是否履行特定法定义务认定其不构成"明知"。换言之,惩罚性赔偿打击的是销售者明知故犯的情形,如销售者销售当时完全不具备认识的可能性,则即便违反了法定义务,亦不应认定其构成"明知"。在考察销售者认知能力的过程中,销售者的经营规模、专业程度、在商品流通中的角色等都应成为法官判断其是否具有认知能力的因素。实践中有观点认为,如果根据销售者能力去选择适用惩罚性赔偿将导致大量销售者以自身局限为借口拒不提高风险防范能力,进而产生食品安全中的道德风险。我们认为这种情况不能排除,其虽免除了惩罚性赔偿责任,但填补性损害赔偿以及相关的行政处罚并不因此减免,所谓大面积的道德滑坡不过是臆想出的问题,寄希望于惩罚性赔偿制度一劳永逸地解决所有问题既不现实,也会引发惩罚性责任适当与否的新问题。

第二,销售舞弊行为的"一票否决"。"明知"作为一种主观心理状态当然需要结合其实际行为进行判断。除前文所论述的销售者法定义务违反之外,以下行为对认定主观过错具有明显的指向作用,可作为实践中"推定明知"的常态联系,在司法实践中可以作为"一票否决",直接推定其主观上具有"明知"。如在非正常交易场所以非正常进货价格取得的食品;更改食品生产日期、批号;曾因销售不符合食品安全标准的食品受到过行政处罚或承担过民事责任、又销售同一种不符合食品安全标准的食品;未按照食品标签标示的警示标志、警示说明或者注意事项的要求销售食品等。

第三,政策性考量的衡平因素。由于推定"明知"系基于基础事实与待证事实的常态联系,运用情理判断和逻辑推理得出,必然存在精准性不足问题。虽然基于推定所产生的非正义("误伤")是一种"必要且最低程度的恶",但该种情况并不能成为司法忽视该种问题的理由。实践中,裁判者在个案中不可避免会遇到"明知"事实难以认定的情况,此时结合食品安全的社会形势,合理认定"明知"要件,努力实现惩罚性赔偿功能与个案公正统一,应成为裁判者努力的方向。

(二)"推定明知"判断的程序保障

"明知"作为销售者的主观心理状态,司法实践中一般从销售者是否履行了进货查验义务以及其他法定义务来认定。但需要注意的是,违反法定义务并不直接等同于"明知",销售者可以提供相反证据证明其主观状态为"不明知";推定的适用具有严格的条件和运行原则,不当推定将直接影响判决结论的妥当性。在此过程中,保障销售者反驳权利及加强推定论证的文书说理是推定规范运行的保障。

（1）销售者反驳权的程序保障。由于推定所依靠的常态联系存在例外情况，所以，推定必须允许受不利推定当事人的反证和反驳，只有不被推翻的推定事实方能作为认定案件事实的依据。据此，在适用推定时法官负有告知义务，为受不利推定的当事人行使反驳权提供程序上的保障，给予当事人充分参与、充分论证的权利和机会。销售者既可以举证证明其未违反法定义务，亦可以就违反法定义务与"明知"不存在必然联系提出抗辩。对此抗辩内容，裁判者应当高度重视，精细分析和研判，最终综合作出评判。

（2）充分的裁判说理支撑。推定"明知"本质上属于事实认定，且系主观事实推定。依据基础事实推测待证事实，甚至揣摩行为人主观心态的逻辑，虽然是现代证明理论的一般路径，但也往往充满了不确定性风险，毕竟基础事实、待证事实与主观责任之间存在人为认定的痕迹。因此，在这种人为认定的过程中，法官在裁判文书中应当公开"明知推定"适用的基本理由，甚至内心确认的过程，作为推定桥梁的经验法则的盖然性程度作出详细的说明和论证。如此，既能够督促裁判者谨慎适用推定认定"明知"，又可以使"明知"的推定接受社会监督。

五、结语

依据法定义务违反径行推定"明知"，单纯从打击食品安全不法行为的社会政策角度考虑未尝不可，甚至在短期内可以迅速促使销售者履行法定职责。但惩罚性赔偿制度最首要的功能是遏制，而非惩罚，其制度的最佳状态是威慑，以精确打击为使命。"在消费者权益保护中，如何寻求销售者责任的加重和适度，是中国特色的消费者权益保护法的一个既艰难又重要的任务。"[①]必须承认的是，食品销售者经营能力千差万别，"惩罚性赔偿"旨在规制明知故犯的故意违法行为，故而"明知"的认定必须与销售者责任、认识能力相适应。不可否认的是，在责任承担上，生产者与销售者之间的角色分工决定了责任承担的差异。对于消费者购买的因生产者原因导致的不符合食品安全标准的食品，其完全可以直接向生产者主张惩罚性赔偿维护自身权利，无须证明生产者"明知"。但是，如果消费者以销售者作为惩罚性赔偿主张的对象，法院就必须按照销售者惩罚性赔偿的构成要件进行评价，对于"明知"与否而言必须作严格解释。

---

① 杨立新，陶盈.消费者权益保护中经营者责任的加重与适度[J].清华法学，2011(5)：83-92.

供应链视角下食品安全乱象的社会共治政策研究

马艺闻*

摘　要　面对日益严重的食品安全问题,需要在全社会范围内加强食品安全建设。食品安全监管的多元化共治需要建设"中央领导、政府负责、社会协同、公众参与"的新型社会治理体系和责任主体。

关键词　食品安全;供应链;社会共治

随着国民经济水平的大幅提高,我国食品行业发展迅速。居民的食品需求结构不断升级。食品问题不仅关系人民群众的切身利益,更关系国家的长治久安。党的十九大指出,要"实施食品安全战略,让人民吃得放心"。但近年国内食品安全问题日益严峻。长期以来,食品行业一直存在着有毒农药、兽药的大量使用,工业添加剂的误用、滥用,疫病、污染物的传播等问题。养殖畜禽的过程中饲喂激素和瘦肉精、海鲜用甲醛浸泡、水果喷施催熟剂等食品安全事件屡见不鲜。

我国食品行业一定程度上存在不合格产品类型多、范围广、人身危害大等情况,需要全社会共同围绕人民群众普遍关心的突出问题开展食品安全放心工程建设攻坚行动,推动提升食品安全链条质量安全保障水平。

频发的食品安全事件,使食品安全逐渐成为人们关注的焦点问题。尤其是食品供应链环节,非常重要,可以说,控制和解决食品安全问题与供应链的运作机制密切相关。

一、保障食品供应链安全的意义

食品供应链属于典型的功能性产品供应链,主要包括生产、加工、营销、物

---

*　马艺闻,江南大学法学院硕士研究生。

流和消费等基本运作环节,供应链管理涵盖了一切从"供应商的供应商"到"客户的客户"之间有关最终产品或服务的形成和交付的业务活动。

食品安全涉及从农产品种植到生产、加工,再到销售的整个食品供给链,加强食品供给链管理能有效提高食品质量安全。食品安全的影响因素按照FAO/WHO 的最新定义,指食品及其相关产品不存在对人体健康构成现实的或潜在的侵害的一种状态;也指为确保此种状态所采取的各种管理方法和措施。食品安全是个综合概念,涉及食物种植、养殖、加工、包装等环节。任何一个企业也无法承诺自己食品链条上的每一个节点都万无一失,即便采用了基于GMP(良好操作规范)和SSOP(卫生标准操作程序)的 HACCP(危害分析关键控制点)等当下流行的内控手段,食品安全依旧时有发生。

国外学者重点研究了食品产业链中的治理结构、纵向契约协作和纵向一体化机制。Hennessy 等讨论了纵向一体化解决食品产业信息不对称问题,认为食品产业链中的核心企业对食品质量的刚性约束,能有效控制整个食品链中食品质量[1]。Vetter 等讨论了治理结构中纵向一体化解决消费者无法识别质量特征的信任品市场上存在的道德风险问题[2]。国内学者张云华等认为,要保证食品质量安全,就必须实行食品供给链的纵向契约协作或所有权一体化[3]。吕玉花提出投资激励的不一致性导致食品安全存在很大的不确定性,在食品供应链中物流环节是企业营运的关键,同时也是集团供应链体系问题的聚集点,集团内部的任何业务问题都将影响企业物流的质量[4]。从集成整合的角度看,食品供应链上的各种问题相互联系,密不可分,任何一方面责任的缺失都将导致食品安全事故的发生,进而引发食品安全问题。企业和政府部门要共同合作,对食品供应链中的各项环节进行严格监管与保障。

二、食品供应链各环节存在的主要问题

在整个食品供应链中,食品安全问题主要存在于生产、加工、流通、消费四

---

① Hennessy,D.A.,Roosen,J.,& Miranowski,J.A. Leadership and the Provision of Safe Food[J].American Journal Agricultural Economics,2001(4):862-874.

② Vetter,H.,& Karantininis,K. Moral Hazard,Vertical Integration and Public Monitoring in Credence Goods[J]. European Review of Agricultural Economics,2002:271-279.

③ 张云华,孔祥智,罗丹.安全食品供给的契约分析[J].农业经济问题,2008(8):26-28.

④ 吕玉花.食品生产纵向投资激励和食品安全问题[J].中国流通经济,2009(8):36-39.

个环节中,下面分别对各环节中食品安全影响因素进行阐述。

(一)生产环节

随着科学技术的不断进步,人类生产力明显提高,传统的生产方式发生了巨大的变化,生产效率的提高支持了人口的大幅增长,与此同时,人们对食品数量和质量诉求迅速提高,巨大的利益驱使供应商必须在短时间内尽可能提供更多、更优质的食品来满足人们的需求。因此,生产环节中很容易出现问题。随着我国经济建设的不断深化,畜禽的规模养殖正向中西部地区转移,所占市场供应的份额逐步增大,但在经济相对欠发达的地区,农村散养食用动物的数量仍占市场供给总额的 60% 以上,而近年来频发的食品安全事件,使人们对动物源性食品安全的期望越来越高,如何做好这些动物的防病保健,提高饲养者的经济效益,确保消费者的肉食品安全,已成为社会关注的焦点。

而为了追求产量,一些不法供应商选择添加不合格的化学肥料,这些肥料的残留可能积存在土地中,对耕地造成污染,或者随食品最终流向人体,造成严重的疾病。畜牧养殖业则可能使用霉变甚至有毒饲料喂养牲畜,毒素同样会蓄积流向人体,甚至在生产环节就造成大范围甚至变异的疾病。还有农药和畜药滥用,过量使用的农药和抗生素最终均可能流向人体,过量使用抗生素的牲畜肉蛋奶类同样被视为不安全食品,存在种种隐患。此外,还存在为使产品达到营养物合格标准而使用违法添加剂的现象,经典案例如曾经轰动一时的"三鹿奶粉事件",只因为添加三聚氰胺的牛奶能够在蛋白质检测中达到优质奶源标准。

(二)加工环节

在我国,食品加工企业,特别是小企业,因缺乏严格的流程标准与配套的严格监管机制,一直存在食品安全隐患。生产人员是否健康、操作过程中设备是否消毒等都是影响食品安全的重要因素。我国规定所有食品加工企业从业人员必须配备健康证,并定期体检,但是为了节省用人成本,很多企业并不会组织员工统一体检,而是要求他们自行提交健康报告,对报告的真实性也并不加以核查。除此之外,在食品的加工过程中,常常不可避免地要加入食品添加剂,以期达到延长保质期和改变食品外观等目的。适量地使用食品添加剂并不会造成食品安全问题,但是滥用的话则问题严重。更有甚者,使用国家明令禁止的工业添加剂,造成严重的食品安全问题。在我国食品行业中,相当一部分企业并不具备完备的检验能力,使食品质量问题更加难以得到保障。

(三)流通环节

加工后直接出售的食品多见于小作坊。在这样的环境中,由于缺乏足够的监管,通常会出现使用不合格的塑料袋、含硫的不合格餐具进行包装的问题。

食品包装本体材质、印刷用料也可能含有危害人体健康的成分。

贮存场所中的问题主要体现在商家与消费者双方是否有足够的常识与食品安全及饮食卫生知识，流通环节的食品安全问题主要发生在长途运输过程中，产品在生产加工后需要通过运输投放到目标市场，在这个阶段容易出现运输延误、产品包装损坏、冷链断裂等问题，由此造成大量食品腐败污染。此外，随着经济的发展，食品的运输不再局限于国内，而逐渐发展为国际贸易。随着食品运输距离的加大，食品遭受微生物、病菌污染的风险也随之增加。流通环节包括食品运输、销售包装、贮存场所等。在运输过程中有两个重要的问题：一是交通工具的选择，如果选择海运或铁路运输，则运输周期较长，食品被污染概率较大；二是冷藏保鲜技术的应用，肉禽蛋奶等需要冷藏的食品在运输过程中应确保冷链无缝对接，一旦中途出现融化再冻的情况，极易发生腐败变质，甚至传播食源性疾病。

（四）消费环节

由于信息的不对称，消费者在购买过程中无法明悉产品的生产过程，进而无法辨别食品的安全性。随着人民生活水平的提高，消费者也不再仅仅满足于在家中自己制作食品，他们开始倾向于在外就餐。这些消费活动的增加也加剧了食品安全风险。烹饪及进食时需要注意的不仅包括饮食卫生、完全杀菌，还包括误服有毒食材，导致的食物中毒和过敏等。2017 年 4 月 23 日，消费者杨某在渭南市富平县一卤肉店购买 2 斤卤猪蹄，其侄子、侄女食用后出现嘴唇、手指发紫症状，经西安市儿童医院诊断为亚硝酸盐中毒。富平县市场监督管理局对该卤肉店进行检查，对店内的猪蹄和杨某家中剩余的猪蹄进行化验检测后发现，两份送检样品的亚硝酸盐含量均超出国家标准。经查，该卤肉店主许某在明知亚硝酸钠使用过量会导致食用者出现中毒的情况下，仍过量使用违禁食品添加剂，从中谋取非法利润[①]。

三、构建安全可持续发展的关键因素

通过对整个供应链食品安全问题的综合分析，可将影响食品安全的因素分为技术性因素（硬件因素）和制度性因素（软件因素）。

技术性因素是指生产销售过程中技术的缺乏或不当应用，如农业和养殖业的源头污染，食品生产加工过程中的生物性污染、环境污染，以及食品工业中应用的新原料（新资源）、新工艺、新技术等对食品安全的影响。还包括食品物流

---

① 凤凰网陕西.2017 年上半年 10 起食品安全犯罪典型案例 ［EB/OL］（2017 - 07 - 03）［2018 - 03 - 07］http://sn.ifeng.com/a/20170703/5790911_0.shtml.

包装不合格、食品供应链物流基础设施不完备、信息化程度低等问题。

制度性因素是指缺乏完善的食品质量监控体系和食品质量保障体系，如食品市场管理政策、法规、标准，食品安全监督机制和评价体系等。此外，有关食品安全问题中，百姓的知情权应该得到充分体现，这也是联合国消费者法则和我国的《消费者权益保护法》所明确规定的[①]。

食品安全监管的多元化共治需要建设"中央领导、政府负责、社会协同、公众参与"的新型社会治理体系和责任主体。从法律法规上划分多元化共治的主体和相应职责，为其参与食品安全监管的多元化共治提供法律保障，推动利益相关主体积极实施监管，从而有效降低食品安全风险[②]。2015年我国对《食品安全法》进行了大规模修订，在"总则"中首次将"社会共治"规定为基本原则。然而，社会共治在食品安全治理中的各项法律法规制度尚不健全，仍需要将食品安全社会共治的法律保障予以进一步完善。

四、食品安全社会共治的政策性建议

食品质量安全建设事关公众利益和经济发展，食品安全问题主要涉及政府部门、食品生产经营者、消费者三者之间的关系。加强社会公治需要平衡全社会多方权益，综合考虑中国国情和当前的现实情况，基于此，本文提出以下几点建议。

（1）进一步实施标准制定行动。食品安全问题的治理首先需要制定统一完备的标准，因此，建议我国完善食品安全标准管理制度，组建新一届食品安全国家标准评审委员会，对我国食品行业发展和监管所需的食品安全基础标准、产品标准、配套检验方法标准加以修改制订，并加强各级部门对于食品安全国家标准的学习培训和跟踪评价。

（2）加强相关法律法规的"立改释"。加快完善办理危害食品安全刑事案件司法解释，健全食品安全犯罪刑事责任追究体系；加快制定关于审理食品安全民事纠纷案件适用法律问题的司法解释，通过落实民事赔偿责任，严肃追究故意和恶意违法者的民事法律责任。加快《农产品质量安全法》《粮食安全保障法》《粮食流通管理条例》等相关法律的制订和修订。

（3）加重对食品安全违法行为的处罚力度。依法严处违法企业及其法定代表人、实际控制人、主要负责人等主管人员和其他直接责任人员，严格落实从业

---

① 齐长城.关于食品安全报道的法律思考[J].青年记者，2011(10)：32－33.

② 殷智浩.可追溯食品安全社会共治的可行性政策建议[J].人力资源管理，2018(10)：426－427.

禁止、终身禁业等惩戒措施。市场监管部门应督促食用农产品集中交易市场开办者查清进货渠道、产地等信息并向相关部门报告，对不合格产品立即采取停止销售等措施控制风险。督促网络食品交易平台依法采取风险控制措施。将采取的风险防控措施和核查处置情况，及时向市场监管总局报告并向社会公布。执法部门应加大执法力度，对企业食品安全状况进行及时监察，依法取缔非法营运企业。只有政府加大执法、监管力度，物流企业才能充分重视，严格把关食品安全问题。

（4）加强食品安全的宣传和教育。在广大民众中加大食品安全科普的宣传力度，引导公众提高食品安全认知水平，增强公众消费信心。加强对食品企业和从业人员法治宣传，以案释法、以案普法，不断增强其遵法守法意识、诚信意识。在完善司法和行政保障的同时，社会和媒体监督也是公众食品安全权益的重要保障，作为食品安全监督体系中的一环，媒体应在法律的框架下公正、及时、准确地传播食品安全信息，对于发现的问题及时公开，促进企业及时进行整改，达到食品安全社会共治的效果。

食品安全治理中的权利救济机制

论农村食品安全多元治理模式之构建

张志勋 *

摘　要　农村是我国食品安全监管的薄弱地带,目前农村食品安全监管存在着监管人员不足、检测能力不强、日常监管缺乏、多头监管效率不佳、监管腐败难以杜绝等问题。要破解农村食品安全监管困境,就必须选择多元治理路径,构建农村食品安全多元治理模式。农村食品安全多元治理模式的构建包括完善治理主体结构、明晰治理主体权责、建立契约治理为主的新型法律关系三个方面,而确保该多元治理模式顺利实施,还需有日常监督、利益驱动、考评奖惩、信息公开、争端解决五大机制与之配套。

关键词　农村食品安全;多元治理模式;实施机制

我国广大农村既是农产品的产地源头,也是食品的重要消费市场。目前农村食品安全现状仍不容乐观,农村食品生产经营者"小、散、多",农村食品行业整体水平偏低、食品生产经营违法违规等问题仍时有发生,而政府开展全面监管的难度很大。我国2015年修订的《食品安全法》在其第3条中确立了食品安全治理的社会共治原则,如何充分运用这一原则,将政府监管与社会共治有效结合,构建多元治理模式,将是破解农村食品安全监管难题,实现农村食品安全善治的关键。

一、农村食品安全问题

食品安全是指"食品(食物)的种植、养殖、加工、包装、贮藏、运输、销售、消费等活动符合国家强制标准和要求,不存在可能损害或威胁人体健康的有毒有

＊　张志勋,南昌大学法学院教授。

害物质以及导致消费者病亡或者危及消费者及其后代的隐患"①。食品安全按地域可分为农村食品安全与城市食品安全。目前,我国农村食品安全问题主要集中在农产品与农村食品生产经营领域。

(一)农产品安全问题

农产品安全问题是指农业初级产品安全问题。农产品安全的突出问题主要有:第一,使用国家禁用的高毒农药、兽药。例如,我国曾发生蜂蜜含氯霉素出口严重受挫事件、河北"红心"鸭蛋事件、安徽灵璧神农丹黄瓜中毒事件、双汇"瘦肉精"事件等,其中,蜂产品氯霉素问题历经十几年整治未见成效,至今出口仍受限制②;而2015年底中央电视台的《每周质量报告》则再次曝光广东、山东、河南等地使用禁用的高毒农药问题。第二,农兽药残留超标。"2015年,国家食品药品监督管理总局共抽检农兽药残留相关食品4万多批次,在所有的食品抽检中占了1/4,我们发布农兽药残留不合格产品有225批次"③。我国2014年发布的《食品中农药最大残留限量》国家标准仅有3 650项,而美国有1万多项,日本有5万多项,欧盟多达14.5万项④。如果标准健全,暴露的问题还会大幅增加。第三,重金属超标。中国工程院院士罗锡文曾表示:"全国3亿亩耕地正在受到重金属污染的威胁,占全国农田总数的1/6,而广东省未受重金属污染的耕地,仅有11%左右。"⑤我国每年有1 200万吨粮食遭到重金属污染,直接经济损失超过200亿元⑥。土壤重金属污染导致"癌症村"增加,目前我国癌症村数量已有200多个,多为土壤重金属污染所致。

(二)农村食品生产安全问题

农村食品生产安全问题是指农村食品生产加工中所存在的安全问题。农村从事食品生产加工的小作坊较多,许多小作坊无证经营,安全隐患较大;另外,许多食品生产加工企业出于成本、环境监管与食品安全监管宽松的考虑,选择在农村建厂。由于监管不严,农村食品生产者往往存在无证经营、假冒伪劣、

---

① 王辉霞.食品安全多元治理法律机制研究[M].北京:知识产权出版社,2012:7.

② 网易新闻.4批次蜂蜜检出禁用兽药,抗生素残留超标蜂蜜被禁出口13年[EB/OL] (2015 - 10 - 15)[2018 - 10 - 20]. http://news.163.com/15/1015/16/B5VVJ56800014AED.html.

③ 新华网.食药监总局:加强农药残留、兽药残留超标的产品溯源[EB/OL](2016 -02 - 29)[2018 - 12 - 25]. http://news.xinhuanet.com/live/2016 - 02/29/c_1118192283.htm.

④ 中工网.我国食品农药残留强制性国标出台[EB/OL](2012 - 12 - 08)[2018 - 12 - 30]. http://news.workercn.cn/c/2012/12/08/121208084659607660782.html.

⑤ 中国学网.院士称全国3亿亩耕地遭受重金属污染 广东最严重[EB/OL](2011 - 10 - 12)[2018 - 12 - 30]. http://xue163.com/1243/1/12434273.html.

⑥ 左建华,张敏纯.重金属污染致害的私法应对[J].环境保护,2013(6):45.

违法添加等违法犯罪行为。比如，2016 年 7 月 20 日，武汉农村食品安全"扫雷"行动就捣毁了 14 个假冒伪劣窝点，取缔无证生产经营者 20 户，查处假冒伪劣食品案件 34 件①。

（三）农村食品经营安全问题

农村食品经营安全问题是指农村食品销售和餐饮服务安全问题。在农村食品销售方面，农村商店、超市充斥着大量的假冒伪劣、"三无"、过期变质食品。2013 年就曾发生过"山寨舒化奶喝倒一家四口"②事件，而至今诸如"康帅傅""银鹭""特伦苏"等山寨食品仍很普遍。在餐饮服务方面，农村自办宴席、小饭店、学校食堂在卫生条件、原料采购、食品加工等方面存在诸多安全问题。比如，2015 年农村自办家宴引起的食物中毒事件有 20 起，中毒 1 055 人，死亡 13 人，占家庭食物中毒事件中毒人数的 81.1%③。

二、农村食品安全监管困境与多元治理模式构建的必要性

我国有上亿的农业种植户、养殖户，广大农村还存在着众多小作坊、小摊贩、小餐饮店，单靠行政监管很难做到无死角、无空白。因此，只有选择多元治理路径，构建多元治理模式，才能调动社会力量，形成社会共治合力，最终实现农村食品安全的善治。

（一）农村食品安全监管困境

（1）乡镇监管人员不足。我国《食品安全法》第 6 条第 3 款规定："县级人民政府食品药品监督管理部门可以在乡镇或者特定区域设立派出机构。"此处是"可以"而非"应当"。一些地方政府并未设立食品安全监管所；已经设立监管所的，受制于政府机构改革政策，人员编制也配备不足，有的乡镇只有 2～3 人④。

（2）检测能力不强。乡镇级监管所多未设立快检室，而县级食品检测机构比较少，设备也不齐全。农村食品安全检查往往只凭"眼看、手摸、鼻闻"等感观判断。即使有条件的乡镇设立快检室，其检测范围也较小。此外，我国食品监测人才紧缺，专业人才多配备在市级以上单位，县乡级人才缺乏。

---

① 人民网.武汉农村食品安全"扫雷"行动捣毁 14 个假冒伪劣窝点[EB/OL]（2016 - 07 - 21）[2018 - 12 - 30]. http://hb.people.com.cn/n2/2016/0721/c337099 - 28706943.html.

② 半岛网.山寨舒化奶喝倒一家四口[EB/OL]（2013 - 03 - 27）[2018 - 11 - 25]. http://news.bandao.cn/news_html/201303/20130327/news_20130327_2104288.shtml.

③ 数据来源于《国家卫生计生委办公厅关于 2015 年全国食物中毒事件情况的通报》。

④ 中国食品报网. 探讨建言新时期农村食品安全监督管理的难点与对策[EB/OL]. （2015 - 11 - 23）[2018 - 11 - 30]. http://www.cnfood.cn/n/2015/1123/72238.html.

（3）日常监管缺乏。正是由于乡镇级监管人员不足，检测能力不强，目前农村食品安全基本上是"运动式监管"，日常监管难以实现。这种"运动式监管"往往只针对焦点问题对部分生产经营者开展专项监管，存在诸多漏管事项与"漏管户"，无法实现全面覆盖。

（4）多头监管效果不佳。农村食品安全涉及农业、食药监、工商、质检等多个部门，部门间协作比较困难。为克服这一缺陷，一些市县建立由多个部门合一的市场监管局。但市场监管部门上一级仍是各职能部门，存在"上级多头部署，下级疲于应付"的不协调情况。另外，监管部门名称标识、执法依据与程序、法律文书不统一，实施效果受到影响。

（5）监管腐败难以杜绝。权力容易滋生腐败，食品监管同样如此。在双汇"瘦肉精"事件中，食品生产经营者就存在着花钱买检疫合格证明的行为。监管腐败无法杜绝，监管就会面临失灵风险。

（二）管制 VS 治理：农村食品安全多元治理路径选择

政府管制（government regulation），从行政法的意义上讲，"一般是指政府行政机构依据法律授权，采用特殊的行政手段或准立法、准司法手段，对企业、消费者等行政相对人的行为实施直接控制的活动"[①]。政府管制可以运用国家强制力量对市场中出现的违法犯罪行为进行直接制止与制裁，具有直接性与强制性特点，在克服市场失灵上有不可替代的优势。但政府管制理论建立在政府大公无私、无所不知、言而有信的基础上，现实中这一假设并不成立。政府也是理性经济人，有其自身利益，大公无私实难确保；下级行政机关为了政绩需要，企业为了企业利益，往往存在欺瞒行为，政府信息并不完整；政府出于效率与多元目标的衡平，政策也往往多变，言而有信并不必然。此外，政府管制需要投入大量成本，但"权力寻租"难以避免；政府过度管制还会造成企业"灰色成本"增加，社会依赖程度增强。因此，政府管制高投入未必能换取高效率。

治理（governance），"是各种公共的或私人的个人和机构管理其共同事务的诸多方式的总和。它是使相互冲突的或不同的利益得以调和并且采取联合行动的持续的过程。它既包括有权迫使人们服从的正式制度和规则，也包括各种人们同意或认为符合其利益的非正式的制度安排。它有四个特征：治理不是一整套规则，也不是一种活动，而是一个过程；治理过程的基础不是控制，而是协调；治理既涉及公共部门，也包括私人部门；治理不是一种正式的制度，而是

---

① 吴建军. 政府管制的产权分析［M］. 北京：中国财政经济出版社，2007：6.

持续的互动"①。治理与政府的一元管制不同，治理主体多元，因此又称为多元治理。多元治理能够整合政府、市场、社会力量，合力解决公共事务中的难题；能够通过沟通、协商形成共同目标，制定共同规则，达成共同行动方案，并获得多元主体普遍认同与遵守；能够通过政府监管、市场自律、社会监督形成无缝隙监督局面，扫除政府监管盲区；能够形成激励为主，制裁为辅的奖惩机制，充分调动各治理主体的积极性与主动性。

正是基于政府管制的缺陷与多元治理的优越性，我国立法与政策采取了多元治理路径解决农村食品安全问题。我国《食品安全法》确立了社会共治之基本原则，而社会共治与政府监管相结合就形成了政府、市场、社会多元治理的基本格局。另外，国务院食品安全办等五部门《关于进一步加强农村食品安全治理工作的意见》进一步提出"构建社会共治格局"，我国农村食品安全多元治理格局已基本形成。

（三）农村食品安全多元治理模式构建的必要性

虽然我国农村食品安全多元治理格局已基本形成，但固化、可操作的治理模式尚未建立。而基于我国农村食品安全多元治理的特殊性，如果政府不去主导模式构建，多元治理模式很难自发形成。

（1）我国缺乏农村食品安全多元治理模式。我国食品安全立法对多元治理仅做了原则性规定，而相关政策对多元治理的规定也不具体，我国农村食品安全多元治理模式仍未建立。当然，一些地方政府开展了农村食品安全多元治理实践与探索，并取得了一定成果。比如，新宁县农村食品安全村民自治实践②、犍为县乡厨协会③家宴治理实践、潍坊有奖举报制度实践④、全国农村食品安全"四员"⑤实践等。但上述实践尚处于摸索阶段，或地域分布不广，或实践领域偏重一隅，或将社会共治作为辅助，或实践水平粗浅，并未形成社会共治为主、政

① The Commission on Global Governance.Our Global Neighborhood：The Report of the Commission on Global Governance by The Commission on Global Governance［M］. Oxford：Oxford University Press，1995：2－3.

② 罗业军，曹云.构筑农村食品安全社会共治格局——湖南省食品药品监管局开展农村食品安全村民自治试点工作［N］.中国食品安全报，2016－02－25（B03）.

③ 中国食品报网.四川经验乡厨协会为农村群体就餐安全设立防火墙［EB/OL］（2015－07－27）［2018－11－25］.http://www.cnfood.cn/n/2015/0727/61958.html.

④ 中国食品科技网.潍坊食品安全有奖举报政策出台举报最高奖30万［EB/OL］（2015－11－11）［2018－12－01］.http://www.tech-food.com/news/detail/n1250450.htm.

⑤ 农村食品安全"四员"包括管理员、宣传员、协管员、信息员。

府监管为辅①，并广泛普适、系统科学、运转高效的治理模式。

（2）农村食品安全多元治理模式难以自发形成。由于城市集中了政府与社会组织力量，企业自律意识、城市居民文化水平与食品安全参与意识比较强，城市食品安全治理模式可由政府构建，也可自发形成。但农村缺乏政府与社会组织力量，农村食品生产经营者自律意识较差，农村居民文化水平与食品安全参与意识较低，所以，农村食品安全治理模式很难自发形成。

（3）政府必须主动构建农村食品安全多元治理模式。由于农村食品安全治理模式很难自发形成，政府就不能局限于执行原则性的法律与制定模糊不清的政策，而应制定切实可操作的立法与政策，运用法律手段、行政手段、经济手段、契约手段主动构建农村食品安全多元治理模式。

三、农村食品安全多元治理模式的构建

"我国的食品安全治理应置于社会大系统之中，增强开放性，以便使治理的主体、内容和形式得到不断充实和发展"②，而食品安全的"治理模式是由治理主体、治理主体权责、治理主体间的相互关系所构成的模式"③。政府对农村食品安全多元治理模式的构建，应从完善治理主体结构、明晰治理主体权责、建立契约治理为主的新型法律关系三个方面着手。

（一）完善治理主体结构

我国立法与政策规定的农村食品安全多元治理主体包括：政府，村民自治组织，农村舆论监督员、协管员、信息员等群众性队伍，农村食品生产经营者，行业协会，供销合作社与农民专业合作社，农村消费者，消费者协会与其他消费者组织，媒体，征信机构，其他社会力量。但我国立法与政策未规定谁来组织与协调各治理主体制定共同目标与共同行动方案，谁来协调各方共同行动。而缺乏共同目标与共同行动的治理不是真正的治理。然而，政府并不适宜上述工作。首先，政府组织与协调往往带有政府强制色彩，并且政府有权力依赖，很可能重蹈管制覆辙。其次，政府城市食品安全监管工作量大，乡镇监管所编制严重不足，农村食品安全日常监管尚力不从心，更无法胜任复杂耗时的组织协调与日常治理工作。因此，政府需借鉴政府为责任主体的环境污染第三方治理，委托

---

① 我国农村食品生产经营者"小、散、多"，政府即使投入巨大监管成本，也很难实现全面监管。因此，我国农村食品安全多元治理应当以社会共治为主、政府监管为辅。

② 张志勋.系统论视角下的食品安全法律治理研究[J].法学论坛，2015(1):102.

③ 肖萍，朱国华.农村环境污染治理模式的选择与治理体系的构建[J].南昌大学学报（人文社会科学版），2014(4):74.

第三方治理农村食品安全问题。

第三方治理机构应当具备中立性、专业性、权威性与常态性。由此检视上述各治理主体中的事业单位与社会团体,亲市场方社会团体(如行业协会)缺乏中立性;消费者团体、媒体与征信机构不具备专业性与常态性;村民自治组织缺乏专业性。这就需要改造食品检验机构,增加其聘任人员,扩大其业务范围,使其成为农村食品安全第三方治理受托方。食品检验机构具有中立性与专业性,基于政府委托获得权威性,并可通过设立专门的业务部门确保治理常态性。

农村是食品安全问题的源头,也是食品安全问题的重灾区。因此,农村食品安全问题的解决具有紧迫性。但政府投入比较有限,这就需要社会资本进入。政府可以比照中华环保基金设立农村食品安全基金,利用社会各界对食品安全的关切募集资金,为农村食品安全治理主体提供经费与奖励。

由此,农村食品安全多元治理的主体应当增加食品检验机构与农村食品安全基金会,以完善治理主体结构,确保多元治理资金充盈,组织协调与日常治理工作运转顺畅。

(二)明晰治理主体权责

治理主体权责往往出现交叠。如果权责不清,就会出现争权夺利与推卸责任现象,甚至会摧毁治理信任机制,导致治理失灵。因此,在完善治理主体结构基础上,还应明晰治理主体权责。

在农村食品安全多元治理中,政府方对治理负总责,承担治理失灵的总体责任,拥有立法与政策制定权、治理主体监管权、治理争端解决权、诚信奖励与失信惩戒权、治理失灵接管权等权力。这些权力同时也是责任。政府同时还应充分运用行政奖励、政策支持、财政投入、行政契约等手段激励各治理主体积极参与治理。政府签订行政契约的,应依约享有权利,承担责任。

第三方治理机构在治理中主要负责组织与协调各治理主体制定共同目标与共同行动方案,督促各治理主体开展治理,承办政府委托的日常治理事务。但上述内容对政府而言是责任,而对其他治理主体而言却是权力。第三方机构除依行政契约开展治理外,还与非政府主体签订民事契约推进治理。第三方治理机构依行政契约与民事契约享有权利、承担责任。

市场方主要责任是依法开展经营主体自律与行业自律,其中行业协会及合作社除通过行业自律奖惩其成员外,还要做好技术服务,从技术上帮助成员解决食品安全问题。行业协会、合作社与第三方治理机构签订民事契约,依约享有权利、承担责任。

社会方的村民自治组织拥有自治权,依自治公约享有权利、承担责任。消费者与消费者团体拥有消费监督权,媒体拥有舆论监督权,征信机构拥有向第三方治理机构征集发布诚信信息权,基金会拥有基金申请审批权与基金使用监督权。村民自治组织与政府签订行政契约、与第三方机构签订民事契约,消费者团体、媒体与第三方机构签订民事契约,各方依契约享有权利、承担责任。

此外,各治理主体还拥有治理的正式制度规则与非正式制度规则制定的参与权,并享有权利,承担责任。行政契约、民事契约、公共契约(公约或自律与自治规则)是各方权责的具体化,考评与奖惩办法是契约的附件,与契约具有同等效力。

(三) 建立契约治理为主的新型法律关系

目前农村食品安全治理主体之间的法律关系中,行政决策、行政管理与监督法律关系较为常见,并且立法与政策方面的规定相对完善。但上述法律关系属于松散型法律关系,很难促成各治理主体紧密合作。而合作是治理方式中最为紧密的方式,契约是合作治理中权责最为明晰、操作性最强的治理手段。因此,应当引入契约治理理念,建立契约治理为主的新型法律关系,实现各治理主体之间的紧密合作。

契约治理中包括行政契约、民事契约与公共契约三种。行政契约是行政机关为了维护与增进公益,实现管理目标,与行政相对人协商达成的协议;民事契约是平权治理主体间为实现治理目标签订的合同与协议;公共契约是自治自律组织成员之间为实现治理目标而制定的自治规则与自律规则。治理主体权责是静态安排,而契约法律关系是动态运行。签订行政契约、民事契约、公共契约,形成契约法律关系,静态权责就可通过动态法律关系得以实现。

(1)确立行政契约法律关系,启动农村食品安全多元治理。政府可以通过两份行政契约,启动农村食品安全治理。首先,政府与食品安全检验机构签订《农村食品安全第三方治理委托合同》,委托第三方治理机构开展第三方治理,给予其经费支持与政策支持,并通过考评予以奖惩。第三方治理机构基于利益驱动就会积极开展第三方治理。其次,政府与村委会签订《农村食品安全治理责任状》,明确村委会开展本村食品安全自治、协助政府与第三方机构开展治理的责任,同样给予其经费与政策支持,并将村委会考评奖惩委托给第三方,村委会也会在利益驱动下积极开展自治与合作治理。由于第三方机构掌握村委会考评与奖惩权,村委会就会全力配合第三方启动农村食品安全治理。

(2)通过民事契约法律关系,调动村民自治、行业自律、消费监督与媒体监督积极性。第三方治理机构签订行政契约后,取得政府与基金会治理经费代管权,取得对非政府治理主体考评奖惩权。非政府治理主体基于经费支持、政策支持、行政奖励、基金会奖励的利益驱动,产生与第三方机构签订民事契约的意愿。第三方机构就可以与村委会签订民事契约,促成村民自治,并获得村委会协助；与行业协会、合作社签订民事契约，促使其开展行业自律，提供技术服务，并积极协助第三方；与媒体和消费者团体签订民事契约，提高其参与治理的频次。

（3）推行公共契约法律关系，通过自治自律促进经营主体自律。村委会、行业协会、合作社在民事契约利好的激励下，就会积极制定食品安全自治与自律方面的规则，加大对成员食品安全考评奖惩力度。村委会、行业协会、合作社还可为其成员代理申请治理经费、政策支持、行政奖励、基金奖励，由第三方机构直接发放给成员（避免截留）。农村食品生产经营主体在利益驱动下，就会遵守自治与自律规则并严格自律。随着生产经营主体自律习惯的养成与食品安全技术、设施、设备的提升，治理成本就会出现"倒 U 形拐点"，治理进入低成本、高效率的良性运转阶段。

四、农村食品安全多元治理之实施机制

农村食品安全多元治理模式的重心在于确定主体结构、明晰权责、理顺关系，但治理模式的顺利实施需要制度保障。因此，政府应当健全农村食品安全多元治理实施机制，以确保治理模式的顺利运行。

（一）日常监督机制

日常监督机制是多元治理实施的基础。只有在利益驱动机制的调动下，政府监管、第三方机构日常检测、自治与自律机构日常监督、消费监督、媒体监督形成严密的日常监督网络，才能最大限度地遏制农村食品安全违法犯罪行为，倒逼农村食品生产经营主体严格自律，并为考评奖惩提供大量检测数据，以确保考评与奖惩公平公正。

（二）利益驱动机制

利益驱动机制是多元治理实施的核心。多元治理主体正是围绕利益这一核心积极参与治理。政府应当通过财税金融支持政策与行政奖励，基金会应当通过经费支持与基金奖励，最大限度地调动治理主体积极性。当农村食品生产经营主体守法利益高于违法所得、违法损失大于守法成本时，农村食品安全就能实现善治。

（三）考评奖惩机制

考评奖惩机制是多元治理实施的保障。只有建立考评奖惩机制，才能确保各治理主体尽职尽责。因此，农村食品安全治理应当建立政府对第三方机构、第三方机构对非政府治理主体、自治与自律组织对其成员的考评奖惩机制；建立征信机构汇总评定信用等级，由政府根据信用等级进行守信奖励与失信惩戒的考评奖惩，确保守法者获得利益，违法者受到制裁。

（四）信息公开机制

信息公开机制是多元治理实施的关键。治理决策正确与否取决于治理主体信息掌握程度。信息掌握越完整,决策越趋向于正确。而信息隐瞒与欺骗不仅会导致决策失误,还可能摧毁治理的信用基础,导致治理失灵。因此,政府应当建立农村食品安全信息公开机制,及时准确地公开各治理主体食品安全治理信息,确保多元治理建立在信息完整的基础之上。

（五）争端解决机制

争端解决机制是多元治理实施的重点。农村食品安全治理是多元主体利益博弈的过程,各主体之间既存在共同利益,也存在私人利益,利益冲突在所难免。如果缺乏争端解决机制,有可能陷入无休无止的争论当中,治理就会失灵。因此,政府应当建立争端解决机制,及时调解治理主体之间的争端。如果调解不成,涉及政府决策、治理决策与行政契约的争端应由政府作出行政处理;涉及民事契约的则可通过仲裁与诉讼解决。

综上所述,农村食品安全多元治理模式是克服政府农村食品安全监管困境,解决农村食品安全问题,实现农村食品安全善治的关键。但农村食品安全多元治理模式的构建既是理论问题,更是实践问题。因此,学界应当与实务界紧密结合,共同致力于多元治理模式的构建,以期通过合理的模式设计解决农村食品安全问题。

食品安全社会救助制度研究

高 凛 *

摘 要 食品安全问题已经引起了全社会乃至世界的广泛关注,如果发生食品安全的大规模侵权,食品侵权企业的行为、受害人所受损害以及它们之间因果关系的确定具有相当的难度。遭受食品侵权的受害人往往处于索赔难的境地,他们在寻求救济的道路上举步维艰。在现实生活中,可以通过侵权责任制度和食品安全保险制度来实现对受害人的保护和救济,但是仅依靠这两种制度不一定能完全弥补受害人的损害,也不能适应食品安全领域大规模侵权的救济问题。本文拟在食品安全侵权救济中引入社会救助制度,通过公权力的介入,构建政府主导的赔偿机制,以使受害人能够通过政府和社会力量获得有效的物质性帮助。

关键词 食品安全;社会救助;侵权;政府救济

　　食品安全事件的发生,侵犯了消费者的生命权和健康权,也影响了社会的良好秩序和稳定。食品安全事故发生之后,社会舆论普遍谴责不法食品生产者和销售者唯利是图、道德沦丧的同时,政府的不作为也被认为是造成食品安全事故的重要原因之一,如何对食品问题受害人进行有效的保护与救济,是一个值得探讨的重要课题。食品安全事故发生之后,追究食品生产者、销售者等食品供应商的法律责任、制裁违法行为固然重要,但是如何对食品受害人进行补偿与救济则更为重要。而对于消费者在食品安全事故中的利益,我国尚缺乏有效的救济机制。社会救助是一国食品安全事故受害人救济制度中不可或缺的机制,与侵权责任、责任保险共同构建了食品安全事故受害人损害补偿体系。

---

　　* 高凛,江南大学法学院教授,硕士生导师。

一、社会救助是食品安全救济的有效方式

我国当前的社会救助是以最低生活保障制度为主。救助需要有标准,通过标准来识别需要救助的对象,在我国,这一标准就是最低生活保障。根据最低生活保障制度,政府需要按照维持最低的需求标准设定一条生活保障线,对于生活水平低于该保障线的公民,他们都有权利无偿得到国家的救助。我国《宪法》明确规定国家尊重和保障人权,当公民因疾病、年老而丧失劳动能力时,有权向国家寻求物质帮助。国家要发展相关事业保障公民此项权利。从权利义务视角看,公民在困顿时获得社会救助是其应有的权利。故此,社会救助应当基于积极的社会救助理念,即"社会救助不是施舍,接受社会救助是在保证自身基本的公民权利,是公民应有的尊严的体现"①。

对食品侵权受害人进行补偿和救济的制度主要包括公法的规制与私法的救济。公法规制包括行政处罚、追究刑事责任等。私法救济主要是受害人通过民事诉讼的方式依法获得赔偿的维权途径,涉及侵权法律制度、食品安全责任保险制度以及食品安全社会救助等。从目前情况来看,我国侵权责任法律制度是受害人维护权益的救济途径之一,我国食品领域的强制责任保险制度、社会救助基金制度都还没有真正建立起来,食品安全救济模式的构建相对单一,食品侵权受害人的正当权益得不到充分保障。因此,鉴于我国食品加工以中小企业为主的客观现状,如果国内发生大规模的食品安全问题,受害人的权益则难以得到有效的保障,因此,亟须引入、建立和完善食品安全强制保险制度及食品安全社会救助基金制度,以便更好地维护受害人的权益。

就食品安全强制责任保险制度而言,该制度在食品安全的权利救济方面起着无可替代的作用。在食品安全事故发生之后,运用食品安全强制性保险既可以对受害的消费者给予及时补偿,又能提高投保企业的管理水平。虽然我国2015 年新修改的《食品安全法》第 43 条规定:"国家鼓励食品生产经营企业参加食品安全责任保险。"但目前,我国食品安全责任保险制度尚未真正确立,一些保险公司结合新规专门推出了食品安全责任险,然而也只有少数食品企业选择投保。在食品安全事件中,仅仅依靠侵权责任制度和责任保险制度来填补损害是不够的,实践中问题食品造成消费者的损害,相当多的不太可能通过侵权责任和责任保险提供完全的补偿,侵权责任法、责任保险制度对于食品侵权损害救济作用并不充分,在侵权损害救济中,仍有侵权责任法、责任保险制度无法触

---

① 丁建定.社会保障制度论——西方的实践与中国的探索[M].北京:社会科学文献出版社,2016:387.

及的"漏网之鱼"。正因如此,从社会保障的视角出发,与侵权责任法和责任保险制度互相配合地建构食品侵权损害救济的多元化机制就显得尤为重要。

二、食品安全社会救助的内涵与理论基础

(一) 社会救助的内涵

社会救助(social succour)是指国家或者政府通过立法对因意外原因而陷入贫困的人员或者家庭实施帮助的一种社会保障制度①。也有学者认为,社会救助是指国家、政府或社会对于遭受意外事故而陷入困境的人提供物质上的帮助或接济,确保他们能获得生活保障的一种扶助政策或措施。主要涉及因自然灾害造成损害、因发生事故或遭遇不幸而生活陷入贫困的公民以及其他针对社会弱势群体的救助方式②。也就是说,社会救助是国家、政府或社会对于通过自身的努力却无法维持基本生活的公民所提供或给予的物质方面的帮助,是针对因灾害、贫困等原因陷入困境的社会成员给予的一种经济扶助,受害人所获得的物质性帮助或救济是由政府或社会所提供的,其实质是通过国家或社会的力量使受害人获得物质性帮助。社会救助与社会保险、社会福利、社会优抚等共同构成了我国的社会保障制度体系。在食品安全损害救济的机制中,社会保障制度的参与应当以社会救助为切入点,以社会救助为主要方式对遭受食品安全损害的消费者予以救济。具体到食品安全社会救助问题,为了保护食品安全受害人的人身权利和财产权利,政府应采取救济措施,具体包括提供救助资金、为受害人提供精神上的抚慰、对于加害人与受害人直接的纠纷进行协调等。

食品安全侵权的社会救助主要是国家为保障食品受害人的人身和财产权利,对受害人采取的救济措施,包括提供救济资金、安抚受害人、进行协调等救助工作。食品社会救助适用条件主要有:首先,适用食品安全社会救助的前提是必须有法律依据和理论基础;其次,提供食品安全社会救助是政府的义务和职责,政府不得以主观无过错为理由拒绝承担救助责任;最后,接受救助的对象是在食品安全事故中受到伤害的消费者。本文所探讨的社会救助是包括政府救济在内的广义上的社会救助。

---

① 钟仁耀.社会救助与社会福利[M].上海:上海财经大学出版社,2009:19.
② 郑功成.社会保障学:理念、制度、实践与思辨[M].北京:商务印书馆,2000:13 - 14.

（二）食品安全社会救助的理论基础

1. 社会契约理论

社会契约论研究了个人、社会和国家之间的关系。社会契约的思想最早起源于古希腊时期。英国哲学家、政治家霍布斯是近代社会契约论的代表人物之一，他强调个人权利的重要性，开创了维护公民个人权利之先河。霍布斯的观点是，当公民个人利益之间出现冲突时，就需要一个公共权力机构来进行协调解决，那么人们必须将自己的权利的一部分让渡给该公共权力机构并服从它的管理，而政府就是这个公共权力机构。

英国思想家、哲学家洛克的社会契约论的核心是自由主义和有限政府。他赞同霍布斯的个人主义思想，认为政府产生的主要目的就是维护公民个人权利。但是洛克与霍布斯的社会契约论思想是有区别的，洛克认为人与人之间应该是和平和自由的状态，任何人都应该遵守自然法规则，而不能侵害他人的生命、健康和财产。但由于自然法自身的缺陷，即缺少一个可信赖的裁判者与监督者。为了弥补自然法的缺陷，就产生了政府。当人们将自己部分的权利让渡给政府时，政府就可以以仲裁者的身份来行使权力，保护公民个人的合法利益。洛克的观点是，政府的权力来源于公民的授权，而且政府行使权力和履行职责的根本基础是公民的授权和委托。而霍布斯的思想则是政府获得公民转让的权利之后，必须完全地、绝对地服从于政府，这与洛克的"有限政府"的观点是不同的。相比之下，洛克的思想更加先进、更加民主，他认为，社会的行动应当遵从"大多数人的同意"，而不能由政府随意决定，因为政府并非最高权威，它所行使的是公民赋予的权力。

法国思想家、哲学家卢梭的社会契约论强调的是人民主权与公共意志。卢梭从人类的自然状态开始论证，认为人类具有自我保护、相互关系与相互同情的本性。社会契约论的本质是公民通过把自己的权利让渡给一个能够保护自己权利和自由的组织，这个组织就是政府。在获得公民让渡的权利之后，政府的行为应该符合和反映公民的公共利益和公共意志。政府行使权力的合法性就在于它体现了公民的意志和利益，这也是卢梭人民主权思想的反映。

社会契约论所蕴含的基本理念是，分立的个体是理性的，而自然状态的缺陷和人们的理性促进了政府的产生，政府合法性的基础就是公民的一致同意。从社会契约论的角度分析，一方面，政府的产生具有其正当性；另一方面，政府的重要职责就是维护公民权利和社会秩序。从理论的角度分析食品安全社会救助的合理性，要解决的问题就是国家或政府的权利和义务的来源。学者们达成共识的是，公民为了维护自己的利益，将部分权利让渡给政府。可见，公民的私权利与国家的公权力之间有着天然的联系，政府被看作是公民实现自身自由和保护自身权利的一种有效的工具，政府的权威性来源于它对公民利益的维护和促进，这同样也是政府义务的来源。食品侵权行为损害了消费者的权益，作为维护公民利益的实体，国家或政府有义务也有责任对问题食品的受害者进行及时和有效的救助。因此，社会契约论为食品侵权的社会救助的适用提供了理论依据与支撑。

2. 国家伦理理论

国家是由各种机关、各类组织以及公民个人所构成的复杂的实体。国家能否作为道德伦理的主体，是否必须遵循道德伦理规范，这是一个有争议的问题。国家不同于自然人，因为自然人有着丰富的情感、逻辑的思维以及判断善恶的天性，而国家作为一个实体则不具有这些特征。但是，国家作为制度的制定者、公民权利的保护者以及秩序的维护者，其行为也必须要有道德的约束。人们在评判各种国家制度、政策、法律规范时，一般都是站在客观的角度去评价制度、政策与法律规范本身的合理性与正当性，很少会去考虑这些制度等所体现的国家意志的善与恶。实际上，融入各种制度、法律之中的理念就是国家遵循的伦理道德。正如美国学者汤姆·彼彻特所言："因为法律常常以一定的道德信念为基础——所以法律能够使道德上已经具有最大的社会重要性的东西形成条文和典章。法律反对盗窃、谋杀和歧视，正是建立在关于盗窃、勿残杀、平等待人的道德信仰的基础上的。所以，法律学家把这些信仰列入法律的范围是由于它们具有最高的社会重要性。"[1]在社会生活中，人们之间进行各种交往，都需要遵守道德规则。通过相互遵守规则，人们都可以从中获益，而不可能出现单方面遵循道德规则的情况[2]。如果国家或政府可以不受道德伦理的任何约束，我行我素，恣意妄为，却单方面要求公民遵守伦理道德，则会造成社会的无序状态，不利于国家的统治和社会的稳定。因此，国家应该是道德伦理的主体，国家通过自己设定的道德伦理来约束自己的行为，公民也可以用国家伦理来检视和监督国家的行为。

随着我国人权、私产保护入宪，宪法更加体现了权利本位的价值取向，我国宪法伦理道德的具体体现就是保护公民的合法权益。为了实现国家的伦理价值，国家应该全面履行自己所承担的义务，义务之一就是为处于困境中的公民提供救济。国家在伦理道德观念的指导下，在食品侵权发生损害而受害人需要救助的情况下，为受到损害的消费者提供帮助与救济，这在一定程度上体现了

---

① 汤姆·彼彻特. 哲学的伦理学[M]. 雷克勤，等译. 北京：中国社会科学出版社，1990：17.

② 包利民. 当代社会契约论[M]. 南京：江苏人民出版社，2007：58.

国家伦理道德精神。当然,这也是国家履行义务必须实施的行为。

3. 福利国家理论

对于"福利国家"这个概念,目前尚未有明确、统一的界定。有学者从社会政策的角度分析,认为福利国家是指通过实施社会保障和社会福利措施而实现社会目标的社会政策,福利国家等同于社会政策意义上的福利制度①。也有学者从社会功能的角度阐述,认为福利国家是一种国家形态,这种国家形态突出地强化了现代国家的社会功能,所以,它是一个政治学的概念②。笔者认为,作为一种社会形态,福利国家的基本社会功能在于,国家通过制定和实施各种社会保障法律制度、公共政策,来实现对公民生活的保障与救济。福利国家发端于1883年德国的健康保险,20世纪中后期,福利国家进入了飞速发展阶段,第二次世界大战后经济的迅猛发展和凯恩斯主义在全球范围内的盛行,为福利国家的建立提供了经济和政治上的支持③。福利国家从产生到发展受到不同自由主义理论的争议,古典自由主义理论赞成低税率和低国家公共开支,强调通过市场实现对社会和公民的保护。国家干预自由主义理论的观点认为造成贫穷的主要原因在于社会财富分配不均,是社会的过失。因此,国家有权对公民的财产进行干预。虽然古典自由主义和国家干预自由主义都是以维护公民权利为目的,但是,国家干预自由主义更加符合社会发展的现实需求,因为它通过对社会生活的积极干预更好地保护公民的合法利益。

我国通过建立和实行"服务型政府",为社会成员提供公共产品与公共服务,这在一定程度上体现了国家应当对食品安全侵权损害的受害人履行国家救助责任。福利国家理论可以论证国家承担救助责任的可行性。从世界各国对于食品安全侵权问题的救助来看,美国解决食品安全问题所引发的侵权赔偿一般通过集团诉讼的方式来解决,这与美国奉行的个人主义福利政策是一脉相承的;德国具有极为完备的社会保障制度,即使发生食品安全侵权损害问题,也并没有多少消费者向法院起诉,德国具备的高水平的社会保障制度完全可以弥补侵权法的不足;瑞典是全球闻名的高福利国家,如果发生食品侵权赔偿问题,作为受害方的消费者并无后顾之忧。而从我国的现实来看,无论是经济发展水平、社会保障制度,还是社会福利水平,都无法与西方发达国家同日而语,在对

---

① 徐延辉,林群.福利制度运行机制:动力、风险及后果分析[J].社会学研究,2003(6):62-70.

② 周弘.福利国家向何处去[J].中国社会科学,2001(3):92-112.

③ 彭华民,黄叶青.福利多元主义:福利提供从国家到多元部门的转型[J].南开学报,2006(6):40-48.

待食品安全侵权损害国家救济的问题上,我国应该立足本国国情,采取和制定适合我国的救助方案。

通过以上理论基础的分析,我们认识到,制度的构建只有在理论上得到充分的论证与支持,才能使其更具科学性、实用性与可靠性。社会契约理论、国家伦理理论和福利国家理论为我们论证食品安全侵权中政府救济责任的正当性提供了理论上的依据与支撑。理论只有与具体的制度相结合才可能发挥其应有的作用并获得现实的生命力。与此同时,制度的运行可以让人们对于相关理论进行反思和完善。食品安全侵权的社会救助的理论依据为食品安全领域构建具体的制度提供了坚实的基础,指明了方向。

三、食品安全社会救助制度的借鉴与现实依据

食品安全侵权损害适用国家救济制度或社会救助制度既具有理论的正当性,也具有现实的可行性。

(一)国外食品安全损害社会救助的启示

从一些西方国家对环境、产品、食品等的侵权救济制度中可以看出,社会救助发挥了重要的作用。美国有着健全和完善的健康保险制度,当食品安全发生重大事故之后,受害者所需的治疗费用由保险公司先行垫付,再向承担责任的食品企业追偿。如果责任企业的财产不足以赔偿受害人的损害,则由政府来承担,而且受害人因重大食品安全事故造成生活及其他方面困难的,还可以向美国联邦紧急事务管理署申请救济[1]。德国在联邦议会上建立公益基金会,由联邦政府或者各州政府向基金会出资,来实现国家对食品安全侵权中受害人的救济责任。西班牙1984年的《消费者保护法》第30条规定:政府在组织受害人与消费者协会听证后,应采取必要行动或者建立强制保险体系或者保障基金,对缺陷产品造成的人身伤害进行赔偿[2]。对于环境、食品侵权等公害案件,日本政府采取斡旋、调解、裁决等方式进行处理,而且政府还为受害者支付相应的医疗费用。

因此,社会救助的形式是多种多样的,主要目的就是能够使得受害人在遭受损害之后可以获得必要而充分的补偿,保证受害人的权利能够得到恢复。具体形式包括政府拨款,政府参与调解和斡旋,政府设立基金以及各类企业、社会团体和个人等私主体所设立的各类基金。其中政府所提供的救济应该是最主

---

① 管洪博.食品侵权损害多元化救济机制研究[D].吉林:吉林大学,2013:226.

② 克里斯蒂安·冯·巴尔.大规模侵权损害责任法的改革[M].贺栩栩,译.北京:中国法制出版社,2010:97.

要的方式。通过政府积极干预的方式,可以充分发挥社会救助的保障性和及时性的特点,解决食品安全侵权的受害人损害赔偿问题。在大规模的侵权中适用国家救济和社会救助已成为社会发展的必然,对食品安全侵权提供政府救济和社会救助,是我国社会发展的现实需要。

(二)我国食品侵权损害适用社会救助的现实依据

1. 食品侵权中受害人权利救济的缺失要求适用社会救助

对于食品安全侵权的损害赔偿问题,可以适用侵权损害赔偿、责任保险等方式,这两种方式在一定程度上可以实现对受害人的救济,但是侵权损害和责任保险可能会由于受害人自身能力、水平和法律知识的限制,很难及时收集到有效的证据来证明损害的存在,受害人获得赔偿也受到限制。如果受害人穷尽了一切救济方法都无法获得赔偿时,国家救济和社会救助就会发挥其应有的作用。在食品侵权多元化权利救济机制中,社会救助的功能是协调、辅助和补充。

2. 食品侵权的特殊性要求适用社会救助

从受害人的角度看,食品安全的侵权只是侵害了消费者的私权;但从社会整体来看,食品安全的侵权则侵害了全社会成员的公共利益。有毒有害的食品不但损害了公民的健康权或生命权,而且也损害了公民对有权享用安全食品的期待利益,同时对于整个社会秩序与稳定会造成不利影响。政府作为社会管理者,有责任维护和修复社会利益与秩序,有义务救济受害人。如果食品安全问题造成侵权损害的人数众多,而食品问题企业还没有实施食品侵权的责任保险制度,对于侵权所产生的巨额费用,企业是无力承担的。当众多的受害者的利益无法得到补偿时,政府与社会就应该履行对受害人的救济责任,维护社会的稳定与发展。

由于现代社会物流发达,食品的跨地域销售极为常见,如果某一个食品企业生产的食品出现了安全问题,往往会波及多个地区的多名受害人,食品安全侵权的这种突发性要求政府和社会介入食品侵权损害的救济中。各级政府通过财政拨款、垫付医疗费、动用救助基金等方式来保障受害人得到及时的救助。同时,政府可以利用自己的权威性和掌握的资源,充分发挥自身在协调方面的优势,保障食品侵权受害人的合法利益。

3. 现行私法救济的不完善要求适用社会救助

随着经济的发展,我国的食品产业与食品跨区域销售范围也在发展与扩大,食品安全事故给消费者可能造成严重损害。受害人可以依据《消费者权益保护法》《合同法》《侵权责任法》等主张损害赔偿。这三部法律都有相关条文对于消费者的损害赔偿有相应的规定,但是由于条文规定的可操作性不强,而且,即使受害人能证明损害的客观存在,也会由于食品生产者或销售者无力承担赔偿费用,而得不到应有的赔偿,私法的救济存在一定的缺陷。在这种情况下,只有政府或社会介入食品安全侵权的受害人的救助中,才能弥补因私法救济不完善而给受害人造成的困境,使得受害人获得合理赔偿。

4. 社会发展的客观现实要求适用社会救助

食品安全事故的发生造成受害人的人身和财产损害,极其容易引发社会矛盾,而对社会产生诸多不利影响。但是,我国的社会保险制度还不是很健全,社会保险覆盖率较低,而且地区差异较大。在受害人通过诉讼等途径无法解决赔偿问题时,政府作为管理者,有责任为受害人提供救济,平衡双方的利益。从我国的客观现实来看,依然是政府主导的社会,政府具有相当的权威性和公信力,且掌握着权力与资源。因此,对于食品安全侵权造成的损害,政府与社会进行救济具有相当的优势。

四、我国食品侵权损害社会救助的实现机制

在食品侵权中适用政府和社会救济责任,体现了行政权介入的思想与理念。随着社会的发展与科技的进步,私人之间的社会关系也变得越来越复杂,仅仅依靠司法解决,尚不能对于公民的权利给予充分的保护。在一些私法领域,行政权的介入往往可以更好地解决争议。"许多国家为了应对频繁且大量发生的社会矛盾及社会问题,不断增设行政机构和行政人员对社会生活进行干预,面对社会现实的需求,政府开始广泛地介入过去并不被认为属于行政事务范畴的诸如贸易、金融、交通、环境保护、劳资关系等领域,开始担负起保障公民特别是社会生活上的弱者权益的职责。"①食品安全引发的侵权一方面破坏了公共安全和社会秩序,另一方面在责任确定以及损害赔偿方面存在着复杂性,因此,需要行政权的介入来解决相关问题。

(一)完善食品侵权社会救助的立法

首先,在《食品安全法》或者《侵权责任法》中明确规定食品侵权可以适用政府或社会救助的相关规定,明确食品侵权发生之后政府的相关协调职能,并赋予其管理、监督社会救助基金的运作与偿付的职责。而且,法律还应该规定社会救助基金的来源、用途以及基金运作的公开与透明等问题。

其次,规定政府有权组织相关专业人员对于食品侵权因果关系问题进行鉴定。食品安全事故问题的因果关系往往较为复杂,受害人通过自身的能力可能无法证明问题食品与自身损害之间的因果关系,从而影响受害人获得正当赔偿。政府的介入有助于正确查明食品侵权行为发生的主要原因,更好地维护受

---

① 吕艳滨. 我国民事纠纷的行政介入机制研究[J]. 公法研究,2009:97-133.

害人的权利。

最后,规定政府可以采取调解、斡旋、裁决等多种纠纷解决的方式来解决食品侵权的赔偿问题。在一些大规模的食品侵权事件中,受害人的人数也比较多,仅仅依靠某一种方式往往无法使得当事人获得合理赔偿。通过政府规定的多种解决方式,有助于及时解决纠纷,维护社会秩序的稳定。

(二)设立食品安全社会救助基金

在前些年的三鹿奶粉事件中,发生食品安全事故之后,三鹿集团需要承担巨额的赔偿责任,这笔巨额债务导致该集团不堪重负,不得不进入破产程序。另外,三鹿集团是一个具有独立法人资格的公司,它只承担有限责任,也就是说,该集团一旦宣告破产,它需要承担的责任仅以其出资额为限。因此,受害者很可能得不到完全的补偿或赔偿。最终,三鹿集团因无法承担巨额赔偿债务而宣告破产。这个食品安全事件的处理过程值得我们反思:在给予受害人补偿时,应该考虑所受到的伤害程度和情况,如死亡、重伤、轻伤等不同症状,确定救治费用和补偿费用,以及企业需要支付的一次性赔偿和患者的后续治疗费用。因此,在大规模的食品侵权事件中,建立专门的救助基金有助于对弱势群体的保护,尽快修复被损害的社会关系以及对社会的消极影响,维持正常的社会秩序。

1. 食品救助基金的性质

给予食品侵权受害人的救助基金的性质是补偿,而不是垫付。有相当一部分学者认为,给予受害人救助基金是垫付,而所谓垫付,则意味着垫付人在付给接受垫付人基金之后,未来要从接受者那里要回所付给的基金,通俗而言,钱不是送给受害人的,而是借给受害人的。这里的受垫付人是食品安全事故的受害人,社会救助基金是政府专门为受害人提供保护和帮助的基金,如果能随意向受害人索回,则背离了政府设立救助基金的初衷。这就是说,救助基金经常扮演的角色应该是"最后的买单者"①。因此,对于受害人而言,所给予的救助基金就是补偿其损失,而并非垫付。只有认识到救助基金的补偿功能,社会救助才能充分彰显其社会福利的性质,并发挥其应有的作用。

2. 食品社会救助基金的来源

我国食品安全事故社会救助基金面临的主要问题就是资金的来源,社会救助基金要发挥其应有的作用,必须有充足的资金支持。从资金来源看,其一是从食品生产和销售企业的利润中提取一定比例,这种来源方式操作起来会有一

① 赵明昕. 道路交通事故社会救助基金之制度定位研究[J]. 保险研究,2014(3):108-114.

定的难度。提取比例如何规定？是依据食品企业利润的多寡规定不同的比例，还是统一比例？其二是对发生食品安全事故的企业进行罚款。发生食品安全事故之后，一方面，食品企业要给予受害人赔偿；另一方面，有关机构要对食品侵权企业进行罚款，所罚款项纳入社会救济基金。其三是社会各界的捐款，主要是来自企业、社会组织和个人捐赠的资金。这些来源尚不能确保食品安全社会救助资金的稳定性。

西方发达国家的社会保障法或财政预算法一般都规定了社会救助支出在财政总支出中专门的科目列支，并单独编制社会保障预算，从而保证社会救助财政责任的落实。为保证社会救助的有效实施，许多国家都建立了社会救助经费由各级政府分担的机制，如美国的社会救助资金，其来源包括联邦政府、州政府和地方政府的支出。有的项目完全由联邦政府或州政府支出，有的项目则由联邦政府、州政府、地方政府共同承担，分担的比例由各州对该项目的实际支出和州人均收入来决定。人均收入较低的州，联邦政府负担的比例较高，反之，负担的比例就较低[1]。美国经济学家乔治·施蒂格勒强调：地方政府的存在是为了资源的有效性和分配的公正性，中央政府（的存在）则可以协调地方政府之间的利益关系，并有助于更有效地解决分配不公的问题[2]。食品安全侵权案件发生之后，地方各个职能部门负责食品案件事故的调查和救济工作。对于社会救助基金的筹集，应该纳入地方政府的财政预算，以地方政府的拨款为主；如果地方政府财政能力有限，中央政府也应该给予分担。只有这样，才能保障该基金正常和有效的运转。

3. 设立食品社会救助基金的要素

设立食品救助基金主要涉及以下要素：首先，救助基金设立主体。从基金的稳定性及有效性来看，应该由政府出资，并联合相关的食品企业，建立一个食品领域内的专项救助基金。其次，救助基金的管理运作。基金设立之后，应该采用市场化和透明化的运作方式，内部管理上应该有严格的规章制度、完备的管理体系以及合法的规制程序，确保基金的支配与使用公开与透明，提高基金的有效利用。最后，救助基金的支付情形。发生食品安全事故之后，如果无法确定问题食品的具体责任企业，或者在大规模的食品侵权中，责任企业无力承担赔偿责任，那么问题食品的受害人因侵权所产生的医疗费、误工费、精神损害费等必要费用应由社会救助基金来承担。而且，对于某些侵权造成身体损害有可能产生后遗症等问题，也需要用该基金作为后续的救济措施。

---

① 杨思斌. 论社会救助法中的国家责任原则[J]. 山东社会科学，2010(1)：44－48.

② 方晓利，周业安. 财政分权理论评述[J]. 教学与研究，2001(3)：53－57.

（三）限定食品侵权社会救助的条件

发生了食品侵权事件之后，政府动用社会救助基金对受害人进行救助时，应该有严格的条件限制。一是对于受害人想获得更多赔偿而故意夸大病情，侵权企业听之任之，认为出现严重的损害后果可以用社会救助基金对受害人进行补偿，而企业不用承担责任，这类情况一经查实，一律不得赔偿。二是如果食品侵权案件的发生具有紧急、突发等特点，当食品侵权企业一时无法筹集到足够资金去支付医疗费用时，可以动用该救助基金。三是食品侵权发生后，如果受害人想尽一切办法，还是无法确定问题食品的侵权人；或者受害人无法从诉讼、食品责任保险等方面获得足够的赔偿时，就可以动用社会救助基金对其进行补偿。

（四）社会救助应体现社会福利

作为国家救助体系的一部分，社会救助具有明显的社会保障性质，应当体现社会福利，突出政府职责。为了使得食品安全社会救助充分体现公平、公正的理念，各级政府应明确职责，依据各个地区经济发展状况，确定救助基金占财政的相应比例，建立健全社会救助制度并给予有效实施，确保社会救助基金的充足。只有这样，才能充分发挥各级政府的作用以及社会救助的保障功能，进一步体现社会福利的价值。

五、结语

我国食品安全侵权事件的不断出现，成为我国社会转型期各种社会矛盾冲突的原因。对食品安全受害人采取多元化的救济方式，不仅需要完善实体法律和程序法律的相关规定，也需要让社会救助的法律体系与制度相衔接。食品安全事故社会救助从其性质上讲，属于社会保障体系中的社会救助范畴。在社会保障中以社会救助为切入点，在社会救助中以构筑食品安全社会救助基金制度为基本方法，不仅有国外先进经验的参考，也有我国食品安全事故社会救助的若干实践。食品安全社会救助具有社会福利和公益性质，具有适用的科学性与合理性。我们应该充分突出政府在救助基金中的地位，发挥政府救助食品侵权受害人的积极作用，筹集更多的公共资源和社会资金，为受害人提供充足的补偿，切实保障食品安全事故中消费者的权益。

食品安全信息披露与消费者知情权的反思与重构

王　靖　马淑芳 *

摘　要　消费者知情权是以食品安全信息披露为保障的,食品安全的社会共治也是基于食品安全信息的共享。目前,由于我国没有健全的食品安全信息共享平台,监管部门之间主体职责不明、发布信息范围难以界定,运行机制、程序不合理,追责机制缺乏等问题,致使食品安全信息不对称,消费者的知情权在现实生活中难以实现。本文认为,完善我国食品安全信息披露共享与共治机制,首先,要出台针对食品经营者在信息披露方面的法律法规,具体规定信息披露的主体、内容、披露程序、法律责任等。其次,发挥政府对食品信息共享平台的完善与监督功能,完善监管体系,明确监管权责,创新监管机制,强化问责措施。同时,引导、教育消费者理性消费,自觉抵制假冒伪劣食品,合力构建我国食品安全信息披露制度的科学性、规范性和有效性。

关键词　食品安全;信息披露;知情权;反思;重构;社会共治

食品安全作为人类生存和发展的最基本的物质需求,关系我国14亿人的"舌尖上的安全"。其不仅关乎食品企业的社会责任和诚信,更关乎国民的生命健康及生存与发展,同时也关系中国的食品声誉及国家形象。为了防止食品安全问题对社会公众健康造成危害,美国早在2001年1月克林顿政府时期就制定了国家食品安全战略计划,把食品安全提升到与领土安全、环境安全并列的国家生存发展问题上来。从法治化的视角讲,公民的生命权、健康权是最根本、最重要的人权。习近平总书记指出:"能不能在食品安全上给老百姓一个满意

* 王靖,无锡商业职业技术学院法学教授;马淑芳,无锡商业职业技术学院法学教授。

的交代,是对我们执政能力的重大考验。"①目前,无论是从国际社会还是从国内需求来看,随着社会的进步,国民对健康问题日趋关心、关注。食品安全成为社会广泛关注的焦点,也成为一个国家治理民生问题能力及水平的体现。

食品安全的多元主体的管理与治理是基于食品安全信息来施行的。目前,由于我国没有完善的食品安全信息共享平台,主体职责不明,运行机制、程序不合理,追责机制缺乏等,造成食品监管部门、企业和消费者这三者之间的食品安全信息不对称。这为非法利益的获取者提供了投机条件。因此,从国家食品安全社会共治的视角出发,厘清各主体之间的责任意识,发挥食品经营者、食品监管部门及消费者三方的力量,探索和解决食品安全信息不对称的问题,不仅可以更好地规范食品信息披露机制,破解目前我国食品信息披露的困局,还保护了消费者的健康权、知情权,同时,也对提高我国食品信息安全监管能力及水平,具有重要的现实意义。

一、食品安全信息失灵与消费者知情权的法理逻辑

食品安全信息公开,既是消费者获取知情权的前提和保障,也是推进政府、企业信息公开的重要组成部分。在法理上,知情权(the right to know)是指公民或组织按照法律规定获取信息的权利②。消费者食品安全知情权是指消费者依法所享有的,获取其购买食品的所有安全信息的权利。消费者知情权具有公权利与私权利的双重法律属性,其既是公民的一项政治权利,又是重要的民事权利。

随着社会的进步和对人权的重视,我国政府先后成为《公民权利和政治权利国家公约》和《国际人权宣言》的国际条约缔约国,条约明确了个人的信息自由权以及知情权,即公民自由表达自己的主张和自由接受信息的权利。这对承认、保护我国消费者知情权有着深远的影响。为了更好地保护消费者的知情权,我国在《食品安全法》《民法通则》《消费者权益保护法》《产品质量法》以及卫生部、农业部等部委联合发布的《食品安全信息公布管理办法》等多部法律法规中,对消费者的知情权做了相应的规定。《食品安全法》及其实施条例都明确规定:政府对于食品安全的相关信息都应及时、准确地向公众公布③。但由于现实

① 文静.习近平:食品安全是对执政能力的重大考验[N].京华时报·时政新闻,2013-12-25(003).

② 李国际,夏雨.知情权的宪法保护[J].江西社会科学,2007(2):191-194.

③ 信春鹰,全国人大常委会法制工作委员会行政法室.中华人民共和国食品安全法解读[M].北京:中国法制出版社,2015:26.

的多种原因,消费者的知情权在现实生活中往往难以实现。主要表现在:第一,目前我国从事食品种植、加工、流通、销售的产业链较长,且食品企业数量庞大,从田间到餐桌食品消费的环节多、标准乱、路径长,完全信息公开不现实,这是造成食品安全信息不对称的客观因素。第二,目前我国食品安全信息共享机制仍然不健全,监管主体的职能不清,信息发布范围难以界定,运行机制、程序不合理,监管部门之间信息共享机制不完善,追责机制缺乏等。因此,造成食品企业和监管部门之间、食品企业和消费者之间、消费者和监管部门之间的信息不对称与失灵。第三,我国现有的法律法规很多都是原则性规定,在实际实施中难以具体操作。仅以《消费者权益保护法》为例,在《消费者权益保护法》中,第四条、第八条、第二十条、第三十三条对于消费者的知情权是有明确规定的,并且要求政府相关生产经营商向消费者提供及时、有效的信息供消费者查阅。然而,这些条款中没有规定消费者对食品安全生产过程信息获取的具体途径及程序,这就在现实生活中难以实现消费者的知情权。同样的问题也存在《产品质量法》《食品安全法》《农产品质量安全法》中,因此,我国迫切需要建立一个系统的食品安全信息共享的平台,便于消费者及时、准确地获取相关信息以保障消费者食品安全知情权的实现。第四,许多地方政府因担心食品安全问题影响地方经济和政府形象,缺失法治政府、依法行政的法律意识,对食品安全信息的公开持消极态度,甚至故意隐瞒和阻挠"问题食品"的信息公开。同时,实际操作中公民申请政府信息公开的难度大、阻力大、成本高,当公民下定决心维护消费者的知情权时,许多行政机关往往相互推诿,或以政府保密事由予以拒绝,消费者申请信息公开的权利变得十分困难。

综上所述,信息公开制度与食品安全密不可分,食品安全依赖信息公开。增强政府、企业及公民信息公开的责任意识,是确保公民知情权与法治建设的需要,更是完善食品安全信息公开制度的需要。食品安全信息公开不但可以保障和实现消费者对食品生产、销售过程的知情权、监督权,而且可以有效地控制食品安全事件的频发,提高公民对政府的信任度,建立和实现食品安全社会共治的目标。

二、对食品安全信息披露中存在的问题的思考

根据食品安全信息披露的主要来源,对于食品安全信息披露中存在的问题及原因,现从食品生产经营者、政府监管部门及消费者几方面进行分析、思考。

(一)食品生产经营者信息披露存在的问题及原因分析

食品生产经营者是食品信息的直接知情者和责任人,他们对食品加工使用的生产方法、生产原料、添加剂及其对人体健康的影响等,享有最清楚、最真实

的一手信息。然而,现实中一些不法企业明知产品有问题,却不主动披露自己的食品安全风险信息,当被社会新闻媒体曝光后,默守集体沉默规则。一是作为食品企业,追求经济利益最大化,是造成这一现象的根本原因。由于资本本性的内在因素,加之市场外在的竞争,食品企业和其他企业一样,追求企业经济利益最大化是其根本目的。许多企业为了经济利益,就会把社会利益与消费者的利益置于次要地位,甚至不惜承担法律和道德的风险,利用市场监管的缺位,浑水摸鱼,以谋取企业利益的最大化。二是食品企业与政府、消费者信息不对称是造成这一现象的重要因素。信息不对称理论是指在市场经济活动中,不同群体对有关信息的了解是有差异的:掌握信息比较充分的群体,往往处于比较有利的地位,而信息贫乏的群体,则处于比较不利的地位。早在20世纪70年代这一理论便受到美国经济学家乔治•阿克罗夫,迈克尔•斯彭斯,约瑟夫•斯蒂格利茨的关注和研究,它为市场经济提供了一个新的视角①。现在看来,信息不对称现象在市场经济中简直无处不在,而面对琳琅满目的各种食品,大多数消费者对于其质量安全信息往往无法获取。比如,一般消费者在购买食品时,只能通过食品的包装标识简单地了解,但对其原材料的来源、加工的过程、添加剂的种类及含量等都无从知晓。一般只有通过专业的检测技术、检测设备才能发现。目前,由于我国食品企业安全信息披露还没有一套完善的制度体系及科学、规范的检查机制,更缺乏主动公开食品信息的激励机制和违法惩罚机制,因此,现实中罕有食品生产经营者主动披露食品安全存在的问题,大多数都是媒体披露后广大消费者才知悉情况。食品企业利用食品信息不对称情形,严重损害了广大消费者的生命健康权及知情权。三是食品企业信息披露制度的不健全,对信息披露监管缺失。目前,我国现行的食品安全的信息公开制度仍然不健全,许多法律法规制度彼此不衔接,食品安全信息披露的时效性、公开性、透明性不够,更主要的问题是食品安全信息的规定较为笼统,实践中难以操作实施。例如,我国《上市公司社会责任信息指引》中,对上市食品企业的食品安全信息披露并不是强制性的,只在产品质量及安全保证相关信息的披露上做了指导性意见。而对于更多的食品个体与民营小企业,政府主管部门在食品安全信息披露方面,更无相关的法律法规予以规范。

我国现行的《食品安全法》《消费者权益保护法》和《产品质量法》等法律法规在企业信息披露方面并不完善。通过分析发现,对披露内容没有一个系统性的具体规定。目前大多数食品企业在信息披露时,内容大而空,泛泛而谈的较多,信息披露缺乏一个具体、量化的参考指标。在信息披露形式上,缺乏统一的

---

① 程青.食品安全信息不对称问题及治理分析[J].经营管理者,2008(16):85.

格式和规范,披露章节比较散乱。我国食品企业在选择信息披露时面临很大的困惑。如我国目前的食品安全标准政出多门,食品检测标准要么标准陈旧,要么杂乱重复、互相矛盾,这让企业选择指标披露时无所适从。所以,出台一部有针对性的法律法规,以规范食品企业信息披露,从而保障社会公众的知情权,已成为目前亟待解决的现实问题。

(二) 食品安全监管部门信息披露存在的问题及原因分析

近年来,随着我国对食品安全的高度重视,食品监管的力度越来越大,食品安全状况有了很大改善。在信息化时代下,社会公众的知情权也得到了提升。这得益于相关部门及社会共治的不懈努力。但食品安全是一个系统性工程,而食品安全信息制度建设是执法部门加强监管的首要工作。总体来看,我国食品安全信息的构建及监管还存在很多问题。2016 年 3 月,北京大学公众参与研究与支持中心发布了《中国食品安全监管透明度观察报告》,对全国 27 个省会城市食品药品监督管理部门网站的信息披露进行了统计,结果显示:各地的食品安全监管工作普遍存在食品安全风险警示发布次数少、动态监管信息披露不到位、食品召回信息透明度低等问题。其中,食品召回信息透明度尤其不理想,27 个省会市局全部为零,即 27 个省会城市的食品药品监管部门没有一家披露当地的食品召回情况。该团队观测发现,对于食品的基本情况、风险情况、如何避免风险三方面内容,都有详细公布,但总体发布次数略少,共 10 次,每月不到 1 次。而食品召回信息披露则普遍不到位,在 31 个省级食药监局中,仅上海在 2015 年 1 月 4 日公开了福喜食品有限公司的召回信息,省级食药监部门食品召回信息透明度得分率仅为 0.48%①。

究其原因,一方面受地方政绩观或利益链的影响,一些地方政府缺乏信息披露的积极性。个别地方官员甚至阻挠媒体对问题食品企业的曝光,更谈不上主动披露其食品质量安全的问题。例如,早在 2010 年 2 月 18 日,湖南省质监局通过抽检,就查出金浩茶油的 9 个批次的产品,存在致癌物质苯并(a)芘超标,且已超国家标准的 3 倍。但湖南省质监局在抽检后长达 6 个月时间里不做披露。而分析国内发生的"三鹿奶粉"事件、"酒鬼酒塑化剂"事件、"双汇瘦肉精"事件等看到,是一次次地方政府官员扭曲的政绩观或利益链在作祟。无独有偶,2017 年 8 月发生的比利时"毒鸡蛋"事件,引发了全球的广泛关注。针对

---

① 南都社论. 食品安全监管信息应该实时发布[N]. 南方都市报,2016 – 03 – 19(AA02).

"毒鸡蛋"调查情况,比利时食品安全局竟然早就了解了此情况,却没有公开①。另一方面,政府收集、检测水平较低,信息反馈滞后。监管部门难以及时了解食品企业具体的加工过程和销售情况等,一般只能通过市场抽查来检查、检测食品安全情况获得相关信息。但是,目前我国检测监管存在的困难表现为:检验机构分散且偏少,没有形成食品信息的互通和共享平台;检验人员配置未能达到专业化、职业化水平;检测设备落后,许多检测技术、监测方法的水平和范围有限,不能全面准确反映食品整体质量状况。同时,食品安全监管部门信息收集、反馈不足,没有建立完善的公众信息收集、反馈和处理机制。这些都严重制约了政府信息采集、反馈和处理的能力。

(三)消费者在信息披露中存在的问题及原因分析

从法律层面讲,消费者是食品安全法律的保护主体,而食品监管部门、食品生产经营者是保证食品安全的责任主体。但是,不法经营者利用食品信息的不对称,生产、销售伪劣甚至有毒有害食品,不但侵犯了消费者的生命健康权、知情权和公平交易权,而且扰乱了市场经济秩序。

一是很多食品经营者为了追求短期经济效益,而置消费者的生命健康权于不顾。食品经营者往往会在利益的诱惑或者驱动下,利用其生产、销售中的信息优势和监管的漏洞,直接或者间接地隐瞒信息。在国家对食品监管日益趋严的背景下,经营者间接隐瞒信息披露的情况日趋严重,例如,许多经营者在食品包装及标识中,故意大量使用生物、化学类专业术语,让消费者一头雾水,难以分辨食品的优劣。其目的是我们已履行了食品信息披露义务,是消费者专业知识水平低,无法识别,以此达到规避公开食品信息的义务。这个新问题需要引起国家监管部门和相关方面的高度重视。二是消费者知情权受侵害后投诉无门、维权困难。消费者权利受到侵害后,因取证难、投诉难、鉴定难、诉讼难、赔偿难等诸多问题,致使他们因维权成本过高而不得不放弃。例如,现实中消费者对食品的安全性提出疑问时,食品经营者或监管部门往往要求消费者提供相关证明,还必须到有相关资质的检测机构进行检测,而检测机构的收费一般在几百元到几千元不等,甚至上万元。还有一些消费者,在维护自身权利的过程中,被夹在不同监管部门之间,遭遇食品生产者与经营者之间"踢皮球",在耗费大量的时间和精力后,只能无可奈何地选择赔钱了事、自认倒霉。三是一些消费者的食品安全观念淡漠、食品安全知识匮乏,这也助长了不良商家隐瞒欺骗消费者的气焰,导致假冒伪劣食品的泛滥。例如,许多消费者在购买食品时,只

---

① 新华网."毒鸡蛋"折腾欧洲 比利时"知情不报"?[EB/OL].(2017-08-07)[2018-12-20] http://www.tech-food.com/news/detail/n1354989.htm.

图便宜，不问质量，或购买临近保质期甚至过期食品。有的消费者青睐外表匀称、颜色鲜艳的食品，如面粉越白越好，黄鳝越粗越好，水果越鲜亮越好等，这就使得不法经营者为了迎合消费者的喜好，在面粉中添加增白剂，用激素饲料喂养黄鳝，在水果上打蜡或喷洒保鲜剂等。因此，建议将食品安全宣传教育，作为一项重要的项目，纳入国民教育提升规划中。

三、社会共治视角下完善食品安全信息的路径

目前，我国食品安全治理的框架，是以社会共治为目标设计的，作为一个食品生产、消费大国，探索完善我国食品安全信息披露机制，并在此基础上进一步设计科学、高效的食品安全监管体制，发挥经营者对食品安全信息披露的诚信意识和自我管理能力，发挥政府对食品信息的完善机制与监督功能，提升消费者对食品安全知识的了解与重视显得尤为重要。

（一）经营者实现食品安全信息披露的路径

首先，资本的逐利性和外在的市场竞争是市场经济的必然产物，是企业发展的动力。但食品企业不能利用食品信息不对称的优势，损害广大消费者的生命健康权和知情权。因此，国家要通过监管，引导食品企业在遵守社会公共道德与法律法规的前提下，追求经济利益最大化。

目前，大多数食品企业不愿主动披露食品安全问题，主要是因为我国目前还没有完善的企业食品安全信息披露制度体系，没有一套科学、规范的检查机制。《食品安全法》《消费者权益保护法》和《产品质量法》等法律法规在企业信息披露方面的规定比较笼统。如《食品安全法》第七十条、七十一条和七十二条规定了食品生产经营商负有保证食品安全，并向消费者提供食品安全信息的责任。但并没有具体规定食品生产经营者信息说明的主体、程序、时效等问题，这就意味着实践中难以操作。2010 年 11 月 3 日，由卫生部、农业部等 5 部门联合公布的《食品安全信息公布管理办法》虽然是一部专门规定食品安全信息公开的部门规章，但其主体是食品安全监管部门，规定的是食品安全监管部门在各自的职责范围内，对各自食品安全信息的监管。相对于消费者和监管部门，食品经营者长期从事某一食品的生产，对食品生产、加工及销售过程中的材料来源、加工方法、配料及添加剂的使用种类及比例等，掌握着第一手信息数据，其理应成为食品安全信息披露的第一义务人。但遗憾的是，目前却没有一部针对食品经营者在信息披露方面的法律法规。因此，建议国家立法部门尽快出台有关食品经营者食品安全信息披露的管理办法，规定以经营者作为食品信息披露的义务主体，并就具体信息披露的内容、披露程序、法律责任等作出规定。从西方发达国家做法来看，主要是通过制定强制性的法律制度来推进的。例如，

2001年法国政府在实施《诺维尔经济管制条例》以后,法国企业在社会责任信息披露方面的真实性、时效性及透明度等有了很大改进①。

其次,国家食品监管部门与食品行业协会,应建立有关食品行业的"食品安全信息披露指引"或"规范文本"。通过指导管理规范、信誉度高、消费者口碑好的食品企业,示范、引领食品企业,规范披露食品安全信息,包括具体披露的内容、时效、方式、程序等。同时,将相关信息及时纳入食品生产经营企业信用档案,利用现代互联网信息,建立全国信用信息共享平台及国家企业信用信息公示系统,强化政府规制,开展联合激励和惩戒,以有效提高食品安全信息披露水平。

最后,企业要有主动进行信息公开的自觉性。国家食品监管部门与食品行业协会应建立一套食品安全信息披露考评体系。如对规范披露、信誉度高的食品企业,授予"五星诚信企业";对欺骗瞒报、弄虚作假的食品企业,将其列入"黑名单",对造成恶劣影响或严重后果的,要追究其法律责任。同时,食品企业应提升自我信息公开的自觉性,投机取巧不是长久之计,依法诚信经营才能获得良好的社会声誉,才是企业长远的发展之路。如1985年时任青岛电冰箱总厂厂长的张瑞敏自爆家丑,当众砸毁76台有缺陷的冰箱,在社会上引起很大的震动,结果反而赢得了消费者对海尔产品的信任,铸就了海尔的辉煌。通过调查发现,越来越多的食品企业更希望在社会公众面前展示自己良好的企业形象,实现企业的良性、可持续发展。

(二) 监管部门完善食品安全信息披露的路径

现行《食品安全法》中明确了政府部门作为义务主体,提供相关信息的规定。如第四条明确规定:国家食品安全相关政府部门负有制定食品安全标准和公布食品安全信息的责任。《食品安全信息公布管理办法》也是以政府机关作为信息公布的主体,以政府机关公布食品安全信息的方法步骤为主要内容的一部法规。随着政府和广大民众对食品安全问题的持续关注、重视,特别是从《食品安全法》及相关配套制度出台以来,我国食品安全状况有了很大的改善。但总体来看,我国食品安全信息披露的数量仍然偏低,政府对食品信息披露的监管仍然存在许多问题。因此,要提高监管部门的监管能力及水平,就必须构建、完善我国食品安全信息共享平台。目前我国食品信息共享平台的基础条件较弱,主要表现为:检验机构偏少且分散在不同主管部门;检测技术和设备落后,检测能力和范围有限;检测时间长,信息采集不及时;难以实现食品信息的互通和共享等。

① 臧冬斌.食品安全法律控制研究[M].北京:科学出版社,2013:52.

因此，一是要整合现有的检验机构，将国家卫生部食品卫生监督检验所、中国疾病预防控制中心下属的营养与卫生研究所、国家食品质量监督检验中心和社会第三方检验机构进行整合和改革，成立国家食品质量监督检验中心，下设省、市、县（区）三级食品检验机构，划清各自的分工与职责，避免目前检验机构间恶性竞争或不作为的乱象。

二是利用互联网信息化手段，有效整合各监管部门的检测数据。统一、规划各地区食药局监督、出入境检验检疫、质监、工商、农委、卫生等各部门的检测数据及采集。制定统一的食品安全监测数据信息交换标准。"政府信息获取权是政府机关依据法律规定的权限与程序，通过一定的途径与方式，准确、及时完整地获取其所需的各种信息与数据的权利"[①]。因此，建立我国食品安全检验检测及信息采集共享平台，实现相互沟通和信息共享，是加强食品安全信息披露的基石。

三是要建立公开、有效的食品安全信息公开系统，确保消费者的知情权。通过构建食品安全信息公开共享平台，及时对外发布食品安全监测信息，这不仅是政府信息公开的必然要求，还可有效避免社会及媒体传播的虚假信息误导消费者，引发公众恐慌，造成严重的社会影响。如今，为博取眼球、歪曲事实，捏造耸人听闻虚假信息的事件可谓屡见不鲜。例如，"粉丝可燃烧含荧光剂""肉松蛋糕是棉花做的""塑料紫菜"等谣言在微信圈、微博、QQ群等社交平台上四处传播。政府除了要依法打击食品信息的非法传播外，更重要的是各级监管部门要建立科学、公开、有效的食品安全信息平台，利用现代信息传媒，及时发布行政许可、抽样检验、监管执法、行政处罚等信息，做到标准公开、程序公开、结果公开。

四是加强食品安全信息披露的监管。受地方政绩观的影响，一些地方政府监管部门，担心公开披露违法企业食品问题，影响地方经济发展，影响地方官员及政府形象。也有个别官商勾结，有法不依、违法不纠的情况，最终使食品安全信息披露及监管流于形式。

2017年全国两会上，全国人大代表、民革贵州省委副主委鲍家科认为："引起食品安全的问题实际上有很多方面，随着新的《食品安全法》出来以后，很多问题得到一定程度的解决，但是一些问题还是存在。一个就是食品安全的信息

---

① 汪全胜，方利平.政府的信息获取权初论[J].情报杂志，2006(10)：96-97,95.

披露问题,我觉得这个问题从政府这个角度应该进一步强化。"①政府对食品企业的监管,可借鉴日本,有法必依,违法严惩,一旦有人触碰红线就必然会被绳之以法。例如,2010 年 7 月,日本大福食品公司和另一家东京的清和食品公司被查出非法修改食品产地信息,原产地是中国台湾的鳗鱼被伪造成日本爱知县生产的,涉及商品重达一吨,违反了《不正当竞争防治法》,被警方立案侦查。事件曝光后,大福食品公司管理层跪地磕头谢罪,但并未平息民众的怒火,人们开始抵制他们的商品,随后,银行停止向他们贷款,合作伙伴也终止了与他们的供应关系,没过多久,公司宣告倒闭。清和食品公司,情况也很糟,公司社长和社长夫人最终选择以死谢罪,但即便死后,他们仍招致一片唾骂。在日本,造假是一件比坐牢还要严重的恶劣事件,一旦被发现,意味着个人信誉彻底破产,继续从商基本不可能,而且日本政府对造假者的惩罚力度非常大,令不良商家不敢轻举妄动②。因此,要改革我国目前食品安全监管考评体系和追责制度,完善监管体系,明确监管权责,创新监管机制,强化问责措施,解决有法不依、违法不纠、执法不严的问题,形成社会共治的合力,严厉打击各种违法违规行为,全面提升我国食品安全监管能力和监管水平,提高国民对政府的信任度,最终才能实现建立法治社会的目标。

(三)消费者在食品安全信息中的教育与提升

首先,完善消费者在食品安全义务方面的立法,通过政府的有效引导和教育,让广大消费者积极参与食品安全治理,形成社会共治的强大合力。食品安全信息公开是政府信息公开的重要组成部分,推进食品安全信息公开不但是政府监管部门的重要工作内容,而且是建设法治政府及保护消费者合法权益的职责。《食品安全法》第 10 条明确规定:任何组织或者个人有权举报食品生产经营中违反本法的行为,有权向有关部门了解食品安全信息,对食品安全监督管理工作提出意见和建议③。因此,政府一方面应向社会公众及时、准确地提供食品信息,满足公民知情权。另一方面,可借鉴国外的立法经验。如韩国、日本等将《消费者保护法》进行了修订,并将其更名为《消费者基本法》,在对处于弱势

① 王珩,谢红娟.全国人大代表鲍家科:从政府角度进一步强化食品安全的信息披露问题[EB/OL](2017 - 03 - 04)[2018 - 10 - 30] http://news.cnr.cn/native/city/20170304/t20170304_523635195.shtml.

② 环球网.以假充真日商家伪造产品说明 台湾鳗鱼冒充产自爱知县[EB/OL](2010 - 07 - 15)[2018 - 12 - 30].http://world.huanqiu.com/roll/2010 - 07/931693.html.

③ 信春鹰,全国人大常委会法制工作委员会行政法室.中华人民共和国食品安全法解读[M].北京:中国法制出版社,2015:72.

地位的消费者进行特别保护的同时，也规定了消费者的基本义务，如理性消费的义务，抵制假劣的义务，投诉举报的义务等。政府要引导、教育消费者自觉履行食品安全方面的义务，促使消费者成为维护食品市场秩序的主要力量。

其次，政府要引导、教育消费者理性消费，自觉抵制假冒伪劣食品。我国是食品生产大国，更是食品消费大国。据统计，我国目前共有食品生产企业 40 多万家、食品经营主体 323 万家、餐饮单位 210 万家、农牧渔民 2 亿多户，全国每天消耗粮食、蔬菜、肉类等食品 200 多万吨，我国食品生产经营企业不但数量多，食品生产、销售产业链长，而且食品"三小"经营者（小摊贩、小作坊和小餐饮店）四处遍布。这就成为我国食品安全问题频繁发生的主要原因①。若全部依靠政府食品主管部门全员、全过程、全方位地监管，显然是不符合实际的，也是不可能的。因此，政府要引导、教育消费者自觉抵制假冒伪劣食品，通过食品信息共享平台，让广大消费者提高对安全食品的辨别能力，让那些信用缺失、制假售假的食品经营者无法生存。近年来，消费者教育已经受到一些地方政府和社会组织的重视。比如，深圳市编撰《预包装食品消费常识》《进口食品消费常识》等图文并茂的消费教育读本，并在 2016 年 3 月向辖区 60 多所中小学捐赠近 2 万册；浙江省投资 3 000 多万元成立国民消费教育中心，推动消费教育的常态化、专门化，成为目前全国省级消费者委员会中规模最大、功能最齐的消费教育平台。这些地方实践证明，政府的重视和推动，能更加精准、及时地促进消费者知情权的实现②。

总之，对消费者食品安全信息的教育是一项长期工作，其对维护食品安全与市场秩序具有重要的战略意义。各级食品安全监管部门一方面应尽快建立食品安全信息共享平台，准确、及时地对食品安全信息予以披露，实现食品信息的沟通和共享，另一方面，应当充分利用现代互联网信息及各类新媒体，广泛、多样地宣传食品安全科普知识，及时发布食品安全信息及风险提示，让广大消费者自觉抵制假冒伪劣食品，使危害消费者健康的食品企业失去生存的"土壤"，做到防范问题食品人人有份，保障食品安全人人尽责，从而形成食品安全社会共治的强大合力和良好的社会共治机制。

---

① 马淑芳.食品安全的反思与重构：企业、政府与第三方社会共治[J].青海社会科学，2016(1)：93 - 96.

② 应飞虎.食品安全—消费者教育不可少[N].人民日报，2016 - 06 - 13(08).

试论我国食品安全大规模侵权的权利救济机制的完善

魏琦宗 *

摘　要　随着人类工业化的发展,社会化分工愈加完善,食品获取已经从原始社会的自给自足逐渐转变为多个环节的加工。食品加工的分工细致以及科技进步导致的化学添加剂的广泛应用,使得普通消费者很难有足够的专业知识和精力去辨别食品安全。同时,一部分食品生产者、制造者为了取得高额利润铤而走险,采用不合格的原材料和制造工艺,严重侵害了消费者的身体健康。而在食品侵权后的权利救济方面我国还处于起步阶段,虽然已经通过立法完善侵权后的救济机制,但是仍然存在着诸多问题。

关键词　食品侵权;大规模;救济机制

一、食品安全侵权概述

食品安全侵权一般是指消费者购买食品生产者、销售者的产品后因使用而对身体产生不良影响。食品安全关乎人民的身体健康,是法律保护和监管的重中之重。

(一) 食品安全侵权一般是大规模侵权

因为现代食品的工业化生产模式,不合格的食品造成的损害一般波及面都很广,即使是单一商品,受害者也可能涉及成千上万的消费者。一般侵权事件,当事人都是确定的,主体资格也没有疑问,只要针对案件事实和举证责任进行诉讼即可。而在食品的大规模侵权中,因涉及范围广泛,受害者的数量很难确定,甚至很多消费者可能都没有意识到自己被侵权。所以,食品侵权大多表现

---

　*　魏琦宗,江南大学法学院硕士研究生。

为大规模侵权。大规模侵权指基于不法行为或多种同质产品和服务，对大量受害者造成人身或财产损失或同时造成两种类型的损害①。中国的侵权责任法没有对大规模侵权进行明确的定义。但是学者们公认的"三鹿奶粉事件"和"苏丹红事件"是典型的食品安全大规模侵权。

（二）食品安全侵权中的潜在危害

食品安全侵权损害的是人的身体健康，而人的身体健康是一个复杂的动态过程，不合格食品对人身体健康的损害可能是一个漫长的过程。很多不合格食品初期并不能看出对消费者的危害，但是有毒物质积存在身体里，可能在未来对消费者的身体健康造成危害。在食品安全侵权中，受害人相较于食品企业处于弱势地位，一般是通过集体诉讼方式来获得合理赔偿。面对侵权，消费者一方面举证比较困难，另一方面，因为人体的差异性导致侵权发生的时间不一，并不一定能形成集体诉讼，这使得消费者很难获得侵权企业的赔偿。

二、我国现阶段食品安全大规模侵权的救济方式及问题

（一）食品安全侵权中的诉讼代表人制度

我国 1991 年颁布的《民事诉讼法》中规定了诉讼代表人制度，即面对食品生产销售企业大规模侵权行为，可以适用诉讼代表人人数不确定的诉讼代表人制度来推选出诉讼代表人，节约受害者时间成本以及简化诉讼程序。但是同时我国的诉讼代表人制度在适用主体范围和适用方式上仍存在瑕疵。

1. 诉讼代表人制度的适用

诉讼代表人制度要求各方的要求是一致的，然后由各方选举产生。但是在实际的大规模侵权案件中，各个当事人的诉讼理由和请求并不一致，有的提出的是侵权损害赔偿请求，有的提出的是违约损害赔偿；有些以食品生产商为被告，有些以食品卖家为被告。诉讼代表人制度没有实际解决共同诉讼中各个当事人利益不一致情况下的解决方法，使得代表人制度的适用从开始就陷入困境。本应节约当事人精力和时间的制度在适用之初就与原意背道而驰。

2. 诉讼代表人代表范围

食品大规模侵权因其波及范围的广泛性以及对人体健康损害的差异性使得受害人人数众多且难以确定具体人数，这使得诉讼代表人必然是法律所规定的"人数不确定的诉讼代表人制度"。人数不确定的诉讼代表人制度要求权利人向法院登记，这种登记虽然是强制性的，不登记不得参加诉讼代表人活动，但

---

① 程建华.大规模侵权救济思维的塑成——基于惩罚性赔偿制度构建的视角[J].国家行政学院学报，2017（2）：82-86.

是不向法院登记并不影响权利人享有实体权利。这就造成了很多权利人不愿参与诉讼代表人制度。当诉讼代表人代表的起诉人群积极诉讼,取得客观的赔偿时,这些未登记的权利人因食品大规模侵权的相似性而再次起诉,就可以很容易得到类似的赔偿。而当积极的起诉人群未获得理想的赔偿额度时,这些未登记权利人一方面节约了自身的诉讼成本与时间,另一方面也不影响其下次参与诉讼。这就使得发起集体诉讼的人越来越少,从而不能使权利人团结而维护自身权利,达不到立法目的。

3. 诉讼代表人制度的司法现状

现实中集体诉讼会对社会稳定造成不良影响,政府机关为了维护社会稳定对集体诉讼持保守态度。"三鹿奶粉事件"中,政府作为主导来统筹侵权赔偿,这固然是政府行政责任的体现,但是在侵权企业无力支付赔偿的时候以政府款项支付受害者赔偿本身并无法律依据,同时也不是以后应该借鉴的方法。这种方法一方面放纵了食品企业对食品安全的漠视,因为最后会由政府行政兜底,另一方面也不利于我国司法实践的独立。在食品大规模侵权中,更多的应该通过立法规范化,以司法手段解决责任分担问题。

(二)食品安全侵权公益诉讼制度

食品安全公益诉讼,是检察机关、食品安全行政监管部门以及法律规定的社会组织为保护食品安全公共权益,针对危害或威胁食品安全公共利益的行为,向法院提起诉讼,要求违法行为人作为或不作为的诉讼活动[①]。关于食品安全的公益诉讼与一般环境安全、侵权等公益诉讼不同,它除了具有公益诉讼固有的特殊性外,还具有其自身的特点。食品安全公益诉讼不单包括民事诉讼,大规模严重食品侵权中可能还包括刑事诉讼和行政诉讼,涉及范围更加广泛,利益纠葛更加复杂。同时食品安全的公益诉讼可能因食品危害的隐性而导致举证困难,故更加需要立法支持和公权力机关的协助。

1. 食品安全公益诉讼的原告

我国《民诉法》规定:"对污染环境、侵害众多消费者合法权益等损害社会公共利益的行为,法律规定的机关和有关组织可以向人民法院提起诉讼。"立法机关对法律规定的机关和有关组织并没有作统一的解释。

笔者认为其中"法律规定的机关"最重要的是检察机关。我国《检察院组织法》规定检察院本身肩负保护公民的人身财产安全责任。这为检察院作为食品安全公益诉讼提出的原告身份提供了最基本的法律依据。同时因为检察机关作为专门的法律监督部门,其检察人员具有专门的诉讼技能和诉讼经验,能够

---

① 郝天宇. 论我国食品安全公益诉讼[D].南昌:南昌大学,2014:2.

为广大食品侵权受害者争取最大利益。同时检察院也在环境保护、环境侵权的公益诉讼中积累了大量经验，有完善的规章制度来进行食品安全的公益诉讼。

"有关组织"应该包括食品安全行政主管部门，如卫生部、农业部、国家质量监督检验检疫总局、国家食品药品监督管理总局等部门，这些部门在食品安全监督上具有行政监督的责任，同时质检总局、食品药品监督管理局等行政部门在食品安全监测判断上具有更强的专业性，也能够成为食品公益诉讼中的原告提起公益诉讼。或者与检察机关合作，在其提出的公益诉讼中提供技术支持。

在实践中因为公益诉讼原告在法律规定中并不明确，一定程度上造成了本应该主导食品公益诉讼的公权力机关一方面出现了"视而不见"的情况，另一方面也出现了相互推诿的状况。

2. 食品安全公益诉讼的实行

在食品安全的公益诉讼中，食品侵权涉及范围十分广泛，受害者众多，同时公益诉讼本身具有特殊性，两者结合导致在诉讼实行中会遇到诸多问题。

在地域管辖方面，我国《民诉法》规定，侵权案件可以由侵权行为地法院管辖，也可以由被告住所地的法院管辖。食品安全侵权的范围十分广泛，作为食品安全公益诉讼的原告会代理诸多当事人，若以侵权行为地法院管辖则会造成管辖权重合的问题，因此，以被告住所地的法院来起诉更为合理，也更有实际操作性。

在级别管辖方面，我国级别管辖主要以"案件性质""案情复杂程度"以及"案件社会影响力"等的综合考量为原则，但在实务中面对公益诉讼案件的复杂性和涉及案件的范围，基层法院没有足够的能力和经验来处理此类案件。同时基层法院也没有能力协调与食品安全行政主管部门的关系，会出现行政权力影响司法的可能性。因此由中级人民法院来审理食品安全公益诉讼更能提高诉讼效率。

在实际诉讼过程中，法院有受行政干预或其他原因影响而不愿意受理公益诉讼案件的情况。为了提高诉讼效率，明确区分公益诉讼中的公共利益，法律应该明确规定，食品安全侵权中达到"社会影响巨大"等情况时，法院必须依法受理案件及时向社会通告案件处理的进程，以保证公益诉讼的有序进行。

（三）食品安全侵权中的惩罚性赔偿

中国很早就将惩罚性赔偿的规定引入了法律体系，1993年《中华人民共和国消费者权益保护法》首次提到了惩罚性赔偿。2009年《食品安全法》第一次明确界定了食品安全领域的惩罚性赔偿制度，为食品安全的惩罚性赔偿提供了法律依据[①]。

1. 惩罚性赔偿数额的确定

我国已经在《食品安全法》中明确规定了惩罚性赔偿的制度,包括十倍于产品价款的赔偿和受到损害三倍的惩罚性赔偿,当事人可以根据自身情况来选择,但是在实际实施过程中也出现了很多其他问题。

首先,关于当事人的精神损害赔偿,不管是十倍的产品价款赔偿还是损害的三倍赔偿,都很难量化地弥补当事人受到的精神损害。而且在司法实践中一般只有针对导致当事人残疾或死亡的侵权法院才会支持精神损害赔偿,这在食品安全侵权中是不合理的,因为很多食品安全侵权会有慢性和隐形的特点,其造成的精神损害并不亚于当事人残疾。

其次,《食品安全法》中规定了十倍于产品价款的赔偿额,但是并没有说明在实际中商家促销的赠予食品是否适用于惩罚性赔偿,即使适用惩罚性赔偿也没有规定适用的价格是多少,是生产成本、商家销售价格还是市场价格,目前还有所争议,这就在实践案件中增加了原告的诉讼成本。

2. 惩罚性赔偿维权成本过高

我国《民事诉讼法》规定,举证责任由当事人承担,即谁主张谁举证。但是在消费者和食品生产者、销售者之间因为市场信息、专业化程度的不同,消费者面对商家处于绝对的弱势地位。而此时法律又规定消费者需要证明商家具有"明知"或"故意"的责任才能获得惩罚性赔偿,这就使得很多小额的食品侵权的当事人不愿意进行维权,从而让很多商家逍遥法外。而大规模的食品安全侵权使得受害者的诉讼成本增加,极大打击当事人的诉讼积极性,与惩罚性赔偿的立法初衷背道而驰。这种过高的维权成本严重阻碍了消费者发挥市场监督主体的作用。当事人主张惩罚性赔偿的诉讼会有一套复杂的程序,缴纳高额的诉讼费用,会让当事人因为风险问题而放弃诉讼。

3. 行政监管不到位

我国食品行政机关的监管责任主要是以食品生产的各个环节来划分的,这种过于细分的监管会造成很多问题。首先,各个行政机关的多环节监管会导致监管重叠和职责不明,使得各个行政机关有了相互推诿的理由,且监管效率低下。其次,监管主体不明,也会导致公益诉讼的原告身份选择难以确定的问题。

---

① 邢宏.大规模侵权救济模式的域外经验与启示:以美国石棉诉讼赔偿案为例[J].科技与法律,2013(2):26-32.

三、食品安全大规模侵权救济机制的完善

（一）明确食品安全监管机关的行政责任

1. 建立监管协调部门

我国规定的食品生产环节的监管虽然细化了监管目标，但是造成了职责重叠的状况，应该厘清各行政机关的责任。在食品监管中因为各种食品生产环节的差异性，所以，在模糊的监管环节中应该以立法的形式明确共同监管、共同承担责任，以避免相互推诿。

2. 政府代付责任

在"三鹿奶粉事件"中，因为侵权范围广泛，影响重大，所以，政府主导了侵权事件的处理，并且代为支付了侵权损害赔偿。当时情况紧急，且国家没有明确立法，这种情况下这样处理具有合理性，为社会稳定做出了贡献。但是这种方式缺乏公正有效的司法力量介入，很难为以后类似状况的出现提供行之有效的解决方案。因此要厘清政府责任和司法责任、企业责任，在政府主导赔偿以后还要向侵权人追偿赔款。最重要的是，政府主导并不能取代司法途径，最后还要通过公平公正的司法途径解决食品安全侵权问题。

（二）设立食品安全大规模侵权的社会救济制度

1. 设立食品安全侵权的赔偿基金制度

面对食品安全侵权的广泛性和严重性，诉讼的赔偿额可能并不能完全保证当事人的利益，因为赔偿额受到企业资产的限制。德国康特甘药物事件使专项基金制度得到了发展，康特甘药物制药公司和政府均承诺出资1亿马克设立"残障儿童救助基金会"，以及时救助受害人群，化解社会纠纷。我国也应该在食品企业注册审核之初，就强制要求食品企业缴纳食品安全赔偿基金的保证金，按照企业的资产、销售额、市场份额确定保证金数额。在企业造成食品安全侵权后，首先动用自己的基金份额来赔偿消费者的损失，这样可以避免食品企业因资产不足而导致无法支付消费者赔偿的情况。

2. 设立食品安全侵权的保险制度

政府应该牵头，与保险公司合作，设立由整个食品行业共同负担的食品侵权保险，将单个企业无法负担的侵权赔偿转嫁为整个行业共同承担。国有保险公司本身就应该承担一部分社会责任，这样就能避免三鹿奶粉事件中政府代付赔偿款后三鹿公司无力偿还的状况，更保证了消费者的充分救济。德国就采用了责任保险的方式，令食品企业强制参与保险来应对食品大规模侵权。

（三）食品安全侵权导致人身损害赔偿的最优地位

因为食品领域大规模侵权所支付的赔偿数额特别巨大，许多食品企业因无

力支付赔偿款而破产。但是在我国《企业破产法》中,侵权所导致的人身损害赔偿在企业破产的债务清偿中并不具有最优地位。食品侵权导致的后果严重、社会影响恶劣、受害人数目庞大,最重要的是受害者处于极其弱势的地位,最需要赔偿款进行治疗和生活,因此,我国需要立法确定食品侵权而导致的人身损害赔偿在企业清偿债务中的最优地位,这也符合法律的公平正义和保护弱者的价值取向。

(四)确定市场份额与赔偿挂钩

食品企业的大规模侵权有时候是行业行为,一般以一种行业潜规则的方式暗中侵害消费者利益,使消费者很难确定侵权主体,使得维权困难重重。为妥善解决这一问题,依据 DES 案件[①],美国法院引入了市场份额责任理论(market share liability)。在 DES 诉讼案中,美国礼来公司与另外几家制药厂占有 90% 的 DES 市场份额,多数生产同类产品的制药商无法排除消费者所受的损害不是因为自己制药厂所致,最终他们依市场份额的大小对所产生的损害承担赔偿责任[②]。这种机制在"三鹿奶粉事件"中就具有极大的借鉴意义,因为当时中国奶粉行业或多或少都有添加三聚氰胺,很多消费者无法证明自己事实上被哪个奶粉制造厂家侵权,这时候通过市场份额理论就可以解决消费者无法确定侵权主体的问题,也可以排除受害者证明因果关系的责任。

(五)健全食品安全侵权中的公益诉讼制度

我国食品方面的公益诉讼应该扩大原告的范围,不仅包括检察院、负有食品安全监管责任的行政机关,还应该包括引进食品安全方面的公益性社会团体组织。这些公益组织在成立之初就为了食品安全而努力,在诉讼程序、事后赔偿、专业知识方面比国家机关更具优势,更能使受害者的权益得到充分保障。同时,如果公益性社会组织获得了公益诉讼的原告身份,在市场监督时更具有威慑力,会使得食品企业从开始就不敢生产销售不合格的食品,从而有效遏制食品侵权事件的发生。

(六)食品安全侵权中的惩罚性赔偿

1.消费者的惩罚性赔偿

我国已经在《食品安全法》《侵权责任法》中规定了食品侵权中的惩罚性赔

---

① DES 案件是 20 世纪 80 年代发生在美国的因果关系不明的大规模侵权的典型案件。孕妇在孕期服用 DES 能有效避免流产,却会使她们的女性后代成年后患有生殖系统癌症。由于全美生产 DES 的制药企业有 300 多家,而损害发生在几十年后,消费者很难证明哪一家制药企业实际造成了其损害。

② 鲁晓明.论美国法中市场份额责任理论及其在我国的应用[J].法商研究,2009(3):152-160.

偿,但针对价款的十倍或损害的三倍赔偿并不能完全弥补被害人的损失,更应该立法将精神损害赔偿纳入食品侵权的范围。同时受害者提出的惩罚性赔偿的诉讼需证明食品生产者、销售者的"故意""明知"的心态,这对消费者提出了过高的诉讼要求,应该让食品企业自我证明,采取举证责任倒置的方式。

2. 社会的惩罚性赔偿

现行的食品企业在产品生产之初就将食品侵权的成本计算到了产品价格中,因此,仅仅对消费者的惩罚性赔偿并不能遏制食品企业生产销售不合格的产品。政府应该对食品侵权的企业征收惩罚性的社会赔偿,并入食品侵权的保障基金中,这样不仅加大了食品企业的违法成本,也扩大了食品侵权保障基金的赔偿能力,使食品侵权赔偿进入良性循环。

(七)完善食品安全侵权中的代表人制度

诉讼代表人制度在立法之初是为了节约诉讼成本,但是在实践中会有很多"搭便车"现象,与立法目的相违背。应当立法确定诉讼代表人制度与公益诉讼相结合,当诉讼代表人或公益诉讼已经在同一项大规模侵权中判决结束时,除具有特殊情况外,所有受害者都应认可诉讼结果。现今我国法院采取案件数量和绩效晋升挂钩,以此鼓励法官,但是面对诉讼代表人的集体诉讼时,由于案情复杂、利益纠葛巨大,通常耗时耗力,需要法官有更高的业务能力,但可能仍然计算为一个案件,这就在司法层面使得代表人制度难以实行,因此,面对食品大规模侵权并不能僵化采用案件数量来考评。

四、结语

我国正处于社会转型的关键时期,且食品侵权案件数量呈现上升趋势,案情较为复杂。在民法典制定时,更应该以侵权责任法为基础,采取多样的权利救济机制,以达到充分保护消费者权利的目的。

网络食品安全问题研究

电子商务立法与网络食品交易平台的责任梳理

陈宏光　　张明彭 *

摘　要　随着我国互联网的高速发展,"互联网＋"时代的到来,网络食品销售发展迅猛,新形势下,保障网络食品安全成为我国互联网长远发展中亟须解决的问题。尽管 2015 年新的《食品安全法》首次对网络食品安全做了规定,但是相关法律还不是很完善,实践中网络食品交易平台责任难以划分。2018 年 8 月,《中华人民共和国电子商务法》(以下简称《电子商务法》)已由全国人大常委会通过,并于 2019 年 1 月 1 日正式实施。本文将重点分析《电子商务法》中关于网络食品交易平台的义务与所承担责任,并结合实际提出一些思考与建议。

关键词　网络食品交易平台;食品安全;法律责任

一、网络食品交易平台的内涵及其法律定位

有学者认为,第三方交易平台是一种比较稳定的机构,它可以将商品信息公布在平台上并根据使用者意志选购商品、生成合同,最终形成网络订单。2014 年颁布实施的《网络交易管理办法》规定:第三方交易平台是指在网络商品交易活动中为交易双方或者多方提供网页空间、虚拟经营场所、交易规则、交易撮合、信息发布等服务,供交易双方或者多方独立开展交易活动的信息网络系统。新的《电子商务法》规定:电子商务平台经营者是指在电子商务中为交易双方或者多方提供网络经营场所、交易撮合、信息发布等服务,供交易双方或者多

---

　　* 陈宏光,安徽大学法学院教授、博士生导师;张明彭,安徽大学法学院宪法学与行政法学硕士研究生。

方独立开展交易活动的法人或者非法人组织。故此,在网络食品领域,网络食品平台即通过互联网进行食品交易的平台。同时,2016年颁布实施的《网络食品安全违法行为查处办法》规定:对网络食品交易平台提供者以及通过第三方平台或者自建的网站进行交易的食品生产经营者违反食品安全法律、法规、规章或者食品安全标准行为的查处,都适用本办法。因此,本文所论述网络食品交易平台的法律责任不仅指其作为第三方交易平台的责任,也包含其作为自营平台的责任。

二、我国网络食品安全现状的浮影观察

随着互联网技术的不断进步和我国人民日益增长的消费需求,互联网食品销售平台逐渐兴起且形式不断变化,除了传统的电商平台,如淘宝、京东等,近年来飞速发展的外卖平台更是受到了广大人民群众的喜爱。此外,一些新的销售途径也开始出现,如不少人在微信朋友圈发布食品销售信息,也就是俗称的"微商",微信也成了网络食品销售平台。以外卖市场为例,据统计,2017年中国互联网第三方餐饮外卖市场用户规模为3亿人,环比增长15.4%,销售额达到2 046亿元,环比增长23.1%。据分析,午餐和晚餐是订餐高峰期,其中夜宵时段订餐量增长较快;地域上,一线城市继续领先,三、四线城市潜力巨大①。

网络食品销售平台因其便利、快捷,满足了广大消费者的需求。与此同时,网络食品安全却不容乐观。例如,外卖平台商家无证经营,生产环境恶劣;网购食品产自黑作坊、假冒伪劣;电商平台出售日本福岛核泄漏污染区食品等,此类新闻报道层出不穷。网络食品安全问题令人担忧,主要集中在以下几个方面:网络食品交易平台对入网食品经营者审查把关不严;部分网络食品经营者存在无证经营、冒用或者伪造证件行为;部分经营者食品安全管理水平低,经营条件简陋。根据近年统计,食品安全保障一直是影响消费者选择的最主要因素,网络食品安全问题已直接影响到我国人民的身心健康和互联网的长远发展。

由于网络食品平台的快速发展,我国与网络食品安全相关的法律、规章也经历了一个从无到有的阶段。2015年10月,新修订的《食品安全法》首次将网络食品销售纳入法律监督之中,2016年,国家食品药品监督管理总局颁布《网络食品安全违法行为查处办法》,第二年又颁布实施《网络餐饮服务食品安全监督管理办法》,将网络餐饮服务即外卖平台纳入监管范围。2018年,备受关注的

---

① 中国情报网.2018年中国互联网第三方餐饮外卖市场分析及预测〔EB/OL〕.(2018-03-01)〔2019-05-10〕.http://www.askci.com/news/chanye/20180301/175155118884_4.shtml.

《电子商务法》正式通过，这是我国第一部关于电子商务的立法，进一步明确了电子商务者，平台经营者，消费者，支付、物流等第三方机构各自的权利与义务。这无疑对网络食品平台的规范与责任的划分起到了重要的作用。

三、网络食品交易平台的法定义务梳理

《电子商务法》第二十七条到第四十六条专门规定了电子商务平台经营者的义务以及违反义务将承担的责任。相较于之前的《食品安全法》，新法下，网络食品交易平台的责任将更具体，更严格。

（一）网络食品交易平台的审查义务

根据《电子商务法》第二十七条的规定，网络食品交易平台应当要求申请进入平台销售食品的经营者提交其身份、地址、联系方式、行政许可等真实信息，进行核验、登记，建立登记档案，并定期核验更新。食品交易平台是商品发布的信息平台，对食品经营者有一定的管控能力，要求平台对其进行一定的审查，有利于维护食品安全①。与《食品安全法》相比，网络食品交易平台的入网审查责任并无太大变化，这也是由目前现实所决定的。首先，食品经营者对网络食品交易平台的管控能力受到客观现实的制约。其次，网络食品交易平台目前只能做到对入网经营者进行"形式审查"，要求其提交身份、地址、联系方式、行政许可的信息，赋予平台"实质审查"的权力如今还不可能实现，且信息量太大，将会导致效率低下。但值得一提的是，新法规定了平台建立档案并定期核验更新的制度，扩大了平台的审核义务，一定程度上弥补了"形式审查"所带来的不足。同时，《电子商务法》要求平台对未办理登记的经营者提供"提示"义务，配合市场监管部门，利用电子商务的特点，为其办理登记、许可提供便利。这一做法值得肯定，改变了以往简单、粗暴关停的形式，结合互联网的优势，以疏代堵，有利于规范网络食品管理，提高食品安全水平。

（二）网络食品交易平台的应急处理义务

由于互联网传播速度快的特点，在发生重大安全事故时，互联网平台往往能够在第一时间得到消息，且买卖双方的交易信息也掌握在互联网平台之中，所以，平台应急处理措施尤为重要。震惊全国的"滴滴空姐遇害案"正反映出互联网平台的处理措施可能对一起安全事故的处理起到决定性的作用。正是由于滴滴平台的不作为，缺乏安全保障措施以及事故处理预案直接导致了悲剧的发生。《电子商务法》第三十条规定：发生安全事件时，平台经营者应当立即启

---

① 全国人大常委会法工委行政法室.中华人民共和国食品安全法解读[M].北京：中国法制出版社，2015：159.

动应急预案,采取相应的补救措施,并向有关主管部门报告。在实践中,以外卖平台为例,在发生食品安全问题或者消费者发现订餐与其宣传不一致时,在显然找不到违法食品经营者的情况下,优先选择向网络食品交易平台维护自己的权利。所以,食品交易平台建立应急预案在突发事件时显得尤为重要。

（三）网络食品平台的公平交易义务

《电子商务法》第三十二条到第三十六条特别规定了平台经营者的服务协议和交易规则的制定、更改和实施。服务协议和平台规则如同互联网交易平台的"宪法",以往电商平台凭借其巨大的平台优势,制定霸王条款,不仅侵害了消费者的公平交易权,也使平台内经营者的权利得不到保障。《电子商务法》进一步限制和规范网络平台交易规则的制定和具体的实施,可以从两个方面来看:一是对于普通的食品消费者,要求食品交易平台应当在其首页显著位置持续公示平台服务协议和交易规则信息或者上述信息的链接标识,并保证消费者能够便利、完整地阅览和下载。目前,消费者对于平台协议不够重视,法律意识不强。同时,网络平台也利用这一情况,制订明显不公的条款或者将对自己有利、规避自己义务的条款放在不起眼的位置,最终导致消费者维权困难。此条款的实施有利于改变这一现状,规范网络平台的行为,维护消费者的权益。二是对于平台内的经营者来说,和平台相比,自身往往也是处于劣势地位。《电子商务法》规定平台经营者修改平台服务协议和交易规则,应当在其首页显著位置公开征求意见,采取合理措施确保有关各方能够及时充分表达意见。平台内经营者不接受修改内容,要求退出平台的,电子商务平台经营者不得阻止,并按照修改前的服务协议和交易规则承担相关责任。平台内经营者和网络食品交易第三方平台也应是平等的合作主体,经营者享有参与权与选择权,法条列出了平台的"负面清单",不合理的限制、不合理的条件都在禁止之列。

（四）网络食品交易平台的注明义务

如前文所述,网络食品交易平台的责任不仅包括其作为第三方平台,也包括作为第一方平台(自营)的责任。由于消费者对食品安全重视程度越来越高,其倾向于在更有保障的自营平台消费,如京东自营。但现实中,网络平台为了增加流量,扩大销售量,自营商品与第三方商品标注不明显,故意混淆,误导消费者。《电子商务法》明确规定了网络平台应显著表明区分自营业务和平台内经营者业务,同时对其标记为自营商品的承担民事责任。但未规定消费者因标注不明而选择错误致使利益受损下的网络平台的责任,在实际实施中,可能并不能对平台产生有效的规范作用。此外,商品的评价对于消费者的选择也起到了极其关键的作用,《电子商务法》规定平台建立、健全商品评价体系,不得删除

"差评"，这一规定广受热议，也引来了一致的好评。同时，近年"刷单"①业务兴起，《电子商务法》也对这种行为说"不"，在第十七条规定电子商务经营者不得以虚构交易进行虚假或者引人误解的商业宣传，欺骗、误导消费者。但此项规定只涉及平台的网络经营者，并未明确规定网络平台有这一责任，作为网络销售的管理者和监督者，不免有些遗憾。

（五）网络食品交易平台的报告和制止义务

网络平台作为互联网食品销售的管理方，掌握着第三方经营者的身份、地址、联系方式、行政许可等第一手信息，不仅对其履行审查义务，更重要的是在发现第三方经营者存在生产有毒有害食品或者证照不全等违法违规的情况时，应及时向主管部门报告。无论《食品安全法》还是《网络食品安全违法行为查处办法》都规定网络平台在发现经营者有违法违规等情况时应向主管部门报告，并采取相应的措施，违法行为严重的，应终止服务。《电子商务法》无明文规定平台在发现严重违法情形时终止服务的义务，但规定当消费者权益受到侵害时，平台未采取必要措施，应负连带责任。笔者认为，新法虽无规定在特定情况下平台终止服务的义务，却让平台承担了连带责任，无疑使平台责任更重，偏向保护消费者的权益。同时，也让平台更加注重对第三方经营者的审查与监督，防止网络食品安全事故的发生，更具实际意义。

四、网络食品交易平台的法律责任归集

网络食品交易因其存在虚拟性、隐蔽性、不确定性②导致一旦发生食品安全事故，消费者维权难度较大。虽有网络赔偿制度，但在一些问题不太严重、交易额较小的情况下，消费者反而懒得去维权，往往给个"差评"了之，不但自己的合法权益得不到保障，也使得不良的网络食品经营者得以继续违法销售。此外，由于网络销售遍及各地，很多网络食品维权涉及异地，本地监管执法部门不具有管辖权，且平台经营者数量巨大，也给执法部门带来不小的困难。因此，赋予网络食品交易平台更大的责任变得尤为重要，明确网络食品交易平台在网络销售中的责任，有利于及时发现和消除网络食品安全隐患，维护消费者合法权益，构筑网络食品安全高墙。《电子商务法》在第六章专门规定了电子商务平台的法律责任，相比于新的《食品安全法》与《网络食品安全违法行为查处办法》，更

---

① 刷单是店家付款请人假扮顾客，用以假乱真的购物方式提高网店的排名和销量获取销量及好评吸引顾客的行为。

② 刘根生.确保网络食品安全须坐实第三方平台连带责任[N].深圳特区报，2016－10－24(A02).

加具体和更具有实际操作性,其主要包括民事责任和行政责任,并在最后规定了刑事责任。

（一）网络食品交易平台之民事责任

民事责任通常是指民事主体在民事活动中,因实施民事违法行为,根据民法规定所承担的对其不利的法律后果①。网络食品交易平台(除自营)虽然不是直接销售或者购买的一方,但由于其在网络销售中特殊的地位,绝不能游离于监管之外,反而应赋予更重的责任。

根据《电子商务法》第三十八条规定:网络食品平台经营者知道或者应当知道平台内经营者销售的食品不符合保障人身安全的要求,或者有其他侵害消费者合法权益行为,未采取必要措施的,依法与该平台内经营者承担连带责任。在网络平台明知的情况下,未采取措施,如同刑法中的"放任",也是一种故意的行为,应属于网络平台和违法经营者的共同侵权,规定为连带责任非常准确。同时,也有利于防止网络平台消极不作为,主动维护网络食品安全。对于"应当知道"的理解,笔者认为,和民法概念中的"明知"相比,"应当知道"责任更重。虽然平台内经营者数量众多,商品繁多,但关系消费者人身安全的食品平台应有更严厉的审查措施。在一些明显的假冒伪劣食品,如"粤利粤"饼干或者注明已经表明"高仿",平台就应当知道其为山寨产品并采取下架等必要措施。此外,平台可利用大数据的支持,对一些明显低于正常价格的食品进行审查,凡是通过当下技术手段能够判断食品伪劣的,都应属于食品平台"应当知道"的范围。同时采取"必要措施",笔者认为应达到彻底消除隐患的程度。网络食品平台发现违法销售情况时,不能仅简单地采取下架等手段,还应及时向主管部门报告,利用技术手段防止违法经营者"改头换面"重新销售,并采取必要措施及时追回已销售的食品。

《电子商务法》第三十八条第二款②经过了前后五次审议与修改,从此条款三审和四审稿来看,平台应承担的责任由"连带责任"到"补充责任"再到"相应的责任",可见各方力量的博弈,最终定位"相应的责任"也是妥协的后果。从消费者与网络平台来看,消费者一般处于弱势地位,如果减轻网络平台的责任,则加重了消费者自我保护的责任。平台应当履行的义务而没有履行,本身就是过

---

① 李涛,王新强.协商民主、选举民主与民主政治建设[J].政治学研究,2014(3):73－81.

② 对关系消费者生命健康的商品或者服务,电子商务平台经营者对平台内经营者的资质资格未尽到审核义务,或者对消费者未尽到安全保障义务,造成消费者损害的,依法承担相应的责任。

错,理应承担法律责任,可以说和平台经营者构成共同侵权,全国人大常委会委员徐显明表示改为"补充责任"是一种"开倒车"的行为。令人欣慰的是,在终审稿表决通过时,又修改为"相应的责任",虽然相比"连带责任"有所减轻,但通过适当的解释,也能达到保护消费者权益的效果。因为第二款规定的平台违法行为的性质与过错程度比第一款的行为规定更加严重,直接关系消费者的生命健康。所以,"相应的责任"应不仅包括民事责任,也包括刑事责任与行政责任。"依法"中的"法"不仅包括《电子商务法》,也包括《消费者权益保护法》《侵权责任法》《行政处罚法》《刑法》。因此,《电子商务法》对消费者权益的保护没有缩水,也不应缩水。

《食品安全法》规定当第三方平台未履行登记审查义务或管理报告义务时,要与违法的食品经营者承担连带责任,而《电子商务法》中对平台经营者却并无此规定。笔者认为,《电子商务法》下的平台经营者不限于食品平台,也包括其他类型的销售平台,和食品这一直接关系人民群众身体健康的消费品不同,其他产品无需让平台承担如此重的责任。当然,在网络食品平台中,优先适用《食品安全法》,这体现了立法对食品安全的侧重。《电子商务法》规定了其他形式的连带责任,也就是近期热议的知识产权保护。网络食品平台在知道或者应当知道平台内经营者侵犯知识产权的,应当采取删除、屏蔽、断开链接、终止交易等必要措施,未采取措施的,与侵权者承担连带责任。随着消费者消费水平的不断提高,对食品的需求不再仅限于"好吃",更多地追求"好玩",因此,大量的与人们生活相关的"创意食品"吸引着广大年轻消费者,如淘宝热销的"吃鸡空投零食箱"。但关于食品知识产权保护却往往不受重视,经营者的权利受到侵害难以寻求救济或者救济程序复杂。此次将知识产权保护大量引入《电子商务法》表明国家对知识产权领域的重视,同时规定网络平台与经营者承担连带责任,维护了产权人的权益。

(二)网络食品交易平台之行政责任

《电子商务法》在第六章法律责任中大篇幅地规定了网络平台违反法律、法规产生的行政处罚,也是首次在法律中专门、详细地规定了网络平台的行政责任。若网络食品交易平台违反了上述义务,将由市场监督管理部门责令限期改正,情节严重的责令停业整顿和罚款。相较于《食品安全法》和《网络食品安全违法行为查处办法》,其规定的处罚种类较少,并无吊销执照等措施,网络食品交易平台违法行为应适用特别法的规定。关于行政处罚的主体,根据《电子商务法》规定,市场监督管理部门、工商行政管理部门可以依照《网络交易管理办法》进行处罚,而根据《食品安全法》和《网络食品安全违法行为查处办法》,网络食品交易平台应由县级以上地方食品药品监督管理部门处罚,两个部门都有处罚权,实际上违反了"一事不再罚"的原则。即便在一些整合了工商行政管理部门和食品药品监督管理部门形成市场监督管理局的地区,市场监督管理部门就一个,但在处罚标准上同样存在问题。《电子商务法》规定了五万元至两百万元的罚款,《食品安全法》和《网络食品安全违法行为查处办法》规定了五千元到二十万元的罚款,处罚幅度应以哪个为准? 笔者认为,从实际来看,旧法处罚数额明显过低,不足以震慑违法的网络食品交易平台,达不到惩罚的目的。因此,以《电子商务法》规定的处罚幅度为标准最适宜。

关于网络平台违反《电子商务法》第三十八条规定的行政责任,情节严重的,将责令停业整顿并处五十万元以上两百万元以下的罚款,这是《电子商务法中》最为严厉的处罚。首先,本条规定的是侵害消费者身体健康的网络平台违法行为,不同于一般违法,造成的生命健康损害往往不可逆转,难以补救。同时,食品安全问题牵动着广大消费者的心,也是他们最为关心的问题,处予最严厉的处罚也是理所当然。其次,尽管《电子商务法》第三十八条第二款将平台经营者的连带责任改为"相应的责任",但和违反第一款的处罚相同,并无缩水,可见也是对改变"连带责任"的一种弥补。

五、网络食品交易平台责任的完善与建议

网络食品平台的管理直接关系到整个网络销售市场的有序发展和人民群众的身体健康,是当下互联网发展不可回避的问题。在《电子商务法》即将实施的背景下,如何强化落实网络食品平台的责任,对网络食品安全有着重要的意义。

(一)明确网络食品交易平台的法律定位

新技术的不断出现,新的网络食品销售平台的不断涌现,从淘宝到外卖平台,再到微信朋友圈,渗透到生活的各个方面。明确网络食品交易平台的定位是保证法律法规实施的前提。目前有三种关于第三方平台法律地位的观点:卖方合营说、展柜出租说和居间说①。在具体的个案中,应根据其平台的特点以及运作模式,具体问题具体分析,做到网络平台所承担的责任与其实际法律地位相符合,从而明确其应负的责任。从国家来看,面对不断更新变化的平台形式,应及时出台相应的立法解释、司法解释,以理清网络平台、平台经营者和消费者的关系。同时,加强市场监督管理部门的培训,发布典型指导案例,以此落实法律规定的网络食品交易平台的责任。

---

① 孙剑豪,马平海.网络食品交易第三方平台法律责任探析[N].中国工商报,2018 - 08 - 23(003).

（二）与市场监督管理部门有效联动

无论《电子商务法》还是《食品安全法》《网络食品安全违法行为查处办法》，都规定了网络食品交易平台的审查与报告义务。由于互联网的特性，市场监督管理部门并不能在第一时间得到食品经营者的销售信息，而网络平台掌握了大量资源。同时，平台的审查义务也仅是形式审查，并不能从根本上杜绝违法经营者进入平台。所以，网络食品交易平台与市场监督管理部门信息共享、互联互动是保障网络食品安全的重要手段。监管部门通过在平台派驻人员，不仅可以监督网络平台，还可促进双方数据互联互通，利用实际的执法权阻止无资质、信誉低、服务差的经营者进入销售平台。

（三）合理使用大数据

网络平台掌握着整个销售过程的所有数据，包括消费者的爱好、消费习惯甚至能够判断其收入状况，同时也包含经营者的销售情况。《电子商务法》明确规定平台经营者禁止利用大数据"杀熟"，但如果合理使用大数据，将有利于维护网络食品安全。如网络食品交易平台可以将食品价格与该商品的平均价格比较，一旦发现相差巨大且无合理解释的，可以联同市场监督管理部门对其审查。

（四）发挥外部监督作用

网络食品交易平台是一个以盈利为目的的商业平台，并不是一个公益平台，利益的驱动使其并不能完全杜绝违法行为，需要政府部门的监督。监督管理部门可以通过信息联动机制，检测平台运营动态，及时发现违法违规的行为，防止网络平台滥用权力，不报或者谎报食品安全事故。此外，食品安全问题也是全国人民共同关注的问题，关系每个人的切身利益，也应发挥人民群众的监督作用。建立专门的平台举报通道①让消费者通过日常消费行为监督网络食品平台，一旦发现违法行为，直接向管理部门举报，起到防微杜渐的作用。

六、结语

网络食品交易正处于迅速发展的阶段，如何规范网络食品交易平台，使其既能够保障食品安全，又能够具有足够的发展空间，是一个值得立法者和执法者思考的问题。对于这种新兴的交易形式，既要避免"管得太死"，让网络平台失去活力，也要防止"不作为"让其"野蛮生长"，给消费者身体健康带来损害。随着《电子商务法》的实施，网络食品交易平台的责任将更加明确，相关的立法配套工作也应加快，让法律落到实处是关键。

---

① 李方磊.网络食品安全监管问题探析［D］.西安：陕西科技大学，2014.

保健食品网络营销监管问题研究*

刘筠筠　翟仟仟**

摘　要　保健品网络营销作为商业领域和互联网深度结合发展起来的模式,具有传播的无限性、虚拟性等显著特征。其在方便消费者选购的同时,在监管方面也出现了责任主体难确定、产品质量难保证、虚假宣传仍严重以及微商代购难管理等一系列问题。因此有必要加强各监管部门对保健品网络营销的监管,强化第三方网络平台的主体责任,将最严谨的标准、最严格的监管、最严厉的处罚、最严肃的问责这"四个最严"落到实处,切实保障消费者的合法权益。

关键词　保健食品;网络营销;监管

当前人口老龄化现象严重,人们生活压力大,加之不当使用电子产品导致不正常的生活作息,很多人都处于亚健康状态,人们由此更多地关注健康、养生。保健食品因具有调节机体、增强抵抗力等功能,受到广大消费者的关注,保健品消费人群从老年人逐渐扩大到各个年龄段。随着互联网的普及和物流的发展,更多的人倾向于网络购物,线下消费逐渐转入线上消费。保健食品行业抓住时代潮流也由传统的门店营销转入网络营销。但是由于网络营销较传统营销具有虚拟性、无限性等特点,因此,监管方式也有所不同,并且随着网络营销手段的不断翻新,监管方式也要随之更新。

---

*　本文系食品药品监督管理局项目"保健食品虚假宣传和欺诈法律规制研究"(项目批准号:2017327)的阶段性成果。

**　刘筠筠,北京工商大学法学院教授、北京工商大学食品安全法研究中心主任;翟仟仟,北京工商大学法学院硕士研究生、北京工商大学食品安全法研究中心成员。

一、保健食品网络营销概述

我国对保健食品的定义见于《食品安全国家标准 保健食品》(GB16740—2014)的规定,其指出保健食品是"声称所具有特定保健功能或者以补充维生素、矿物质为目的的食品。即适宜于特定人群食用,具有调节机体功能,不以治疗疾病为目的,并且对人体不产生任何急性、亚急性或慢性危害的食品"。由以上定义可以看出,保健品分为功能型保健食品和营养素补充剂两类,有食品性、主体特定性、特定功能性、无药用性、安全性等特点。目前我国允许保健品声称具有增强免疫力、缓解视疲劳、减肥等 27 种功能,不包括经常听说的活血通络、补脑等功能。

要特别注意的是,保健食品不是药品,不能代替药物治疗疾病。并且,保健食品和普通食品也有区别,普通食品适用人群没有限制,使用一般没有限量;而保健食品只适用特定人群,有使用限量,不能无限制地使用。此外,经国家批准的保健食品都有蓝帽子标志,这是保健食品的专用标志。

网络营销是近年来随着互联网进入商业领域而产生的,它将互联网和人们的社会关系网连接起来,向公众提供服务和信息。简单来说,网络营销是以互联网为平台进行的一切营销活动,具有虚拟性、时间空间无限性、传播效率快、影响范围广等特点。它不同于网络销售,也不等于电子商务,其最主要的功能是信息传递,而不仅仅局限于销售。广告类网站、渠道类平台和互动平台的普及,促进了网络营销的快速发展。一时间,微信朋友圈、博客论坛、淘宝、百度成为营销商品的主要阵地,网络营销方式大受推广。

二、保健食品网络营销的监管现状

我国保健食品行业发展快,但企业规模小,分布零散,加之保健食品本身的定义和疗效模糊不清,保健食品质量良莠不齐,欺诈、虚假宣传现象严重,广大消费者深受其害。为此,2017 年 9 月九部门开展严厉的整治行动,加大抽检、飞行检查频次,并对不合格保健品进行通报、媒体曝光,取得了一定成效。2018 年国家新组建了市场监督管理总局,市场监管局面发生变革,网络领域监管也发生了一些变化。

(一)保健食品网络营销生产经营过程监管

2015 年新《食品安全法》实施后,不仅规定了保健品注册与备案双轨制,从严管理保健品的准入,还将保健品的生产经营纳入食品生产经营许可的管理范畴。经营保健品,须依法取得食品经营许可,如果要在网络平台销售保健品,还必须具有实体店经营资格。具有资格的保健食品生产经营者开展网络销售的,应当在网站和网页上标识法律规定的证明材料。根据《网络食品安全违法行为查处办法》第十八条、第十九条的规定,通过第三方平台进行交易的食品生产经营者或者通过自建网站交易的食品生产经营者应当在其经营活动主页面或者网站首页显著位置公示其食品生产经营许可证、营业执照,除此之外,还应当依法公示产品注册证书或者备案凭证,持有广告审查批准文号的还应当公示广告审查批准文号,并链接至食品药品监督管理部门网站对应的数据查询页面。另外,还应当显著标明"本品不能代替药物"。

(二)保健食品在网络营销中的检验检查

目前监管执法部门对非实体店保健食品经营单位的监管措施主要有以下几个方面。

首先,对非实体店经营单位进行检查,全面了解经营现状。其次,重点检查网络营销中经营单位的资质、经营范围,以及保健品功能声称、标签标识、广告宣传等内容。检查中发现其标签标识、网页宣传存在欺诈、虚假宣传时,依照属地管理原则由相关部门处理,要求该保健食品下线并召回。对不履行管理责任的互联网交易平台转请相关管理部门调查处理。此外,若是涉外网站,转请互联网信息管理部门核实处理。涉及进口产品的,通报出入境检验检疫管理部门调查处理。所有检查和处罚结果,均向社会公开。

关于对保健食品的网络抽样检验,由县级以上食药部门通过网络购买样品进行,按照规定填写抽样单并做好记录。检验结果若不符合食品安全标准的,食药部门要及时将检验结果通知被抽样的入网食品生产经营者。入网食品生产经营者应当采取停止生产经营、封存不合格食品等措施,控制食品安全风险。通过网络食品交易第三方平台购买样品的,同时将检验结果通知网络食品交易第三方平台提供者。网络食品交易第三方平台提供者应当依法制止不合格食品的销售。

若检查中发现保健食品网络营销存在违法行为的,根据《网络食品安全违法行为查处办法》,就网络食品交易第三方平台提供者而言,由网络食品交易第三方平台提供者所在地县级以上地方食品药品监督管理部门管辖。就入网食品生产经营者而言,由入网食品生产经营者所在地或者生产经营场所所在地县级以上地方食品药品监督管理部门管辖;对没有取得许可的,由入网食品生产经营者所在地、实际生产经营地县级以上地方食品药品监督管理部门管辖。因网络食品交易引发食品安全事故或者其他严重危害后果的,也可以由网络食品安全违法行为发生地或者违法行为结果地的县级以上地方食品药品监督管理部门管辖。

（三）保健食品网络营销第三方交易平台的监管

2015 年新修订的《食品安全法》明确了第三方平台的责任，其对第三方平台的监管主要体现在以下几个方面。

第一，网络食品交易第三方平台提供者应当建立入网管理制度，对入网食品经营者进行实名登记，建立入网食品生产经营者档案，记录其相关信息，通过加强对入网食品生产经营者档案和信息等的管理，保持和确认交易信息。设置专门的网络食品安全管理机构或者指定专职食品安全管理人员，对平台上的食品经营行为及信息进行检查，明确其食品安全管理责任。

第二，审查入网食品经营者的许可证。

第三，网络食品交易第三方平台提供者发现入网食品经营者有违法行为的，应当及时制止并立即报告所在地县级人民政府食品药品监督管理部门；发现严重违法行为的，应当立即停止提供网络交易平台服务。

第四，网络食品交易第三方平台提供者应当对平台上信息的真实性、可靠性与安全性负责。网络食品交易第三方平台提供者和入网食品生产经营者应当对网络食品安全信息的真实性负责。网络食品交易第三方平台提供者和通过自建网站交易的食品生产经营者应当具备数据备份、故障恢复等技术条件，保障网络食品交易数据和资料的可靠性与安全性。

第五，记录、保存食品交易信息。网络食品交易第三方平台提供者和通过自建网站交易食品的生产经营者应当记录、保存食品交易信息，保存时间不得少于产品保质期满后 6 个月；没有明确保质期的，保存时间不得少于 2 年。

第六，保护消费者权益。按照法律要求，食品生产者是第一责任人，但网络消费者不知道生产经营主体，这个首责应该是网络第三方平台提供者承担。消费者通过网络食品交易第三方平台购买保健品合法权益受到损害的，可以向入网的食品经营者或者食品生产者要求赔偿。如果第三方交易平台的提供者不能提供生产经营者具体信息的，由其赔偿。网络食品交易第三方平台赔偿后，有权向入网食品经营者或者生产者追偿。网络食品第三方交易平台提供者如果做出了更有利于消费者承诺的，应当履行承诺。

三、保健品网络营销监管中存在的问题

（一）责任主体难确定，调查取证难实施

虽然法律明确了入网食品经营者进行实名登记和查处违法行为的管辖，但由于网络虚拟性特点，对网络另一端的主体和涉案保健食品的追查仍有困难。比如，责任主体盗用他人身份入网经营保健食品，使监管部门因不能确定责任主体而无法对其处罚。或者责任主体对涉案保健品进行藏匿或更改，监管部门

对其收缴或罚款时,根本罚不到责任主体的痛点。另外,企业带动经济发展,增加地方财政收入,地方政府面对企业的违法行为,若无引起特别大的社会反响,可能出现放任企业违法经营的现象。

(二)网络营销的保健食品质量堪忧

网络上的保健食品种类繁多,厂家标准难以确定,其生产的质量更难以判断,甚至有些保健食品是个人自制的,打着传统工艺独家秘方的旗号。网络营销保健食品生产过程难以做到对线下企业那样的监管。同时保健食品制假、售假现象严重,很多网络店家甚至旗舰店的保健食品都无法确定货源,难辨真假。此外,保健食品中非法添加问题严重,轻则该保健食品无任何功效,消费者只是损失钱财,重则损害消费者的身体健康。

(三)虚假宣传现象仍然严重

保健食品定义具有模糊性,而且大部分消费者并不了解保健食品允许的功能声称范围,一些不良商家通过打擦边球用易产生歧义的字眼宣传保健食品,广告审查部门若不具有专业知识也难鉴定出来,更何况消费者。如最近备受关注的鸿茅药酒的宣传,其夸大宣传但仍畅销,至今很多消费者不清楚鸿茅药酒到底是属于保健食品还是药品。

(四)微信、网络代购等网络营销手段的法律规制监管空白

打击保健品虚假宣传现象不能放过一个死角。商家通过微信朋友圈营销保健品,因朋友圈在一定程度上具有个人性、封闭性的特点,甚至可能涉及个人隐私,除非收到举报和曝光,一般监管部门难以发现和进入。目前微信的法律性质还未明晰,是否将其视为淘宝类的第三方平台还有争议。微信朋友圈发布主体也有所不同,有的是专门做微商,有的是暂时性兼职销售保健食品,还有的主体只是进行宣传,并不进行生产销售。对多类主体的资质要求、监管方式还有待创新。

另外还有网络代购问题,其代购的往往是外国保健食品,这一行为涉及多个法律问题。不仅涉及《食品安全法》,还涉及进口保健食品的管理、税法等内容。我国规定进口的保健食品应当是出口国(地区)主管部门准许上市销售的产品,使用保健食品原料目录以外原料的保健食品和首次进口的保健食品应当经国务院食品药品监督管理部门注册和备案。

四、保健食品欺诈和虚假宣传整治重点

(一)整治未经许可生产经营、生产未经注册或备案的保健食品行为

如今保健食品非法生产经营行为事态严峻,除了要整治常见的未获生产许可证的生产经营行为外,必须重点整治伪造生产许可证,出售伪造的许可证,明

知或应知是伪造的生产许可证而购买用于出售或用于生产；将有效生产许可证转让给无生产许可证资质的生产经营者，将有效生产许可证出借给无生产许可证资质的生产经营者，持有效的许可证同时生产合格保健品与不合格保健品，使之混淆出售，回避查处的行为。

（二）整治保健食品标签虚假标识声称行为

保健食品商标虚假标识行为严重，必须重点治理。即包括保健食品标签、外观包装图案与文字、使用说明书、宣传广告与注册或备案的内容相差甚远，将保健功能肆意夸大到疾病预防、治疗功能，未标明使用人群与不使用人群，而扩大至适用所有年龄阶段人群，未标注"本品不能代替药物"。保健食品的功能和成分应当与标签、说明书一致。禁止模仿知名保健食品外观形状、气味、口味进行虚假宣传，虚夸保健功能与效果。

（三）整治利用网络和第三方平台违法营销宣传、欺诈销售保健食品行为

违法营销宣传，欺诈销售保健食品行为包括以下方面。网络和第三方平台经营者依法取得有效经营许可证，但经营范围与许可证经营范围不相一致，或同时经营合格保健品与不合格保健品的行为。未依法取得经营许可证或依法取得有效许可证已经过期，未在合理期限延续的行为。在网络和第三方平台明示或暗示有保健功能，延长寿命功能，预防疾病、治病功能。网络食品交易第三方平台未落实管理责任行为，第三方平台提供者未建立入网食品生产经营者审查登记、食品安全自查、食品安全违法行为制止及报告、严重违法行为平台服务停止、食品安全投诉举报处理等制度，对入网食品经营者的资质未审查、相关信息未登记更新，未设置专门的网络食品安全管理机构或者指定专职食品安全管理人员，未对平台上的食品经营行为及信息进行检查①。

（四）治理未经审查发布保健食品广告以及发布虚假违法食品、保健食品广告行为

未经审核发布广告主要包括以下行为：①保健食品生产者、经营者、广告者流于形式，未经严格全面审查发布保健食品虚假广告；②生产者、经营者、广告者发布虚假保健食品广告；③生产者、经营者、广告者发布篡改后与批准宣传保健食品有巨大差距的广告；④生产者、经营者、广告者盗用当下最热门保健品广告推广其保健品。

（五）治理其他涉及保健食品欺诈和虚假宣传等违法违规行为

（1）违法违规代理宣传保健食品，即代理一方或双方无代理权、代理双方无

---

① 国家食品药品监督管理总局. 食药监总局关于印发保健食品欺诈和虚假宣传整治工作实施方案的通知［EB/OL］（2017－11－13）［2018－12－20］. http://www.sda.gov.cn/WS01/CL1605/216755.html.

代理协议或未明示代理协议中宣传保健食品范围与责任,被代理保健品不在有效期内,被代理产品没有成功注册为保健品,代理方未能按相关法律法规代理保健品宣传。

(2)经营单位未落实索证索票有关要求,保健食品经营者在采购原料、运输、存储过程中,未索取原料提供者和企业产品生产者的生产许可证明文件,出厂企业不提供产品出厂检验合格报告说明证书,未建立产品购进、运输、存储、保存、销售、售后台账和票据等问题。

五、保健食品欺诈和虚假宣传整治措施

为了整治保健食品的欺诈与虚假宣传工作,必须全面落实习近平总书记对食品安全监管的"四个最严"要求,最严谨的标准、最严格的监管、最严厉的处罚、最严肃的问责。从民事、行政到刑事处罚与责任的链接,形成一个完整整治措施。

(一)落实最严谨的标准

保健食品原料采购、生产过程、销售、售后服务都要严格按照标准进行,禁止有丝毫弄虚作假行为。保健食品说明书必须与其功能描述相一致,保健食品的实际功能和作用必须具有准确的科学依据,禁止肆意夸大其保健功能与作用,严禁涉及疾病预防、治疗功能。保健食品广告宣传工作,包括电视广告、广播音频、电话会议等必须真实可靠,禁止偏离保健食品标签和说明书内容的行为。

(二)落实最严格的监管

1. 企业监管

企业负责人要加强对保健食品的生产全过程监管,从企业生产设备选取、工作人员选拔、人员岗前培训、生产过程的分工、包装出厂,到原材料采购、运输、储藏都必须严格监管。企业管理人要加强对保健食品宣传工作全程监管,包括广告方资质、能力、诚信、市场认可度,宣传的形式、内容、效果、影响等。企业负责人还要加强保健食品的售前、售中和售后服务的监管工作。

2. 地方监管

各级工商行政部门要加强对广告市场的监管,一方面,广告商的资格申请、材料审核、资质标准必须严格监管,另一方面,广告栏位置选定、广告版面大小、广告时间段、广告的内容与形式等也要监管。广电部门要加强对广告播出单位的监管,即播出单位必须有合格的资质。其他相关部门依职责加强监管。

3. 国家监管

食品药品监管部门要加强保健食品生产过程的检查监督,加强对市场销售

保健食品的抽样检验，公开不合格保健食品处置结果，公开对生产过程的检查结果，并根据情况采取必要措施控制风险，对发现市场混乱、治理措施不力的相关地方政府和主管部门进行通报和曝光①。通过实地考察、电话调查、突击检查的方式进行检查整改、抽样调查、摸底排查，对不符合生产许可要求的保健食品须进行整改，情节严重的，应强制取缔。

（三）落实最严厉的处罚

对违反相关保健食品欺诈和虚假宣传规定的，落实民事处罚惩罚性的赔偿制度，所有民事处罚都要落实到个人，禁止推诿扯皮。对未取得许可证从事欺诈和虚假宣传经营活动的，实行消费者赔偿首负责制，并强化民事连带责任，保护消费者权益。在实施过程中，落实行政法律责任的追究，增加行政拘留的处罚。生产经营者、监管人员、检验人员等主体有违法行为，构成犯罪的，应依法追究刑事责任。

（四）落实最严肃的问责

地方各级人民政府、各有关部门在保健食品欺诈和虚假宣传问题上未尽到应有责任的，必须严肃追责，严厉查处。为违法案件做掩护、协助违法分子工作、给违法分子通风报信、私放违法犯罪分子等行为，追究具体个人责任。落实调查监管责任，提高工作人员的工作能力与素质，严格规范工作人员岗前培训、持证上岗，随时抽查监督制度。落实管理责任范围，从政府、总局、分局、单位、部门，到个人都要明确责任与分工，做到违法必究。

---

① 国家食品药品监督管理总局. 严格落实"四个最严"要求重拳整治食品、保健食品欺诈和虚假宣传[EB/OL].(2017 - 09 - 26)[2018 - 12 - 10]. http://www.sda.gov.cn/WS01/CL1974/177963.html.

网络餐饮服务与食品安全保障

王玉楼 *

摘　要　互联网订餐已成为都市许多人的饮食生活之首选,"互联网＋餐饮服务业"迅速发展,业绩突出。作为大众消费者,关注商品质量和服务质量是本能,也是维护自身的合法权益。在食品安全领域,国家行政机关应当积极、主动地发挥监督管理职能,促进"互联网＋餐饮服务业"健康成长,保证食品安全,保障公众身体健康和生命安全。大众消费者也需要培养适当的判断力,主动提升自己的生活品质,实现健全的饮食生活,进而促进国民的身心健康,共同实现食品安全的社会治理。

关键词　网络安全;网络餐饮服务;第三方平台;餐饮服务提供者;食物营养结构

互联网已经成为一种生活方式。对许多人来说,他们的衣食住行与互联网已经无法分离。这是社会的进步,也是人类智慧的充分展现。然而,许多基本问题之本质没变。食品插上互联网的翅膀,依然是食品,通过网络技术获得服务,依然是对人的服务,不过,由于网络的虚拟性、脱域性等特征使得这种新的服务形式具有更多复杂性,我们需用心对待,认真探究。本文虽然以网络餐饮服务为切入点,探析的却是老话题:食品安全。民以食为天,国以民为本。互联网时代的食品安全保障应当是国家与社会共同担当的问题。

2017 年网络安全生态峰会主题是"新安全,共担当",网络安全不仅是关注重点而且还被赋予了新内容。会上,蚂蚁金服的 CEO 并贤栋说:在安全领域,

---

* 　王玉楼,西北政法大学行政法学院副教授。

没有对手只有队友①。然而，在不安全领域，对手还是队友吗？2018 年网络安全生态峰会主题为"共建安全防线 共治安全环境 共享安全生态"。科学技术日新月异，网络安全与风险防范已成为我们关注的重点，网络餐饮服务与食品安全也是如此。

互联网的安全是一个多层安全叠加的综合体，互联网原本就是对现实社会的映射，因此，对现实生活的渗透、融合是事态发展的必然趋势，安全保障范围自然应当从线上延伸到线下。基于此，必须全社会总动员，各行业全投入，线上线下，群防群治。因为说到底，网络空间实质上还是一种公民、法人或其他组织等主体之间的社会关系。

一、网络餐饮服务与现实餐饮体验

饮食安全是个人的一项重要权利。在自给自足的年代里，尽管当时人们对自然的认识有限，但人们的饮食风险并不是很大。毕竟，农耕时代大自然的馈赠基本还属于原生态，何况，他们还拥有几代甚至几十代人生活经验的积累。进入现代工业社会后，食品供应日渐增多，食品交易逐渐扩大，新技术开发及生产经营者利益至上等因素使得食品环境发生了重大变化，威胁食品安全的因素日益增多，风险也随之增大。依据我们的传统经验，饮食问题应当是靠自己去料理完成的。进入现代社会，解决衣食问题虽然不一定需要自己亲自从源头做起，但是很多事情还必须亲力亲为。因为我们的生活大多数情况下与实体密切相关的，我们生活在一个看得见的现实社会中，各种社会关系基本稳定。如今快速发展的互联网经济使我们绝大多数人的生活方式发生了变化，而且许多人与互联网已经形成了无法切割的联系，如网络餐饮已成为白领和大学生的生活新常态，与此同时，一种新的产业——网络餐饮服务业异军突起，成为一道令人关注的风景。

网络餐饮业是通过网络餐饮服务第三方平台以及通过第三方平台和自建网站提供餐饮服务的服务提供者（以下简称入网餐饮服务提供者），通过互联网为大众提供餐饮服务的产业。在这种商业模式下，人们不再选择亲自去饭店用餐，一边排队交钱，一边等待饭菜上桌，也不用知道饭店在哪里，饭店电话是多少，而是通过敲击电脑键盘或点击手机屏即可完成一份外卖订餐，这种网络餐饮不但改变了思维习惯，而且正在改变着一大部分人的生活方式，从而进一步带动部分餐饮服务业在运营方式上走向一个新局面。

---

① 嘶吼网.2017 网络安全生态峰会（Day1）：新安全，共担当[EB/OL].（2017－07－26）[2019－03－20]. http://4hou.com/info/news.6848.html.

2018 年 1 月,美团点评研究院发布的《2017 中国外卖发展研究报告》(以下简称《报告》)显示,中国在线外卖市场规模预计已达到 2 046 亿元,年增长率约为 23%,在线订餐用户规模接近 3 亿人。从某种程度上说,互联网外卖已经成为带动餐饮收入增长的主要业态之一[①]。从《报告》显示的用户选择来看,餐饮品类已由单一品种向全品类扩展,用户的消费时段也已全天候覆盖,《报告》言称,此举解决了约 1 600 万老人用餐问题,帮助约 500 万孩子在家长忙于工作时吃上了饭菜。作为本行业的一种自我评价,该结论似乎预示着该领域前景明朗,其客观性还是存在的,也为本行业的发展提供了发展信心。事实上,我们确实也无法否认,这种状况已经对我们个人以及社会的发展起到了多方面的影响。

如前所言,互联网其实是现实的一个影像。正如现实社会从来不平静一样,虚拟空间也并不平静,电商经营者竞争激烈,各订餐平台群雄逐鹿,喧嚣厮杀,格局变幻不断,鏖战的结果为优胜劣汰,但也有可能是双赢。近日,阿里巴巴联合蚂蚁金服以 95 亿美元对饿了么完成了全资收购。此后,阿里巴巴将以餐饮作为本地生活服务的切入点,以饿了么作为本地生活服务最高频应用之一的外卖服务,结合口碑以数据技术赋能线下餐饮商家的到店服务,产生化学反应,形成对本地生活服务领域的全新拓展。事实上,互联网上巨头们收购频繁,而且业务越来越综合,中国在线餐饮外卖市场则成为众多电商关注的对象,如今在线餐饮外卖市场的规模不断扩展,互联网商家绞尽脑汁,寻找商机,在供给、需求、配送三端全方位出击,寻找发展空间。2018 年在线外卖用户人数达到 3.55 亿人[②]。但无论如何,其中一个客观事实是无法更改的,那就是:网络餐饮服务与实体餐饮服务业对食品的要求一样,即食品务必安全。

食品安全问题关系国计民生。国家在食品的生产、制造、销售、消费等各环节上,无论线上线下,都应当积极主动监督管理,制定相应的规则、办法,发挥其固有优势,努力降低食品安全风险。

二、网络餐饮服务的食品安全与风险

(一)线下食品安全事件从未停止

食品是一种特殊商品,它经人口摄入体内,直接影响人身体健康。一旦发

---

① 美团点评研究院.2017 中国外卖发展研究报告[R].电子商务研究中心,2018-01-10.

② 腾讯科技.一文读懂阿里收购饿了么:饿了么和美团外卖决战之日到了[EB/OL].(2018-04-02)[2019-02-20].https://tech.qq.com/a/20180402/015481.htm.

生食品安全事故，危害面积大，影响也深远。影响深远的世界八大环境公害事件①中有三件都与人们的饮食有关。其中米糠油事件涉及的问题较多，引发人们对食品安全监管的深刻反思，对食品生产环节的关注。该事件发生于1968年，日本九州、四国一带一家粮食加工公司食用油工厂生产米糠油时用多氯联苯作脱臭工艺中的热载体，传热管由于高温而发生龟裂，多氯联苯混入米糠油中，食用的人因此中毒②。这次事件后，日本除了企业一方的责任认定外，更加强化了国家在食品安全方面的积极作用。在立法政策上，将国家根据《宪法》规定，负有"确保国民的生命、健康安全的职责"具体化，制定了《食品卫生法》。该法随着社会的发展，不断地被修改，相应的配套制度也不断形成，至2003年日本《食品安全基本法》制定，标志着日本在食品方面的观念转换：从注重食品的卫生过渡到注重食品的安全阶段，开始从整个食品供应的流程采取措施确保食品的安全。这部法律确立了"保护国民健康至关重要""从农场到餐桌全过程确保食品安全""将给国民健康的不良影响防止于未然"的三大基本理念，奠定了食品安全法时期的法治基石。

我国于1995年10月公布并实施《食品卫生法》，2009年6月1日实施《食品安全法》，为保障民生，加大了对食品的监督管理力度，在质量标准和安全准入制度方面也做了相应的配套制度设置。2015年10月《食品安全法》修订后，网购食品也被纳入监管。被称为史上最严的食品安全监管体系已经建立了起来。但时代变化太快，虽从田地到餐桌的环节有减有增，过程中不确定因素可控可防，但风险并非全无，食品安全问题不容忽视。有些经营者是无知，但更多经营者是为追求利益最大化，导致生活中食品安全事故多有发生。十几年前的"口水油"沸腾鱼事件③，瘦肉精中毒事件，致癌多宝鱼事件，毒豆芽事件，啤酒甲醛风波，金华敌敌畏火腿事件，四川彭州毒泡菜事件等虽然离我们有了些距离，但类似事件还时不时以其他新的方式冒出来，现如今连销售的面条都被加入了甲醛。可见我们的食品安全环境并不是很乐观。

---

① 世界八大环境公害事件：(1)1930年12月比利时马斯河谷事件；(2)1948年10月美国宾夕法尼亚州多诺拉事件；(3)20世纪40年代初期洛杉矶化学烟雾事件；(4)1952年12月伦敦烟雾事件；(5)1961年日本四日市哮喘事件；(6)1968年3月日本米糠油事件；(7)1953—1956年日本熊本县水俣病事件；(8)1955—1972年日本富山县骨痛病事件。

② 王贵松. 日本食品安全法研究[M]. 北京：中国民主法制出版社，2009：191.

③ 2006年8月，媒体曝光了南京某餐厅将掺有客人口水、剩菜、纸巾甚至烟头的油，简单过滤后再给人吃的"口水油"沸腾鱼事件。据报道，这样重复用油可以为饭店一个月节省数万元的成本。这种油对身体的损害是慢性的，长期食用可能降低肠胃功能、伤害肝脏、促进衰老，甚至引发心血管方面的疾病。

（二）线上网络餐饮风险更增

互联网＋餐饮服务业是借助互联网平台的优势,将现实中的快餐资源整合起来,以一种新的商业模式,服务于大众。这种模式虚实跨越,经营主体和经营环节增加,法律关系较传统餐饮业更加复杂,优势明显,问题也明显,生活方便的同时,代价无形中也在增多。据报道,有女一日三餐都叫外卖,吃了一年,抽出的血浮起一层白油①。此例固然属于个案,而且也与其自身的饮食习惯有关,但也能证明,餐饮与人的生活健康相关,食品属于人们选择的维持生命延续的方法和手段,监控不严或标准过低会对人的身体健康构成隐患。网络餐饮因环节增加,不仅在食材方面,在其他如包装及配送工具上也存在隐患。如商贩们为销售其产品,以干净卫生为名,给饭菜套袋,虽一时成为时尚,但也让廉价塑料充斥于餐饮行业。网络餐饮配送同样少不了包装,各种方便的餐具器皿、保鲜工具陆续登场,看似干净实则暗含杀机。2005年10月13日,上海《第一财经日报》报道称,在全球禁用的日韩 PVC 食品保鲜膜大举进入中国市场,广泛运用于超市生鲜产品如蔬菜、水果及熟食包装中②。PVC 保鲜膜中所含的 DEHA 增塑剂与油脂含量高或温度高的食物接触,非常容易析出,并随着食物进入人体,对人体产生致癌危害。随后国家禁止企业生产 PVC 食品保鲜膜时使用 DEHA,但这是否能阻止一些人为了利益铤而走险呢？至少保鲜膜不环保是事实。另据美国加利福尼亚旧金山分校的研究发现,在外用餐或吃外卖可能导致比吃自己烹调的食物多摄入 35% 邻苯二甲酸盐(俗称增塑剂的有害物质)。这种广泛用于增加塑料制品韧性的化学品可在人体内发挥类似雌激素的作用,干扰内分泌,造成男性生殖障碍,增加女性患乳腺癌的风险。所以,无论是食品本身,还是在食品的配送、运转过程中都有可能存在风险,减少污染应当从源头开始。

（三）网络信息的真实性不一定能够保证,真实的信息也可能被非法利用

互联网的优势是信息巨量且传输速度极快,而大量的需要处理的信息已经超过了一般电子设备在处理数据时所能使用的内存量,于是,工程师们改进了处理数据的工具,也提升了处理海量数据的技术,采用了新的思维方式。即大量有价值的数据不再用传统的数据库表格来整齐地排列,而是通过一些可以消

---

① 钱江晚报.温州姑娘吃了一年外卖 抽出的血浮起一层白油[EB/OL].(2018－01－19)[2019－03－25].https://finance.sina.com.cn/consume/2018－01－19/doc-ifyqtycw9936407.shtml.

② 李援.《中华人民共和国食品安全法》解读与适用[M].北京：人民出版社,2009：277－278.

除僵化的层次结构和一致性的非关系型数据库来展现。一方面,人们已发现,数据本身就是意义,大数据时代真正的革命并不在于分析数据的机器,而在于数据本身和我们如何运用数据①。信息拥有者可以通过数据,分析出一个人的兴趣偏好,进而向其推送更多的与其偏好相近的商品。另一方面,网络提供的信息也可能因为虚假、不真实而误导大众的选择,更有甚者还有人利用公共平台发布虚假信息,引诱需求者进入他们精心布下的阴暗棋局中,造成消费者的财产损失甚至人身损害②。还有可能由于真实信息被泄漏,给相关人员造成更大的损害。可见,网络风险不低于实体风险,对网络餐饮业来说,信息的真实性对于食品安全的保证更为重要,同时也是权利保障的大前提。

三、网络餐饮的食品安全与风险规避方法

食品安全是健康饮食的根本保障。健康的饮食应该是由合理的食物结构、适当的健康素养、安全的食品等要素构成的,而若要获得健康的身体,还应当配以适当的运动才能达到理想的效果。当然,提供健康饮食的市场环境应当是一个法律制度健全、健康安全、有生机的食品供给市场。网络餐饮需要线上线下密切配合。网络是现实的映像,线上线下原本就是一个虚实联合体。网络市场环境同样存在一个重要的推手,即亚当·斯密所称的"无形的手"。虽然在正常情况下,这一动力可以是人类发展的原始动力,以自身的魅力疏导市场运行中出现的问题,但在特殊情况下这种动力却无法自治,只有通过政府规制来预防风险或解决危机。市场的秘密实际上在于这两种力量的有机结合。

2017年9月5日,国家食品药品监督管理总局审议通过《网络餐饮服务食品安全监督管理办法》,并于2018年1月1日起施行。这反映出我国食品药品监管部门对于治理网络食品安全事件的态度与决心,更体现出国家对网络餐饮服务业的关注。通过开展网络餐饮服务食品安全监测活动,规范网络餐饮服务行为,对于规范网络餐饮服务业的经营活动能够起到及时的规范作用,同时也强化了网络时代人们的食品安全意识,更利于形成食品安全网络治理新模式。2019年1月1日实施的《电子商务法》则对电子商务活动进行了统一规范,规定国家平等对待线上线下商务活动,促进线上线下融合发展,政府和有关部门不得采取歧视性的政策措施,不得滥用行政权力排除、限制竞争。所以,网络餐饮

---

① 维克托·迈尔-舍恩伯格,肯尼思·库克耶. 大数据时代：生活、工作与思维的大变革[M]. 盛杨燕,周涛,译. 杭州：浙江人民出版社,2013：10.

② 参考消息网."魏则西事件"引发社会关注,官方调查百度和涉事医院[EB/OL]. (2016-05-04)[2019-03-23]. http://news.ifeng.com/a/20160504/48674476_0.shtml.

方面的治理模式应当是在强调发挥国家公权力的作用的同时,广泛吸收社会多元力量参与,从多方面入手,保证网络餐饮食品安全,使规则与操作衔接,线上线下食品质量保持一致。

(一)严格规范准入制度,强化积极行政

营业许可准入制度是国家对公民、法人或其他组织从事某些特定活动时所进行的必要限制,只有当相对人具备了法律规定的从事某种活动的能力和条件时,才可以赋予他们从事该种活动的权利。同时,他们的所有经营活动都要接受国家权力机关以及全社会的监督。这是发挥个人和社会组织的积极性、主动性,维护公共利益,保障社会有序,促进经济协调发展的重要手段。网络餐饮服务业的营业许可准入制度规范的主体包括入网餐饮服务提供者和网络餐饮服务第三方平台提供者。我国《食品安全法》《网络餐饮服务食品安全监督管理办法》以及《互联网信息服务管理办法》(2000年)分别对此做了明确规定,对于网络餐饮服务的特殊性,要求入网餐饮服务提供者应当具有实体经营门店,并按照食品经营许可证载明的主体业态、经营项目从事经营活动,不得超范围经营。但是由于网络信息存在不对称等特点,入网餐饮服务提供者无证(店)经营或以假证、套证经营都可能成为既存事实,所以,网络餐饮服务第三方平台提供者负有审查、登记入网餐饮服务提供者的相关信息,并保证信息真实的义务,同时,发现食品安全违法要及时制止及报告,发现严重违法行为,平台要立即停止服务。国家食品药品监督管理部门也要履行监管职责,对违法行为及时依法查处,否则,就构成行政不作为违法。这种积极行政的监督方式有利于保障食品安全。

(二)明确责任,严厉打击网络食品安全违法行为

我国《网络餐饮服务食品安全监督管理办法》规定:网络餐饮服务第三方平台提供者应当建立并执行入网餐饮服务提供者审查登记、食品安全违法行为制止及报告、严重违法行为平台服务停止、食品安全事故处置等制度,并在网络平台上公开相关制度。此外,还应审查登记入网餐饮服务提供者的资质、名称等信息并公示于网络,并保证信息真实;配备专职人员,对其培训考核,如实记录网络订餐订单信息,对入网餐饮服务提供者的经营行为进行抽查和监测等。入网商家则应当保证提供安全食品,网络销售的食品应当与实体店销售的餐饮食品质量保持一致,应当使用无毒、清洁的食品容器、餐具等,确保送餐过程食品不受污染等。一旦违反,则应当受到惩罚。惩戒制度是一种有效的管理方式,只有严格遵守才能起到应有的效果,否则,形同虚设,不仅起不到效果,还会影响规则执行者的权威。而且网络餐饮服务违法行为惩罚的力度应当严于实体店的同类惩罚力度,因为在享受销售便利的同时,附加一定的成本和代价从总

体上也符合风险控制的一般原理,只有这样才能更好地保护经营环境。

（三）建立信用档案，促进优胜劣汰

建立网络信用档案能够让优者胜出,劣者出局,促进网络餐饮服务业健康发展。网络餐饮服务是多环节联成一体的成套服务,是由多环节共同打造的一个整体产品,人们对该产品的整体信任也是由多个分体的信任共同构成的。换句话说,只有各主体之间精诚合作才能铸就最终的辉煌。

第一,经营主体应当提供真实、可靠的食品信息(图或文),不得夸大或提供虚假信息。与食品相关的信息公开、透明,有利于建立相互信任,正如传说中的神农氏的透明肚皮一样[①],正是因为具有肚皮透明这一特殊功能,才可以增加他继续尝试百草,了解食物特性的信心,也才能及时发现问题,解决问题。

第二,收集并重视反馈回来的信息。所有的风险评估、风险管理都是在客观、充分、准确的信息基础上进行的,网络餐饮属于大众服务,大众意见是其能否获得支持的唯一砝码。商家需要知道顾客对其产品的反馈信息,了解顾客更多的爱好与需求,大众需要了解商家真实的商品信息,以便做出适当的选择。所以,网络评价,作为一个信息指标,直接与商家的信用挂钩。一旦失去信用,自然被淘汰出局。

第三,对行政调查信息的限制。食品安全行政机关对食品依法具有监督管理职责,收集信息的目的是为了建立食品生产经营者食品安全信用档案,而依照法律规定,行政检查、调查中所收集的信息记录要依法向社会公布并实时更新;对有不良信用记录的食品生产经营者要增加监督检查频次,对违法行为情节严重的食品生产经营者,可以通报投资主管部门、证券监督管理机构和有关金融机构(《食品安全法》第113条)。但应当明确一点,行政调查信息不得用于证明犯罪事实。换言之,行政检查、调查所收集的信息是为了行政目的,实现公益,而食品生产经营者为了公共利益也有配合检查、调查的义务和社会责任。但行政调查与犯罪搜查具有完全不同的性质,所以,为保障市场秩序以及经营者的合法权益,行政权限需要有一定的限制,以防行政权限的滥用。

第四,加强并提升食品流通过程中各服务主体的道德素养。事实表明,如果没有道德维系,社会就会进入一个互害的状态,为谋求利益,一些人不择手段,忽略社会因素的循环,最终自食其果。诚实守信、合法经营、尊重生命,这是保证经济社会有序性的重要的人文基础,也是消解人与人之间互害的重要方式。只有将这种人文素养固化到每个人的内心深处,食品安全才能有所保障。

---

① 传说神农氏尝百草试百毒,教会人们认识可食植物,种植五谷。他生来就有一个透明的"水晶肚",能够看见吃进肚子里的东西。最终因误食断肠草而死。

这是社会发展必须具备的社会资本。因为具体的社会关系是由价值观塑造的，人与人之间的相互信任会促进人们提升互相联系的能力，进而形成一种巨大力量，创造出更多的价值与财富。社会信任破裂则会导致发展缓慢，危机不断。但是以社会信任为主要内容的社会资本的积累要求人们习惯于群体的道德规范，并具有忠诚、诚实和可靠等美德。而且，信任未在成员之间普及之前群体必须完整接受共同的规范。换言之，社会资本不能仅靠个人的遵守来获得，它须建立在普遍的社会德行而非个人的美德的基础之上①。

《电子商务法》明确规定：电子商务经营者从事经营活动，应当遵循自愿、平等、公平、诚信的原则，遵守法律和商业道德，公平参与市场竞争，履行消费者权益保护、环境保护、知识产权保护、网络安全和个人信息保护等方面的义务，承担产品和服务质量责任，接受政府和社会的监督。2018年10月10日，十家企业在北京签署了《电子商务诚信公约》，承诺"货真价实、童叟无欺、客观公正、保护数据、奖励有效、开放共享、守信履约"，倡议商家牢记规则意识，共建诚实有信、和谐有序的网络信用环境。当天签约者众②。

（四）培养公民健康的食品安全素养

人类不是生来就知道如何选择一种营养饮食的，我们之所以在进化中能生存下来，是因为有恰好供我们狩猎或采集的营养食物。当食物匮乏时，人们没有过于奢侈的选择，但当食物过剩时，我们吃什么，选择权可能并不属于我们，各种营销大战令人眼花缭乱。对于缺乏正确的饮食观念、对食物有过多不切实际欲求的人来讲，只为满足欲望或者不能自主判断，免不了受控于人。至于究竟是消费者需求推动了食品销售，还是行业造成了这种需求暂且不论，但培养我们关于饮食的适当的判断力，实现健全的饮食生活，的确是一个重要问题。食品安全与否终究是一个判断问题，需要具备充分的科学知识储备，食品安全的风险分析基础正是科学，但是，科学本身又依赖于人们对自然的认识深度。人类站在食物链的高端，可以将许多物种纳入腹中，但在一个健康理性的社会里，人的饮食结构应当是合理的，而不是任性的。我们需要对自然建立信仰，同样也需要建立对科学的信仰。德国学者乌尔里希·贝克在其《风险社会》一书中曾告诫人们，没有社会理性的科学理性是空洞的，但没有科学理性的社会理性是盲目的。食品的选择既要遵从科学理性，也不能失去社会理性。

事实上，在大多数国家，现在真正严重的问题并不是饥荒，而是饮食过量，

---

① 福山.信任[M].彭志华,译.海口：海南出版社,2001：31.

② 新华网.阿里京东等10家企业签署《电子商务诚信公约》[EB/OL].(2018－10－10)[2019－05－24]. http://www.xinhuanet.com/fortune/2018－10/10/c_129968747.htm.

科学家预计到 2030 年,人类将有半数人身体超重。2010 年,饥饿和营养不良合计夺走了约 100 万人的生命,但肥胖却让 300 万人丧生。在远古时代,人类暴力导致的死亡人数占死亡总数的 15%,而在 20 世纪,这一比例降低至 5%,到了 21 世纪更是只占全球死亡总数的约 1%。2012 年,全球约有 5600 万人死亡,其中 62 万人死于人类暴力。相比之下,死于糖尿病的竟有 150 万人。所以说,糖可比火药更致命①。所以,我们必须构建起适合自己的合理的营养均衡的饮食结构,理性安排自己的生活,国家不仅有责任为国民提供健康安全的食品,也有责任为国民提供合理的膳食建议②。

　　总之,如果一个国家能够为其国民提供丰富的食物、健康的食品,并引导其国民形成合理的膳食结构、成熟的健康素养,同时,其国民能以自己的判断实现健全的饮食生活,形成丰盈的心灵,就能成就一个强大的国家,伟大的民族。

---

① 尤瓦尔·赫拉利. 未来简史[M]. 林俊宏,译. 北京:中信出版集团,2017:5, 11.

② 玛丽恩·内斯特尔. 食品政治:影响我们健康的食品行业[M]. 刘文俊,译. 北京:社会科学文献出版社,2004:6.

食品新业态营商环境优化与政府监管平衡性研究

王广平　王　颖　丁　冬*

摘　要　网络餐饮、网红食品、海淘食品、无人现制现售、体验营销等食品新业态、新模式,综合集成并实现了技术、产业和市场的跨时空、跨领域融合。与传统食品零售行业的食品安全监管相比,新业态的食品安全监管具有更多特殊性和复杂性。食品新业态发展中面临着强化监管和优化营商环境之间的两难冲突。当前,食品新业态监管存在着制度体系尚待完善、第三方审核难、监管技术落后等问题,有必要建立健全跨区域、跨部门、跨行业的食品新业态发展协调机制,采用包容审慎原则,利用"监管＋"数据平台、统一专业监管体系和公共服务市场化等发展路径推进食品新业态营商环境优化。

关键词　食品;新业态;营商环境;政府监管;平衡性

食品安全是人的基本生存保障,是最基本的民生问题。中央国务院提出"四个最严""严防严管严控"等强化食品安全监管政策,确保人民群众"舌尖上的安全"。网络订餐、网红食品、海淘食品、体验营销等食品新业态,是"互联网＋"、大数据、信息化工业化融合等国家政策在食品行业的商业化社会试验;食品新业态发展面临着强化监管和优化营商环境之间的两难冲突。如何实现在食品安全和科技创新的双重目标,以及食品风险追责和地方经济发展的双重责任之间寻找监管与发展的均衡点,有必要探索食品新业态营商环境优化的跨

---

* 王广平,上海市食品药品安全研究中心副研究员;王颖,上海市食品药品安全研究中心政策研究员,中级工程师;丁冬,华东政法大学经济法学博士研究生,美团点评法律政策研究院高级研究员。

区域、跨部门、跨行业的协调机制,解决食品生产经营中"人民日益增长的美好生活需要和不平衡不充分的发展之间的矛盾"。

一、食品新业态模式与网络组织演化

(一)食品新业态含义与发展模式

食品新业态的产生与发展,是食品行业与互联网、云计算或 AI(人工智能)相融合或跨界而形成的。"业态"一词源于日本,20 世纪 80 年代引入中国,最先应用在零售业[①]。原国家食品药品监督管理总局发布的《零售业态分类》(GB/T18106—2004)[②],把零售业态(Retail Formats)定义为"零售企业为满足不同的消费需求进行相应的要素组合而形成的不同经营形态"。随着业态理论的不断发展,"业态"一词不再是零售业的专属词汇,而是逐渐被用作表征一切产业活动的存在形式或实现形式;为有别于传统的"零售业态"而称之为"产业业态"[③]。2018 年 8 月,《新产业新业态新商业模式统计分类(2018)》提出"新型餐饮服务",包括"餐饮个性化定制"和"网络订餐服务"等统计指标;"现代零售服务"包括"无人零售""跨界零售""新型外卖送餐服务"等指标,以及新产业、新业态、新商业模式的"三新"概念。因此,食品业态可定义为食品零售组织为满足不同饮食消费需求而形成的不同经营形态;而食品新业态的关键在于"新",是在信息技术革命、产业升级和消费者需求倒逼等基础上产生和发展起来的食品业态。

基于国家"互联网+"和大数据行动计划,传统食品业态与互联网不断融合、重构,针对不同消费群体,形成"互联网+食品"模式,诸如网络订餐、网红食品、海淘食品等(见表1),打破了食品零售行业原有的业态,给政府监管带来了新的管理问题,强化监管与优化新业态营商环境并存。

表1 食品新业态的分类及表现特征

序号	业态	电商模式	销售渠道	主要特征
1	网络订餐	O2O	通过互联网,在餐饮网站上订可食用之餐饮产品	互联网订餐,骑手送餐

① Hoggart,K. Rural Development:A Geographical Perspectives [M]. London:Croom helm Ltrl,1987:23-31.
② 中华人民共和国商务部.GB/T18106—2004 中华人民共和国国家标准零售业态分类[S].北京:中国标准出版社,2004.
③ 伍业锋.产业业态:始自零售业态的理论演进[J].产经评论,2013(3):27-38.

舌尖上的安全:第五届食品安全法论坛文集

序号	业态	电商模式	销售渠道	主要特征
2	网红食品	B2C、C2C 或 O2O	通过互联网传播及社交平台的推广（如微信圈），聚集社会关注度，形成庞大的粉丝和定向营销市场，而突然火起来的食品	社交平台推广、定向营销
3	海淘食品	B2C 或 C2C	通过互联网从海外商城购物并运送到国内收货地址的进口食品	互联网销售、运送至国内
4	无人现制现售食品	B2C	通过设置自动售货设备方式销售现制现售的食品	新鲜现制、无人制售
5	体验营销食品	B2C 或 O2O	通过看、听、用、参与等方式，并集生产、展示、餐饮一体，交叉了食品生产、餐饮服务和配送服务等多种业态	顾客体验感、场景式消费

（二）网络经济增进食品新业态发展

国家"互联网＋"和大数据行动的产业政策，加速了个体获得组织信息的演进，进而推进了新产品、新模式大规模的商业化试验进程[①]；再者，互联网红利的消失、电商的巨大分流能力和消费需求的升级，使得传统电商纷纷转向零售新业态，微商、海淘、网红等新概念新模式推陈出新。微信朋友圈平台是对社会群体部落化的再一次重新划分和定义，个人的爱好、兴趣、职业、出生等标签都将成为网络群体聚集、合并的关联条件，虚拟互动平台为个人展现提供了机会，而不仅仅限于工人、农民、知识分子、老人、儿童等传统分类标签。网络服务平台以专业化服务为特征，具有减少流通环节、降低获得信息的交易成本，以信息便捷推动有效决策的网络经济新业态的显著特征。基于网络环境的食品新业态，通过信息和决策相互依赖的关系，是嫁接于群体再次部落化之后的营销方式细分的结果。

网络经济具有快捷性、高渗透性、边际效益递增、外部经济性等特征，食品新业态作为网络经济的新生产物，在信息互动、便捷、价格搜寻等方面的优点更为突出。食品新业态既是基于互联网的一种组织演化社会试验，也是基于信息技术的一种演化范式，与价格制度共同促进了食品业态的快速发展。杨小凯等

---

① 杨小凯.发展经济学——超边际与边际分析[M].北京：社会科学文献出版社，2003：357-360.

(2003)提出的组织试验理论,认为"社会不但试验有效率的组织结构,而且试验无效率的组织结构"①。网红食品、网络订餐、海淘食品、体验营销、无人制售等食品新业态,是一种基于移动互联网的服务新模式,是从传统的互联网方式演化而来的。食品新业态利用"互联网＋"的信息优势,促进食品行业组织结构的试验、分化和演进,完美诠释了传统 4C 营销理论(消费者、成本、便利和沟通)。食品新业态开创了消费新场景,顺应消费升级和产业转型升级的趋势,在移动支付、互联网、物联网等信息基础设施不断优化的营商创建环境中,将有很大的发展机遇。

二、食品新业态发展与监管新问题分析

(一) 食品新业态发展状况

1. 网络订餐业态

网络订餐已经成为很多人餐饮消费的选择之一,网络外卖市场的规模保持稳定增长态势。统计数据显示,截至 2016 年 6 月,我国网上外卖用户规模达到 1.50 亿,手机网上外卖用户规模达到 1.46 亿②;网络订餐市场规模达 3 579 亿元,约占全国餐饮收入比重的 10%③。网络订餐食品配送便捷、品种丰富和价格便宜的同时,也由于网络市场主体自身存在的虚拟性、跨地域性以及多方参与等因素,存在着食品信息不对称,甚至出现虚假信息、企业准入门槛较低,经营不规范、消费者权益难以保障、监管难度较大等问题④⑤。2016 年《网络外卖订餐服务体验式调查》显示,送餐服务及送餐质量存在的主要问题有:个别订单

---

① 杨小凯,张永生.新兴古典经济学与超边际分析[M].北京:社会科学文献出版社, 2003:176-182.

② 中国互联网络信息中心.中国互联网络发展状况统计报告[EB/OL].(2018-02-07)[2019-03-20].http://www.cnnic.cn/gywm/xwzx/rdxw/2016/201608/W020160803204144417902.pdf.

③ 陈聪,毛伟豪.网络订餐规模超 3500 亿元如何破解"黑作坊"寄生乱象[EB/OL].(2018-02-07)[2019-05-20].http://www.xinhuanet.com/2017-03/15/c_1120634672.htm.

④ 陈财,徐双,叶程程,等.网络订餐的安全监管问题浅析[J].中国食品卫生杂志, 2016(5):634-637.

⑤ 于艳艳,明双喜.2016 年我国网购食品质量状况分析[J].食品安全质量检测学报, 2017(6):2307-2311.

餐食存在异物,准入审核不严,餐食外包装存在破损撒漏,不能及时送达等①。如何完善符合我国国情的网络订餐食品监管体系,又兼顾创新和效益优先,统筹规划各方监管服务资源,实现信息共享成为目前迫切需要解决的问题。

2. 网红食品业态

网红食品业态,不仅存在于淘宝、微信朋友圈等,也有线下的各种网红餐厅,如"鲍师傅""一点点""一笼小确幸""喜茶"等。网红食品,具有自身口味符合大众,特别是年轻群体需求的突出特点,但是越来越多的"网红食品"暴露出无证销售、质量堪忧、售价混乱、维权困难、逃避监管等问题。据中国消费者协会统计,2017年上半年共受理远程购物投诉2.28万件,远程购物投诉中的网络购物投诉占比超过七成,其中以微商为代表的个人网络商家成为投诉热点②。由于网红食品新业态的发展模式迅速蔓延,较多网红食品存在着无证无照的现象。网红食品的监管执法难点主要表现为,因具有私密性和隐秘性,调查取证比较困难。

3. 海淘食品业态

2016年,中国常规食品进口额达491.56亿美元③,成为全球最大的进口食品国之一。国内食品安全事件频发是海淘进口食品热潮出现的重要诱因之一,大多数消费者基于国内食品安全考虑购买进口食品。目前流行的海淘进口食品品种几乎涵盖各类食品,但多以油脂及油料类、水产及制品类、乳制品类和肉类为主。海淘食品存在安全隐患的问题不容小觑,据国家食品药品监督管理总局的统计显示④,"十二五"期间,我国进口食品质量安全状况总体稳定,但部分食品品种微生物污染、品质不合格、食品添加剂不合格和标签问题较为突出。数据显示,各地检验检疫机构对来自202个国家或地区的进口食品实施严格检验检疫,共检出不合格进口食品12 828批,计6.8万吨,价值1.5亿美元。更有甚者,国内厂商在境外设厂成为专供国内消费者"海淘食品"的据点或"窝点",跨境质量体系检查成为监管新问题。

---

① 中国消费者协会.2016年网络外卖订餐服务体验式调查报告[EB/OL].(2018-02-08)[2019-03-22]..http://www.cca.org.cn/jmxf/detail/27051.html.

② 中国消费者协会.2017年上半年全国消协组织受理投诉情况分析[EB/OL].(2018-01-24)[2019-04-20].http://www.cca.org.cn/tsdh/detail/27524.html.

③ 中华人民共和国国统计局.中国统计年鉴2017[M].北京:中国统计出版社,2017.

④ 国家食品药品监督管理总局."十二五"进口食品质量安全状况白皮书[EB/OL].(2016-06-29)[2019-03-25].http://www.aqsiq.gov.cn/zjxw/zjxw/xwfbt/201606/t20160629_469084.htm.

4. 无人现制现售业态

无人现制现售业态主要是销售现制食品,比如,现制的果汁、面条、冰淇淋、炸鸡、板栗等鲜食。无人现制现售设备不仅仅是自助贩卖机,还涉及全产业链的食品加工生产,每台机器都是一个前置的生产车间,所以,无人制售食品业态是一种整合了场地、环境消费及无人值机的业态单元。但是由于现制过程无人工参与,存在着卫生条件如何保证,以及如何接受食药监局的监管等诸多问题。以上海为例,市食药监局组织专家评审会,对多种现制现售类自助售货机展开风险评估;2017 年,上海通过地方标准立项,于 2019 年 5 月发布《食品安全地方标准 即食食品自动售卖(制售)卫生规范》(DB31/2028 - 2019)。

5. 体验营销食品业态

从阿里的盒马鲜生到永辉超市的超级物种,再到星巴克上海烘焙工坊,"餐饮 + 超市"的体验营销逐步打破线上线下的界限,使顾客在消费的同时获得心理和感情上的满足感,激发了更多的消费欲望。体验式营销使得消费者不仅可以买到所需的生鲜、食品半成品,还可以直接将挑选的原料当场在餐饮区加工,然后直接堂吃或者带回家吃[①],交叉了食品展示、食品加工、餐饮服务和配送服务等多种业态。由于没有任何监管经验可供借鉴,监管部门需要结合综合业态管理特征与业务需求,通过政府部门内组织结构调整和监管服务创新,探索跨部门、跨处室的联合治理体系。

(二)食品新业态监管制度现状

1. 相关法律法规体系尚待完善

食品新业态作为一种新兴经济模式,促进发展与强化监管相并存。目前,我国食品安全法律体系,是以《食品安全法》为主导,结合部门规章、食品卫生标准和技术标准/规范,以及其他法律相关规定构成的食品安全法律体系的基本框架。但是,面对多个行业、行为交叉组成的食品新业态经营行为,目前还没有针对性强的法律制度来规范协调,监管执法中易造成法律依据不明确、责任划分不清楚等问题[②]。

国家和地方政府正在不断探索食品新业态监管服务方式,并出台了一些有针对性的法律法规和指导意见。2015 年 10 月,《食品安全法》首次将网购食品纳入监管范围,并明确规定了网络售卖食品须持证经营和网络食品交易第三方平台提供者的管理责任。当前,国家食品监管部门主要是针对网络餐饮进行规

---

① 曹祎遐,刘志莉.盒马鲜生生鲜行业"新零售"践行者[J].上海信息化,2017 (6):23 - 26.

② 李方磊.网购食品安全监管问题探析[D].西安:陕西科技大学,2014:17.

范化监管,其他新业态监管仍处于探索阶段;2016年10月,《网络食品安全违法行为查处办法》对网络食品交易平台的法律责任进行了细化;2018年1月,《网络餐饮服务食品安全监督管理办法》明确规定入网餐饮服务提供者应当具有实体经营门店并依法取得食品经营许可证。另外,国内部分省市政府面对监管实践的迫切需求,相继出台了食品新业态监管方面的地方规范性文件,大多集中于网络订餐监管制度设计方面,海淘食品、无人制售和体验营销等新业态的制度规范方面仍属空白。浙江、上海、内蒙古、陕西、河南、安徽、广东、湖北相继出台了有关网络订餐的《食品安全监督管理办法》;上海市在网红食品、无人现制现售食品、在商场内开放了生产线的咖啡烘焙等新业态监管方面作了一些有意义的探索(见表2)。

表2 国家和地方食品新业态规制的相关制度文件

序号	发布时间	发文单位	文件名	适用范围
1	2015年4月	全国人民代表大会常务委员会	中华人民共和国食品安全法(主席令第21号)	网购食品
2	2015年8月	国家食品药品监督管理总局	网络食品经营监督管理办法(征求意见稿)	网购食品
3	2016年7月	国家食品药品监督管理总局	网络食品安全违法行为查处办法(国家食药监总局令第27号)	网购食品
4	2017年11月	国家食品药品监督管理总局	网络餐饮服务食品安全监督管理办法(国家食药监总局令第36号)	网络订餐
5	2014年9月	商务部与国家发展改革委	餐饮业经营管理办法(商务部、国家发展改革委令2014年第4号)	餐饮外送服务
6	2017年8月	中国贸促会商业行业分会	外卖配送服务规范	网络订餐
7	2017年9月	国务院食品安全办等14部门	关于提升餐饮业质量安全水平的意见(食安办〔2017〕31号)	网络订餐
8	2017年4月	北京市食药监局指导、四大网络订餐平台共同签订	网络订餐平台自律共建联盟公约	网络订餐
9	2015年11月	浙江省食品药品监督管理局、浙江省通信管理局	浙江省第三方交易平台网络订餐监督管理规定(浙食药监规〔2015〕19号)	网络订餐

序号	发布时间	发文单位	文件名	适用范围
10	2016 年 6 月	上海市食品药品监督管理局、上海市通信管理局	上海市网络餐饮服务监督管理办法（沪食药监餐饮〔2016〕341 号）	网络订餐
11	2017 年 12 月	上海市网络订餐平台行业协会	上海将成立网络订餐平台行业协会，共享"黑名单"	网络订餐
12	2016 年 8 月	内蒙古食药监管局	内蒙古自治区网络订餐食品安全监督管理办法（试行）	网络订餐
13	2016 年 11 月	陕西省食品药品监督管理局	陕西省网络订餐食品安全监督管理办法（试行）	网络订餐
14	2016 年 11 月	河南省食品药品监督管理局、河南省通信管理局	河南省网络订餐食品安全监督管理办法（试行）（豫食药监餐饮〔2016〕153 号）	网络订餐
15	2016 年 11 月	安徽省食品药品监督管理局	安徽省网络订餐食品安全监督管理办法（试行）征求意见稿	网络订餐
16	2016 年 12 月	广东省食品药品监督管理局	广东省食品药品监督管理局关于网络食品监督的管理办法（粤食药监局食营〔2016〕282 号）	网络订餐
17	2016 年 12 月	湖北省食品药品监督管理局、湖北省通信管理局	湖北省网络订餐食品安全监督管理办法（鄂食药监文〔2016〕147 号）	网络订餐
18	2017 年 12 月	上海市食品药品监督管理局	制定"网红食品重点监管名单"	网红食品
19	2017 年 11 月	上海市食品药品监督管理局、上海市卫生与计划生育委员会、地方标准制定部门	已经通过地方标准的立项，将制定《自动售卖即食食品生产经营卫生规范》	无人现制现售
20	2017 年 4 月	财政部、商务部、海关总署、税务总局等 11 个部门	联合签发了两批《跨境电子商务零售进口商品清单》（正面清单）	海淘食品

序号	发布时间	发文单位	文件名	适用范围
21	2017 年 9 月	上海市食品药品监督管理局	上海市焙炒咖啡开放式生产许可审查细则（沪食药监规〔2017〕7号）	体验营销、混合业态
22	2014 年 6 月	武汉市食品药品监督管理局	关于明确混合业态食品经营许可管理工作的意见（武食药监规〔2014〕1号）	混合业态

2.非第三方平台监督审核较难

食品新业态作为网络经济的特殊存在,发生食品安全纠纷时,消费维权也要遵循明确的法律关系,涉及主体、客体和内容三要素。由于食品新业态具有虚拟性、隐蔽性的特点,消费者举证困难,维权途径不通畅。如网红食品举报投诉中,无证的投诉容易查实,虚假宣传的投诉却难以查实和处罚;再如,微信朋友圈中售卖自制食品,大多达不到食品生产或经营许可条件,无实体店,发生食品安全纠纷之后,消费者难以维权,朋友圈里兜售食品的质量问题通常以网友举报为主。

2015 年新修订的《食品安全法》,明确了网络食品交易第三方平台提供者应当对入网食品经营者进行实名登记,不仅要审查许可证,还要承担对违法商户进行制止、报告、停止服务等法律义务。同时,2016 年 10 月实施的《网络食品安全违法行为查处办法》规定了国内网络食品交易第三方平台提供者以及通过第三方平台或者自建的网站进行交易的食品生产经营者违反食品安全法律、法规、规章或者食品安全标准行为的查处相关条款。只不过,虽然我国法律法规明确将网络销售食品纳入监管范围,但与淘宝网等第三方电商平台相比,微信朋友圈是一个由志趣相同的关系链构建而成的"新部落群体",它并不是一个营销平台,而是松散、交叉和叠加的社会网络,空间相对封闭,属性界定较模糊,而且微信平台也未对朋友圈售卖自制食品的准入审核实施严格监督。截至当前,腾讯软件公司未出台相应的朋友圈监督制度或保障措施,微信朋友圈销售自制食品的违法行为仍缺乏明确的法律规范,政府对非第三方平台的监督审核较难实施。

3.监管技术手段方式相对滞后

食品新业态具有聚集中小商家和产业融合的特点,汇集了跨行业、跨区域运行和管理等多个领域形态。食品新业态的监管处于理念尚不成熟、现代信息技术手段尚未完善、相关配套软硬件条件尚不确定的特殊阶段。

当前,食品安全监管方式变革滞后于新经济发展的矛盾比较突出,对于食品安全的监管往往是"跟随式"的,主动作为的前瞻性不足。基于传统的监管手段和方式,政府监管部门很难快速熟悉新经济的业务流程、组织形态和盈利模式,也很难准确识别并把握其风险点。例如,现阶段第三方平台对食品安全管理和网络食品经营者的审核,主要是采取信息形式审查的方式;平台提供者没有能力和义务对网络经营者们进行身份的实质审查,以判断外卖商家的身份真实且具有法律主体资格①。政府监管部门对于网络食品交易第三方平台的监管,仍是基于对实体生产经营者的传统监管理念和方式,一旦出现负面舆情评论或者食品安全重大问题,仅通过约谈和注销账号等方式,追溯网络平台提供食品的供应商,解决整个链条上的食品安全问题。总之,食品新业态的监管执法,涉及政府监管的信息化装备、第三方平台的实时监控、部门区域间的协调机制等问题。

三、强化监管与营商环境的两难问题

(一)食品新业态创新发展的政策导向

食品新业态、新商业模式的出现,依赖于国家和地方政府的创新发展政策导向。当前,以大数据、云计算、AI 等为代表的科技革命和产业变革,促进了技术、产业和市场的跨时空、跨领域融合。网络经济、分享经济、线上线下互动等新产业、新业态、新模式的不断涌现,均得益于国家和地方政府出台的"互联网＋"、大数据行动、"创业、创新"、AI 等相关产业政策。

国外政府在新技术、新业态和新模式方面,制定了积极的引导政策。2009年9月,美国总统办公室发布《美国创新战略:推动可持续增长和高质量就业》,将创新作为刺激经济增长,提升国家竞争力的核心;2006年8月,德国政府首次发布《德国高科技战略》,确定了旨在加强德国创新力量的政策路线图。2015年以来,我国政府在新技术、新业态和新模式发展的引导政策方面,制定了"互联网＋"、大数据和"创业、创新"制度框架。《国务院关于积极推进"互联网＋"行动的指导意见》(国发〔2015〕40号)、《国务院关于印发促进大数据发展行动纲要的通知》(国发〔2015〕50号)和《国务院关于大力推进大众创业万众创新若干政策措施的意见》(国发〔2015〕32号),积极引导和扶持互联网和大数据的推广示范应用,推动了食品新业态、新模式的孕育和发展。2016年11月,《关于推动实体零售创新转型的意见》(国办发〔2016〕78号)提出"促进线上线下融合、创新经营机制与简政放权、促进公平竞争";2018年8月,《新产业新业态新商业模式统

---

① 蔡元正.网络外卖食品安全监管的困境与出路[J].法制博览,2017(3):32-35.

计分类(2018)》提出了新产业、新业态、新商业模式的"三新"概念,以重点反映先进制造业、"互联网+"、创新创业、跨界综合管理等"三新"活动,更加有效地推动了食品新业态的快速发展。

(二) 市场监管体制下的营商环境创建

2001 年,世界银行提出"加快发展各国私营部门"新战略,"营商环境"(Doing Business)被提出。广东省是我国最早对"营商环境"进行系统理论和实践的省份①;2012 年 10 月,广东省委省政府印发《广东省建设法治化国际化营商环境五年行动计划》。2013 年党的十八届三中全会明确提出"建设法治化营商环境"的目标;2016 年 3 月,《国民经济和社会发展第十三个五年规划纲要》提出要"营造优良营商环境",具体包括"营造公平竞争的市场环境、高效廉洁的政务环境、公正透明的法律政策环境和开放包容的人文环境";从国家层面来看,营商环境包括政务环境和政府规则。董彪等(2016)②认为营商环境评价是对一个国家或地区商业竞争能力的描述;杨涛(2015)③认为营商环境的优化体现了市场发展环境的公平、政策政务环境的高效以及科技创新环境的自由。董志强等(2012)④认为良好的营商软环境会有助于促进经济发展。因此,创建优化食品新业态的营商环境,是有效践行国家法律法规和产业政策的制度安排方式。

食品新业态是"互联网+"、大数据、信息化工业化融合等国家行动政策在食品行业的商业化社会试验。党的十八届三中全会提出的"建设法治化营商环境""市场在资源配置中起基础性作用",市场发挥着检验有效和无效的食品新业态组织结构的社会试验作用。国务院提出的"双随机、一公开"和"全程留痕、责任可追溯",既是创建营商环境的监管行为自律约束,也是对食品新业态强化监管提出的新命题。2017 年 1 月,《"十三五"市场监管规划》(国发〔2017〕6 号)提出"深化商事制度改革""营造有利于大众创业、万众创新的市场环境";2018 年 3 月,国家市场监管综合体制形成,加速推进食品新业态的政府监管制度的组织结构整合。同时,国家"放管服"的行政审评制度改革,调整不适应食品新

---

① 杨涛.营商环境评价指标体系构建研究——基于鲁苏浙粤四省的比较分析[J].商业经济研究,2015(13):28-31.

② 董彪,李仁玉.我国法治化国际化营商环境建设研究——基于《营商环境报告》的分析[J].商业经济研究,2016(13):141-143.

③ 杨涛.营商环境评价指标体系构建研究——基于鲁苏浙粤四省的比较分析[J].商业经济研究,2015(13):28-31.

④ 董志强,魏下海,汤灿晴.制度软环境与经济发展——基于 30 个大城市营商环境的经验研究[J].管理世界,2012(4):9-20.

业态发展的行政许可、商事登记等事项及相关制度，拓宽了食品新业态营商环境的制度安排空间。

（三）强化监管与营商环境的协调机制

当前，食品生产经营领域的新产业、新业态、新模式不断涌现，颠覆了许多传统的生产经营方式和消费模式，对食品安全监管工作提出了新要求、新挑战。一方面，政府监管不足将致使食品安全风险得不到有效控制；另一方面，政府的过度强化监管也将束缚食品新业态的健康发展。世界银行《2018年营商环境报告》①数据显示：营商环境优良的标志是较好清除对市场营商主体发展所设置的不必要的障碍，即在社会范围内具备了健全的低交易成本的市场体系与市场秩序运行的监管服务体系；强化监管与营商环境的平衡性问题，即两者两难冲突的解决。因而，必须找到解决强化监管和营商环境优化之间两难冲突的平衡机制，而这需要对"互联网＋"发展趋势和"舌尖上的安全"最严保障之间适度协调的深入理解，加速食品新业态社会试验和食品经营组织演化的进程（见图1）。

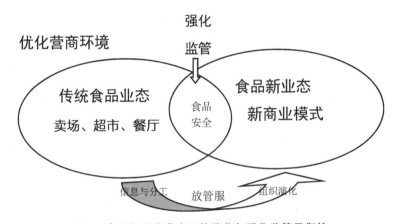

图1　食品新业态营商环境优化与强化监管平衡性

借鉴14世纪以来英国实施的普通法中的"衡平法"（Equity Law），以"正义、良心和公正"为基本原则，解决食品新业态发展中强化监管和营商环境创建之间的两难问题。一方面，"食品安全是人的基本生存保障，是最基本的民生问题"，中央国务院多次提出"四个最严""严防严管严控""双安双创"等强化监管

① 世界银行.2018年营商环境报告：改革以创造就业［EB/OL］.（2018－09－17）［2019－01－23］. http://chinese. doingbusiness. org/zh/reports/global-reports/doing-business-2018.

政策,确保人民群众"舌尖上的安全";另一方面,"大众创业、万众创新""互联网＋"、云计算等已成为国家创新发展战略,创新与安全是食品新业态发展的正反两面。由此,创立强化监管与优化营商环境的协调机制势在必行。基于国家"放管服"行政改革和"营造有利于大众创业、万众创新的市场环境"等政策背景,多个地方政府开展对兼具餐饮服务、食品流通等混合业态的食品经营者提供"双证合一"的行政审批简化服务。例如,武汉市于 2014 年在全国率先出台《关于明确混合业态食品经营许可管理工作的意见》,对其申请的"主营项目和兼营项目进行审查,组织同步验收"。

网络经济条件下,政府一方面要兼顾公平公正、效益效率,另一方面要强化监管,旨在创建勤政高效的政务环境,而非"懒政"思维的"一刀切"。在强化监管与营商环境的关系中,懒政即为两难冲突,勤政即为协调合力。食品新业态既兼并了食品安全和科技创新的双重政策目标,也兼收了食品风险追责和地方经济发展的双重政府责任,故有必要建立健全跨区域、跨部门、跨行业的食品新业态发展协调机制。

四、食品新业态营商环境优化路径

(一)建立"监管＋"信息化服务平台

食品新业态的兴起促使 O2O 线上线下融合加速,倒逼监管方式在原先的社会治理结构的基础上进行线下与线上的融合,即"互联网＋"倒逼"监管＋"。相较于传统的食品零售行业以地域作为划分监管目标的基本方式,食品新业态转变为以"标签"作为划分监管目标的基本方式。食品新业态"标签"分类的转变,是大数据时代的事物分类进化结果;而原有的地域信息则仅用于区分客户的固有属性,很少发生变化,早已不适应"互联网＋"新业态、新模式的客观要求。合理准确的"标签"的背后,是食品零售企业、第三方平台和监管部门主动适应互联网时代变化的体现,是"监管＋"技术、制度设计的数据挖掘基础条件。

食品新业态"标签"模式转变,有利于搜索引擎的优化,解决互联网环境下不同主体对海量信息甄别的真实需求;食品零售企业和第三方平台的后台审核数据系统可以与政府许可证数据系统进行对接,建立食品安全信息共享机制,构建统一联动性的信息化监管平台。其一,有利于提高第三方平台信息审查的准确性;其二,降低政府部门的监管成本和节约监管资源,实现属地化食品安全精准监管;其三,消费者也能在第三方平台上查询到商家的真实证照信息和登记情况、违法失信行为记录等,及时参与食品安全监督和投诉举报活动,真正实现食品安全社会共治局面。

（二）构建统一联动的监管服务体系

针对食品新业态具有的虚拟性和混合性等特点，摸索构建统一联动的专业监管服务体系。借鉴较为成熟的实体食品经营的监管经验，利用"区域网格化管理体系"的实体模式，实现食品新业态、新技术信息和监管服务的有机衔接，强化"放管服"行政改革、加快食品新业态的行政审批或备案转变。因而，一方面，致力于提高监管服务效率、推行"多证合一"制度安排；另一方面，提升消费者的消费体验，为人民群众的饮食安全站好岗。例如，北京市食品监管部门开发国内首个互联网监测平台，同时成立了全国首个网监大队，利用专业监管服务网络对互联网违法行为进行搜索监测，肃清触犯食品安全生产经营底线的违法行为，为食品新业态、新模式发展营造良好的营商环境。

统一联动的专业监管服务体系的顶层设计，旨在从中央到地方，从上至下构建一张新技术、新业态、新模式"三新"监管服务"网"，利用微信朋友圈平台和APP专业服务平台等，形成政府部门之间的无缝衔接，实现食品安全监管职能部门、"三新"服务职能部门、银行及通信部门等单位的数据共享，建立监管与服务相协调、行政审评与创新发展相融合的食品新业态"放管服"的地方营商环境优化服务平台。

（三）加大公共服务市场化，推进职能转变

"十三五"时期，我国经济转型升级的趋势明显，服务业逐步成为支撑经济增长的主导产业。从发展趋势看，无论是产业结构升级，还是消费结构升级，都依赖于服务业市场开放。食品餐饮业以其市场大、增长快、吸纳就业能力强的特点成为服务业的重要组成部分，而服务业市场开放与发展却面临着比较突出的行政垄断或行政管制问题，"放管服"和"双随机、一公开"正成为解决制度桎梏的有效改革措施。因而，为了适应我国经济转型与市场化改革的客观需求，需要把反行政垄断作为市场监管变革的重要任务，建立政府购买服务清单和引入PPP（政府社会资本合作）模式。对于国家而言，想要提升多元化治理的全覆盖与有效性，就必须发挥多主体力量，营造食品新业态发展中鼓励创新的氛围，根据不同治理层的客观规律与现实要求，实现跨区域、跨部门、跨领域的综合协调，才能最终全面提升社会参与度，创立新技术、新业态、新模式发展的良好营商环境。针对网络销售食品量大面广、混合业态情况复杂的现状，市场监管可以借鉴公共服务市场化模式，在食品安全风险管理的政府监管领域引入社会力量，并探索PPP模式和政府购买服务，改变公共服务产品的政府单一供给状况，达到既减少财政投入，又提高服务质量绩效，发挥市场在食品新业态发展资源配置中的基础性作用，解决食品新业态、新模式中强化监管和营商环境优化的两难冲突。

（四）推行"鼓励创新＋包容审慎"规制方式

近年来，我国食品服务行业的新业态、新技术、新模式方兴未艾，推动了食品工业、商业的快速、多元化发展，在扶植了电商O2O模式下的实体经济的同时，也成为扩大内需的重要推动力。因而，对于海淘、网红、网络订餐、无人制售等食品新业态，国家和地方政府应采用"鼓励创新、包容审慎"的规制方式①。鼓励创新，就是积极践行"大众创业、万众创新"政策目标。所谓"包容"，就是对那些未知大于已知的新业态采取包容态度，只要不触碰食品安全底线。所谓"审慎"有两层含义：一是当新业态刚出现还看不准的时候，不要一上来就"管死"，而要给它一个"观察期"；二是严守食品安全底线，对谋财害命、坑蒙拐骗、假冒伪劣、侵犯知识产权等违法行为，不管是传统业态还是新业态都要采取严厉监管措施，坚决依法打击。结合企业和个人信用体系建设，对食品新业态行政许可事项采取包容审慎态度，发挥新技术、新业态和新模式在地方经济发展中的引领与示范效应。

五、结束语

营商环境是激发经济活力，提升经济实力的基本要素。党的十八届三中全会提出的"建设法治化营商环境""市场在资源配置中起基础性作用"，即政府监管目标让位于市场的营商环境优化政策。政府对食品安全的强化监管并非全盘否定营商环境创建，有效的政府监管是在弥补市场失灵的过程中达到优化营商环境的正向作用，遵循网络经济和市场的基本规律，发挥政府部门在食品新业态跨区域、跨部门、跨行业中的协同作用。基于政府监管的有限理性和风险容忍度低的特征，食品新业态的"互联网＋"模式将倒逼智慧监管理念和模式的转变，也将促使政府部门向"鼓励创新＋包容审慎"的规制方式转型。

---

① 付聪.李克强：政府部门对待各类新业态新模式要有"包容审慎"态度[J].中国应急管理，2017(6)：22.

网络食品安全问题乱象及解决路径探究

徐 晓[*]

摘 要 随着互联网的发展和普及,网络食品这一新兴市场不断高速发展,在带动就业与创造社会财富的同时也带来了许多传统餐饮消费领域所没有的问题:食品安全事件频发。相对落后的治理方式、法律法规建设与高速发展的市场的矛盾日渐凸显。分析网络食品迅速崛起的原因,研究网络食品市场的运作模式及其特点,根据我国的国情有针对性地探索解决方案,以规范网络食品市场,这不仅是网络食品市场自身生存及持续健康发展的需要,也是保障公众生命健康安全的要求。

关键词 网络食品;互联网交易平台;食品安全

随着科技的发展尤其是互联网技术的进步,人们的生活也渐渐受其影响,越来越多地融入互联网元素。近些年来,通过互联网销售食品成为一股潮流,据不完全统计,目前我国网络食品年销售额已经达到近十万亿元的规模[①],网络食品市场已经成长为一个让人无法忽视的庞然大物。网络食品这一新兴市场的高速发展,在带动就业与创造社会财富的同时也带来了许多传统餐饮消费领域没有的问题,相对落后的治理方式、法律法规建设与高速发展的市场的矛盾日渐凸显。完善对网络食品市场的监管,加快相关立法建设不仅是网络食品市场自身生存及持续健康发展的需要,也是保障公众生命健康安全的要求。

---

* 徐晓,江南大学法学院硕士研究生。

① 中国互联网络信息中心. 第 41 次《中国互联网络发展状况统计报告》发布.[EB/OL](2018 - 11 - 06)[2019 - 03 - 20].http://www.cnnic.net.cn/gywm/xwzx/rdxw/201801/t20180131_70188.htm.

一、网络食品的兴起

分析网络食品迅速崛起的原因,研究网络食品这一新兴市场的运作模式及其特点,有助于解析网络食品安全问题乱象及其成因,有针对性地探索解决方案,提出有建设性的意见。笔者认为,网络食品迅速发展并广为接受,除了因为它为人们提供了一种更加便捷的生活方式之外,还有来自三个方面的至关重要的推动力。

(一)第三方互联网交易平台的发展

第三方互联网交易平台,即电子商务交易平台(简称电商平台),是给个人或企业提供洽谈与交易的网络平台。从早期的卓越网、当当网,到现在的两大电商巨头淘宝网、京东网,电商平台通过十几年持续不断的宣传、渗透,逐渐培养了大众网络购物的习惯,使得网络购物这一新型购物方式融入人们衣食住行的方方面面,切实改变了人们的生活。

电商平台因其源自互联网的特殊属性,为入驻商家以及消费者提供了一个跨越地域限制的巨大市场,事实上已经成为日常物品交易最重要的渠道之一。根据中国互联网络信息中心(CNNIC)数据,截至 2017 年 6 月,中国网购用户规模已达到 5.14 亿之巨[①]。在这样的背景下,食品类商品上架淘宝网、京东网等第三方电商平台售卖,网络食品市场快速崛起已是水到渠成、自然而然的结果。但要注意的是,淘宝、京东并非专业的食品售卖平台而是综合性网络卖场,受物流时效的限制,其所出售的食品以以能较长时间保存的成品、半成品为主。在很长一段时间内,淘宝网、京东网都是网络食品销售的绝对主力,直到美团外卖、饿了么等专业的食品外卖平台的出现,才打破了这一局面。

饿了么成立于 2008 年,美团外卖是美团网旗下于 2013 年上线的业务,这两者本身并不自营食品,而是以提供食品外卖的及时配送服务为主业,商家可以借助饿了么与美团外卖的网络平台,迅速地将食品推向顾客。与淘宝网、京东网等传统电商不同,饿了么、美团外卖等外卖平台是专业的网络食品售卖平台且专注于本地服务,其商品大多为即食的快餐等制成食品,其自建有专门针对食品配送优化的物流体系,能够在极短的时间内完成配送,将食品送上顾客的餐桌。这种模式极大地迎合了现代社会不断加快的生活节奏,一经推出就广受欢迎,再加上饿了么与美团外卖出于互相竞争与拓展市场的需要而采取的持续对用户进行大规模补贴的政策,外卖平台及其上架销售的网络食品迅速进入

---

① 食品伙伴网.互联网食品年销近 10 万亿元[EB/OL].(2018 - 11 - 06)[2019 - 03 - 25].http://news.foodmate.net/2018/07/476238.html.

大众百姓的日常生活。

第三方互联网交易平台是孕育网络食品的土壤,第三方互联网交易平台的每一次变革与发展都推动网络食品的进一步普及。

(二) 物流行业的发展

在电商平台快速发展的带动下,我国的快递行业也迎来了春天。得益于我国持续几十年大规模基础建设带来的便利的交通网络与丰富且相对廉价的人力资源,我国快递行业一直维持着较高的效率与较低的费率水平,电商平台的卖家与买家能够轻松承担物流成本,电商行业与快递行业的相互促进,相互发展,形成了良性循环。截至 2017 年 2 月,全国共有快递服务营业网点 18.3 万个,县级网点覆盖率达 95% 以上,乡镇网点覆盖率达到约 70%,快递年业务量突破 200 亿件,最高日处理量突破 1.6 亿件,稳居世界第一[①]。这样的成绩在世界物流行业历史上也是前所未有的。EMS、顺丰、"四通一达"等物流公司的迅速发展,为越加壮大的网购食品的大众群体提供了坚实的保障。近年来,淘宝网、京东网等电商巨头,投入巨资自建物流体系,如菜鸟驿站、京东快递等,这些电商平台的自有物流体系,往往更加贴近网购消费者,有着相对更好的服务质量,在更加可靠的同时,也进一步优化了大众网购的体验,间接促进了网络食品交易的发展。

饿了么、美团外卖等外卖网络平台的即时配送模式打破了传统外卖服务业商家各自为战的局面,迎合了移动互联网的发展,通过将外卖食品整合在同一个移动网络平台并统一调配配送服务资源的模式,形成规模效应,大大提高了外卖食品售卖流程的效率,这种网络平台与创新的物流方式相配合的模式在提升外卖食品吸引力、拓展市场的同时,也使得外卖市场相对更加有序。

我国物流行业的发展为网络食品提供了高效且低成本的配送渠道,网络食品的每一次大发展,都伴随着物流行业的进步与创新,两者息息相关。

(三) 网络营销的发展

随着移动互联网时代的到来,由于网络营销具有内容立体化、成本低、传播范围广、受众多的优势,逐渐受到各领域商家的追捧,食品领域也不例外。以新浪微博为例,大大小小自称"自媒体"的账号关注者少则数千人,多则数十万人,这其中不乏以营销为主业者,这些营销号常以推荐为名,互动串联,带动流量,爆炸式传播,引发热度,不断地冲击着人们的认识,在极短的时间内就可以将某品牌或某类型食物打造成网红食品,近期火爆全网的"脏脏包"便是很好的例

---

① 郑重,李伟.全面建成与小康社会相适应的现代邮政业——国家邮政局政策法规司长金京华解读《邮政业发展"十三五"规划》[J].中国邮政,2017(2):38-41.

子,在不久之前很多人还对这种巧克力面包闻所未闻,但是,现在"脏脏包"已经成为大多数面包房标配的品类,"脏脏包"之名在网民中尤其是年轻网民中可以说是无人不知。虽然不能否认这些网红食品本身就有着优秀的产品力,迎合了大众的喜好,但以如此快的速度为大众所熟知并接受,网络营销功不可没。除了新浪微博外,近年来兴起的网络直播平台和微信朋友圈、公众号也是网络食品营销的主阵地。互联网时代,网络营销的势头愈演愈烈,网络食品借助网络营销的东风,极大地提高了曝光度,最终走向千家万户的餐桌。

电商平台、物流行业、网络营销三大产业之间互相支持,互相促进,形成了完整的产业链,共同支撑起了网络食品市场这个庞然大物。但是这些支撑网络食品走向成功的推动力,也潜藏着威胁网络食品持续健康发展的不稳定因素。

二、网络食品安全问题乱象及原因分析

网络食品发展到今天,市场规模已经极为庞大,但是与市场的不断拓展相比,网络食品整体的质量却没有得到全面提高,整个市场呈现出良莠不齐的状态,安全事故频发。这一乱象与网络食品成功所依赖的关键因素有很大的因果关系,问题从网络食品出现的那一天开始就一直存在。

(一)电商平台管控不严

我国在 2015 年修订的《食品安全法》中明确规定,第三方电商平台应对入网经营者进行实名登记,并审核其许可证。第三方电商平台对入驻商家负有监督义务。但在实际操作中,《食品安全法》的规定并没有被很好地落实,第三方电商平台对入驻商家的资质审核往往流于形式,对商家在售商品更是疏于管控。2011 年,日本福岛核电站发生核泄漏事故,为避免潜在的辐射危险,我国质检总局发布公告明确禁止从事故周围地区进口食品。但据 2017 年央视"3·15"晚会曝光,淘宝网、京东网、1 号店、当当网等主流第三方电商平台皆存在售卖产自核污染地区食品的情况[①]。这在愈加强调食品安全的当下几乎是不可想象的。饿了么、美团外卖等网络食品外卖平台的情况也不容乐观,曾有媒体报道,成都最小一家餐饮管理有限公司因其下属加盟门店"最小一家烤肉饭"无证经营,而遭罚款 2 000 多万元。而"最小一家烤肉饭"正是通过美团外卖、饿了么等平台提供餐饮服务的。这一事件充分暴露出第三方电商平台对入驻商家和上架商品审核制度的混乱。上述食品安全事件绝非个例,笔者亦曾在网购中购买到在包装上没有标注生产许可证编号的食品。笔者认为,第三方电商平台与

---

① 许洁.日本核污染食品走上中国货架的企业伦理分析[J].中国市场,2018(5):182-183,196.

其入驻商家在某种程度上来说是利益共同体，电商平台缺乏监督入驻商家的动力，为了自身利益甚至可能会对入驻商家采取放任自流的态度，这是电商平台对网络食品质量把关不严的根本原因。

（二）物流配送渠道混乱

传统电商平台的入驻商家大多无自有物流渠道，依赖于 EMS、顺丰与"四通一达"等物流公司提供的快递服务作为配送手段，这样的组合既为商家减少了物流渠道的建设成本，又带动了物流公司的发展，本是一举两得，对网络食品来说却存在着极大的隐患。以自身经历而言，笔者在快递站点取件时从未见过有快递站点对食品类快递分类处理，通常情况下，所有快递一体存放。我国《食品安全法》要求食品的包装、贮存、运输等须符合食品安全国家标准，但在物流公司配送食品的过程中，食品的储藏条件是否达标十分令人怀疑，各路媒体关于快递食品变质的报道屡见不鲜。规模较大的网络食品销售商、生产商尚有一定与物流公司交涉的能力，而小型商家话语权极小，缺乏对食品运输环节的掌控，无法保证网络食品的安全性在配送过程中不受到破坏。

相较传统电商平台，饿了么、美团外卖等新兴的电商平台业务范围更小，专注于提供本地外卖服务，更是针对商品特性自建物流配送体系，大部分网络食品通过平台统一配送，从理论上来说，这样更有利于平台对网络食品的监督，似乎解决了传统电商平台网络食品销售在配送环节中存在的问题，但事实并非如此。近期，某公司一名外卖配送骑手摔、踩，并朝外卖吐口水的视频在网络上引起热议，该事件最后以重庆市渝中区食品药品监督管理局对相关责任人进行了相应的处罚而收尾。类似的事件在网络上不是第一次被爆出，但每次丑闻曝光，相关涉事外卖平台仅仅是给出向公众道歉并开除直接责任人的补救措施，毫无诚意，事实也证明，这些不痛不痒的措施毫无效果。

（三）网络营销缺少限制

网络营销是伴随着互联网的普及而逐渐兴起的一种营销方式，同样借助互联网兴起的网络食品与网络营销的受众在很大程度上是重合的，网络食品想要进一步拓展市场，扩大影响力，网络营销是天然的助力。网络营销在带动网络食品产业发展的同时也存在不和谐的一面。2017 年，网红 CHIKO 曲奇饼干因被证实为"三无产品"①而遭到浙江省杭州市相关部门查处。事发前，CHIKO 曲奇饼干一直处在无证生产和销售的状态，违法行为如此明显为何还能在朋友圈、公众号上广泛流传，为何还能在众多新媒体上投放广告？这不能不引发人们的深思。野蛮式网络营销缺少限制，屡屡突破下线，消耗的是消费者对网络

---

① 三无产品，指无生产厂名、无生产地址、无生产许可证编号的产品。

食品安全的信心,已经成为影响网络食品市场健康发展的定时炸弹。

(四)社交软件上的食品销售难以监管

随着微信等社交软件渗透进人们生活的方方面面,网络食品也搭上了社交软件发展的东风,微信群、朋友圈等逐渐成为网络食品销售的新渠道,采用这种渠道销售商品的商家被称为微商,这种销售方式本质上也借助了网络营销,是一种将网络营销与商品销售融为一体的新型售卖方式。微商式网络食品销售的全部流程基本都可以在社交软件上完成,卖家、买家通过社交软件完成协商、收款、付款,这种交易方式省去了传统网购方式中必须经过的第三方电商平台这一环节,也因此存在着极大的风险。首先,由于绕过了第三方电商平台,导致对食品生产商、销售商最基本审核的缺失,这直接造成了社交软件中充斥着"三无产品",上文提到过的 CHIKO 曲奇饼干也以社交软件为主力销售渠道之一。其次,缺少备案也给网络食品安全事故维权造成了极大的障碍,受害者甚至不知道商家的真实信息,食品安全事故发生后难以及时找到责任人。最后,社交软件中的食品销售有相当一部分是家厨式生产的小规模售卖,家厨是以家庭为单位通过自有家庭厨房为不特定的公众提供网络食品或餐饮服务的一种形式①。这种售卖行为往往与社交行为高度融合,难以定性,给食品安全事故发生时的法律适用带来了困难。可以说,目前以社交软件为途径的食品销售基本处于法律监管的真空地带,亟须规范。

三、网络食品安全问题的解决路径

由于西方发达国家不存在中国如此规模庞大且发达的网络食品市场,故可供我国直接借鉴的经验十分有限。解决网络食品安全问题归根结底还是需要着眼于我国的国情和市场特点进行独立探索。笔者认为解决网络食品安全问题,可以从以下几个方面入手。

(一)强化网络交易平台的监督作用

我国《食品安全法》第六十二条规定了第三方网络交易平台对入驻食品经营商家负有实名登记、资质审核与监督的义务,第三方网络交易平台在发现网络食品经营商存在违法行为时,要及时上报相关管理部门,严重的还应立即停止网络交易平台服务。《电子商务法》第三十八条也规定了电商平台对关系消费者生命健康安全的商品、服务未尽到审核义务或者未对消费者尽到安全保障义务,需要承担法律责任。《食品安全法》第一百三十一条明确了网络交易第三

---

① 张兰兰.网络餐饮服务食品安全监管相关法规解读[J].食品科学技术学报,2018(5):9-12.

方平台违反规定时应承担的法律责任，即应责令改正，没收违法所得，处五万元以上二十万元以下罚款，造成严重后果的，可吊销许可证。《电子商务法》第八十三条也规定了违反其第三十八条应承担的法律责任，即责令限期改正，可处五万元以上五十万元以下罚款，严重的责令停业整顿，并处五十万元以上二百万元以下罚款。据笔者所知，到目前为止还未有过有全国影响力的大型电商平台被吊销执照或者被责令停业整顿的事件发生。这些全国性的大型电商平台早已渗入人们生活的方方面面，贸然关停或停业整顿会对人们的生活和社会运转造成较大影响，因而吊销执照或者停业整顿的处罚不会轻易做出，实质上的法律责任承担以没收违法所得和罚款为主。放眼全球，目前我国的几家大型电商平台皆是业界的领军企业，这些公司不仅市值惊人，其营业额也动辄百亿、千亿美元，与这些数据相比，《食品安全法》和《电子商务法》针对违规设置的处罚限额过低，对于电商平台来说违法成本太低，警示、震慑的作用十分有限。以美团、饿了么两家外卖平台为例，这两家外卖平台屡次因食品卫生问题被处罚，但食品安全问题仍不能得到让人满意的解决。处罚力度低是目前电商平台对网络食品没有起到应有的、良好的监督作用的根本原因。电商平台的态度对网络食品安全问题有着至关重要的影响，只要电商平台严把监督关口，网络食品安全问题频发的状况就能得到极大的好转。笔者认为，督促电商平台切实履行义务的最好办法莫过于在加强行政监督水平的同时辅以高额罚款作为威慑。高额的罚款会迫使电商平台趋向于采取更加符合法律法规的策略，切实履行其监督义务，严把食品安全关口。

（二）提高物流行业合规水平

2018年3月2日，中国第一部专门针对快递行业的行业法规《快递暂行条例》颁行。《快递暂行条例》第二十四条第二款做出了食品、药品的运输应遵守相关法律的特殊规定。我国的《食品安全法》对食品的贮存、运输和装卸做了较为详细的规定，并且指明包括物流公司在内的非食品生产经营者从事食品贮存、运输和装卸的，都应当符合该法的规定。由此可见，我国并不缺少对网络食品运输环节安全保障的法律规定。但实际上，物流公司出于成本等因素考虑，并未很好地贯彻这些法律法规的规定。笔者认为，我国应该从法律层面上全面推行严格的快递物品分类处理制度，使快递物品分类处理不再仅仅局限于特殊物品，而是根据物品的特性具体优化运输配送流程，改变现下第三方快递公司对大部分网购物品统一配送流程的做法。实行全面的快递物品分类处理制度，食品类快递集中处理，也可大大降低相关行政管理部门监督的难度，监管的压力会促使物流公司进一步落实对食品的贮存、运输和装卸的法律规定，形成监管与法律实效互相促进的良性循环。这样的措施，虽然会带来物流成本上涨的问题,但从网络食品市场长远发展和保障公众生命健康安全的角度来看,将利大于弊,付出些许代价也许是值得的。

针对饿了么、美团外卖的自建物流体系,笔者认为,目前其即时配送流程中的主要问题在于从业人员素质不高。这不仅仅是食品安全问题,也是社会问题,除了从外部加大行政监督、加强处罚力度之外,更应该从外卖平台内部对从业人员进行食品安全法宣传,从加强法律意识等方面进行培训,相关部门还应督促外卖平台适当提高从业人员福利、待遇等,从多方面入手促进外卖配送过程中食品安全问题的最终解决。

(三)限制与规范网络营销

我国很早就出台了《广告法》,并屡次修订,其中较为全面地明确了代言、广告推广活动需要承担的法律责任与义务,《广告法》的调整范围从最初的传统大众媒介,如广播、电视、报刊等扩展到现在的互联网传媒,其第四十四条明确规定,利用互联网开展广告活动,同样适用该法。但目前的《广告法》仍然存在许多不足之处,其未能很好地适应互联网时代网络营销的特点。首先,由于网络营销平台通常具有很强的社交属性,利用新浪微博、各大直播平台、公众号、朋友圈等渠道对网络食品进行宣传具有很强的隐蔽性,很难界定这种行为是商业广告宣传行为,还是单纯以推荐为目的的社交行为,性质的不确定性直接导致了适用法律的困难,当食品安全事故发生时,更难追究相关责任人的责任。实际上,也很少有网络自媒体因为推荐、宣传的网络食品存在安全隐患而受到处罚。可以带动巨大流量的网络明星们拥有巨大的影响力,已经属于公众人物的范畴,在享受巨大流量带来的利益的同时,也应该承担一定的社会责任,相关法律法规应该节制其言行。笔者认为,可以在《广告法》中对网络营销做出专门规定,通过对网络文章,视频直播的浏览次数、转发数量,发布者关注人数等可以量化的指标制定标准来划分社交行为和商业行为的界限,将超过一定浏览次数、转发数量的推荐网络食品的文章、博文、直播视为商业广告行为,同时将超过一定关注人数的网络自媒体、公众号、直播平台主播在公众场合的推介行为视为代言或者广告宣传行为,以此明确网络营销的定性,解决法律适用问题,将网络营销彻底置于法律监督之下,为网络营销这匹野马套上笼头,保证其不脱离正常轨道。

(四)加强对微商的法律监管

微商成长至今日,已经在互联网交易中占据了不小的份额,同时也是网络食品市场中最难监管的一块。与网络营销问题相似,通过微信等社交工具经营网络食品的微商也带有浓重的社交色彩,这对微商销售网络食品的行为定性产生了障碍,也是对微商实行法律监督最大的问题所在。笔者认为可以通过服务对象的范围辅以销售数量、销售额等数据综合判断微商的行为是受《食品安全法》调整的食品经营行为还是社交行为。笔者认为，向不特定公众售卖食品的行为应该一律认定为食品经营行为，而对于只向特定顾客小规模提供网络食品的行为可以认定为社交行为。理由在于，一旦发生食品安全事故，前者影响范围更广泛，后果更为严重，而后者则局限于一定的、较小的范围内，相对可控，将前者纳入《食品安全法》等特别法的调控范围更有利于相关权益的保障与责任追究，而后者通过《民法》《侵权责任法》等法律已经能够较好地维护受害者权益。同时，这样的划分能够较好地在食品经营行为与社交行为之间保持平衡，既能规范职业微商，又不至于太过影响普通民众尤其是美食爱好者的社交生活。

四、结语

不可否认，网络食品市场的发展给人们带来了极大的便利，也大大提高了人们的生活质量，但是不能本末倒置，这种变化不应该以牺牲人们的生命健康为代价。网络食品安全问题不仅仅是法律问题、行政监督问题，更是摆在所有人面前的社会问题。完善法律建设、加强行政监督，能大大减少网络食品安全事故发生的概率，但并不能杜绝此类事件的发生，只有食品安全的观念深入每一个商家、每一个消费者的内心才能最终解决食品安全这个世纪难题。

网络食品安全研究及对策

钱梦云*

摘　要　随着当代互联网产业的迅速发展,网络餐饮、网售食品服务的模式应运而生,凭借着快捷运送的优点极大地方便了人们的生活,用户规模和使用率持续上升。民以食为天,消费者对透明消费和营养健康的需求日益提升,网络食品安全也成为大众关注的焦点。本文从分析现阶段网购食品存在的主要问题出发,结合近年相关监管法规,在网络食品的治理与管控方面提出相应监管对策。

关键词　网络食品;网络交易平台;食品安全监管

一、网络食品交易安全中存在的问题

(一)网络食品的售卖质量无法保证

互联网改变了我们的日常餐饮方式,网购的便捷带动了网络食品的热销,最突出的是网络餐饮以及各种网红食品。只要在家中点开美团、饿了么等的APP订餐,外卖小哥就会将美食送上门来。在互联网高速发展的背后,网络食品质量安全也引起了消费者的高度关注,成为网络食品监管的重点。每天面对大量的网络食品消费,安全监管面临挑战。目前网络食品的经营有以下几大趋势:参与网络食品经营的主体日趋增多,同一主体同时开展线上和线下交易的现象普遍。这导致网络食品经营法律关系相对复杂。相应的监管法规出台滞后,导致网络食品安全违法行为查处程序不明确。如何针对网络食品进行有效的监管和治理,从而更好地保障消费者合法权益,已成为摆在我们面前的现实

---

*　钱梦云,江南大学法学院硕士研究生。

问题。

首先，网络食品信息的不透明使得消费者易对食品质量产生误判。由于网络空间的虚拟性，决定了网络食品交易标的物的不确定性。网销食品在很多情形下往往不注重展示食品的外包装以及应当注明的各种信息，诸如商标、产地、生产日期、保质期、成分等。一些网红食品通过渲染的图片及文字诱惑消费者，使消费者丧失了通过感受食品的真实情况进行初步鉴别和判断的权益，不能直接感受食品的味道、颜色等，只能通过网络食品广告的诱人程度来决定是否消费。食品经营者往往会利用极富诱惑力的图片及宣传用语、低廉的价格、好评如潮等方式，刺激消费者的购买欲望，而与此同时，置诚实守信原则于不顾，产生许多欺诈现象①。

其次，有些网络食品卖家利用平台管理的疏漏，趁机钻法律漏洞，在网络上销售过期食品或者一些假冒伪劣食品。这些网络食品经营者，存在偷工减料或者用低廉有害的替代品加入食物里的违法行为，其中有些食品在网络上销售相当火爆，被人称之为"网红食品"，如脏脏包、红糖馒头、辣酱等。这些网红食品看似干净卫生，但有可能是在一个比较简陋、卫生条件不合格的小作坊中制作出来的，而消费者往往对此毫不知情。而这些销售火爆的网红食品往往打出无添加、纯手工等字眼。另外，一些海外食品通过互联网打入中国市场，在现有运输条件下，只能与其他物流体系混合配送，对于一些储运条件要求较高的网络食品也易造成二次污染，如果人们长期食用此类食品，生命健康将受到一定程度的损害，存在着较大的食品安全隐患。然而，以上这些网络销售的自制食品和海外运输食品都存在经营者是否经过健康检查、具备经营资质，经营场所是否卫生健康等问题。

（二）网络食品经营者信用缺失

由于网络食品信息管理的不透明，线上交易没有实体交易直接真实。网店评论很容易被操纵，存在虚假评价。消费者往往通过卖家所展示的图片文字以及翻看网店的销售额或买家评价来判断产品质量。有的销售者为了提高销量，会通过返利的手段换取好评，网络销量也可以通过刷单的方式实现。有些消费者出于利益诱惑，往往会给出高出实际的评价。另外，网络食品市场中有的无良卖方利用与买方拥有的产品质量信息不对称的特点，在网上发布虚假信息，通过抬价再降价的方式，明为降价促销，实为销售质价不符的食品欺骗消费者。比如，在节日活动中有商家进行促销活动，消费者看到一家糕点铺宣称全年最低价，原价 288 元一盒，现价 188 元一盒，于是买下了 200 盒的糕点。几个月

---

① 王佩佩. 网购食品交易中法律问题研究[D]. 长春：吉林财经大学，2017：4.

后,翻看该店铺的销售记录发现,该糕点的最低价不是188元一盒,而是128元一盒。

(三)消费者维权道路艰难

由于网络食品交易后无相关法律依据,导致消费者对问题食品退货困难。网络食品产业经营模式的隐蔽性以及调查违法取证的困难,使得消费者权益保障举步维艰。第三方交易平台上网络食品销售的准入门槛较低,也给监管部门的监管执行带来了较大的难度。多数消费者购买食品后或因为没有有效的购物凭证,难以维权,或因为维权成本太高,最后只好不了了之,这使得一些商家轻而易举地逃避了法律的制裁。各大网络运营商也将食品交易排除在"七天无理由退货"条件之外,亚马逊退换货规定,食品类、酒类商品等在消费者签收后便不再享受7天无理由退换货。从消费者选择购买、经营者出库发运到物流公司运转交付需要一定的时间,在这期间食品质量可能发生变化。在收货时,有些食品的质量会受其自身储藏条件的制约,而消费者如果不打开外包装就无法知道其质量好坏,签收后打开包装,即使发现有质量问题,却因为不能满足网络平台的无理由退换货的要求,消费者的权益也得不到有效实现。

(四)第三方交易平台监管缺失

第三方交易平台的监管对于网络店铺的监管具有重要作用,然而目前在网络店铺上却很少看到网络食品经营者的营业执照、食品卫生许可证等信息,而食品经营者依法应当提供的健康证明和定期的健康检查报告则更为少见。每年"3·15"晚会都会曝光一批外卖平台上缺乏卫生资质的小作坊,恶劣的食品制作环境与网络图片上宽敞明亮的厨房形成鲜明对比。第三方交易平台对食品经营者管理的缺失,网络食品保证全靠卖家自觉,食品质量良莠不齐。一方面,网络食品经营者数量庞大,第三方交易平台对食品经营者资质、信息的审核管理工作量极大。为降低管理成本,第三方交易平台对入驻的食品经营者的信息审核往往浮于表面的形式审查而非实质审查。即使在运营过程中发现了缺乏资质的卖家,至多也是使其下架,而其很大概率会换个店名继续上线交易。缺乏配套的处罚机制,使得不良商家违法成本小而利益获取容易,由此陷入恶性循环,证照缺失、无证经营成为网络食品销售行业的常态,造成严重的网络监管安全隐患。

二、依法采取对策加强网络食品安全监管

(一)出台相关法规及标准,加强网络食品的监管

目前,网络食品安全相关法律相对滞后,监管体制机制不能满足网络食品新业态的发展需求。为了加强网上餐饮服务中的食品安全监督管理,规范网上

餐饮服务操作,确保餐饮服务中的食品安全,保障公共卫生,国家食品药品监督管理局于 2017 年 9 月 5 日审议批准了《网上餐饮服务食品安全监督管理办法》(以下简称《办法》),于 2018 年 10 月 1 日施行。《办法》确保了消费者网上购物食品安全,明确了查处网上食品安全违法行为的管辖责任和控告主体,严格、科学地确立了食品安全违法行为的法律责任,提高了制度的可操作性和针对性。另外,2015 年新修订的《食品安全法》也同样明确规定,食品安全监管工作应贯彻风险管理原则。针对上述网上购物的虚拟性和信息不对称、买家对食品质量误判以及监管平台责任缺失等问题,主要采取以下措施:①明确"线上线下一致"原则,规定进入互联网的餐饮服务提供商应当依法具有实体经营店铺,取得食品经营许可证,且经营范围不得超过许可证书中规定的主要经营形式和经营活动,食品和饮料的互联网销售应符合食品和饮料在商店销售的质量和安全性。对于网络平台监管的问题,县级以上地方食品药品监督管理部门对严重违规的在线餐饮服务提供商进行调查处罚的,应当通知第三方平台,并要求其立即停止向该商户提供网上交易服务。②赋予第三方平台监管权力,明确平台和网上餐饮服务提供者的义务。网络第三方提供者需要建立食品安全相关制度的许可,设立专门的食品安全管理机构,配备专职食品安全管理人员审核、登记、宣传网上餐饮服务提供者。食品服务提供方要如实提供餐饮服务提供商的信息、网上餐饮订单的真实记录。而平台人员需对网上餐饮服务提供商的商业行为进行抽查和测试,进行严格的过程控制和设备的定期维护等。③政府需发挥主导作用,国家食药监局要对网上餐饮服务食品安全进行监督管理,定期组织开展网上餐饮服务食品安全检查,一旦发现网上餐饮服务第三方平台提供者和进入网络的餐饮服务提供者之间存在违法行为的,应当及时依法组织调查、处罚。④与地方法律、法规和其他法规做好衔接。

(二)政府和第三方平台应相互配合,建立综合管理体系

1. 政府监管应当在网络食品交易安全治理体系中发挥主导作用

政府部门应积极实现网络市场治理体系现代化、适应网络食品安全发展新业态。区别于传统的食品监管,网络食品安全治理具有主体多、关系复杂、数量庞大等特点。只通过政府监管或市场调节的方式并不会取得最佳监管效果。因此,需要建立网络食品监管的综合治理体系,包括政府监管、行业自律、企业自治、消费者参与等。具体来说,一是食品线下运输方面,督促邮政企业、快递企业加强对协议客户的资格审查,严格落实网络实名制;二是对伪造产地、厂名、质量标志,篡改生产日期,在网售商品中掺杂、掺假、以次充好的违法行为进行严厉处罚;三是对通过组织恶意注册、虚假交易、虚假评价等方式,帮助其他经营者进行虚假或者令人误解的商品宣传的行为进行处罚。严禁以虚假或者引人误解的商品说明、商品标准、商品标价等方式销售商品或者服务。和传统的市场监管相类似,在网络食品交易安全治理中,政府当然应该在其中发挥主导作用。但从广义治理体系构建的角度出发,政府监管需慎重考量介入网络食品交易的方式和程度。政府监管部门应运用公权力的天然优势,合理调动各种资源,增加与其他参与主体之间的监管工作的协调和互动,重视社会层面主体的监管作用。

2. 第三方交易平台配合政府完善网络食品安全监管

网络食品监管要避免出现盲区和漏洞,只有政府监管部门、第三方平台、网络电商一起携手,才能及时完善网络食品安全的体系。而第三方的食品监管在其中发挥着不可替代的作用,传统的食品交易主要以实体线下形式进行,政府的监管机构可以掌握相当的信息,而在网络食品交易中多方主体虚拟化,难以追责,给政府监管带来全新的挑战和压力。目前,网络食品与非网络食品的执法检查都由各级食品稽查部门负责,由于网络食品交易往往突破地域限制,工作量和难度陡然增加①。第三方交易平台作为交易中心汇聚了交易数据流,占据了管理交易秩序的天然优势。政府部门由于未直接参与网络食品交易,缺乏监管的先天优势。网络食品交易数据是第三方交易平台的核心竞争力和商业秘密,网络平台通常不愿意将数据开放给政府监管部门。当然政府部门也可以通过运用执法权要求第三方交易平台共享数据库,但效果不会明显。原因在于第三方平台数量较多,每一平台都储存着海量的交易信息,有些网络平台,处于不同的行政区域甚至不同国别,政府部门执法资源有限,无法独立完成网络食品交易的监管任务。原国家食药监相关负责人曾建议,监管部门可将餐饮单位证件持有情况、日常监督检查情况等整理制作成标准化且动态更新的数据包,提供给第三方平台,使其利用这些数据高效审核入驻商户的证件资质。这种设想已经初有实践,据了解,美团点评、百度外卖等第三方平台正积极利用大数据技术加强对网络商家的审核把关。如美团将入网经营商户的食品安全电子档案系统与各地的食品监管部门进行对接。商家入驻时可以很快利用大数据技术实现信息审核,可以及时了解商家是否具有合法资质以及违法情况。

3. 让消费者和网络食品经营者积极参与监管,共同建立网络食品监管体系

市场信用体系的建立与完善需要对交易中的欺骗行为进行严惩。但由于我国网络食品交易市场的复杂性,网络食品经营出现问题后往往无法确定责任主体,因此,很难对交易中的欺骗行为进行严惩。根据 2018 年 8 月 31 号颁布的《电子商务法》第 86 条的规定,电子商务经营者有本法规定的违法行为的,依

---

① 田一博.当前网络食品安全问题及对策[J].食品安全导刊,2017(3):31-32.

照有关法律、行政法规的规定记入信用档案,并予以公示①。因此,网络食品经营者都应当做到实名制注册,第三方平台要本着切实为消费者负责的态度,对在平台上经营的卖家进行严格的资格审查,如卖家的实际联系方式、通信地址、经营许可等关键性信息,要仔细筛选,确保卖家所提供的信息真实有效。同时,建立快速赔付机制,如果经自己平台销售出的食品出现问题,要积极帮助消费者维护合法权益。第三方经营平台要对卖家的进货渠道、加工处理地点及运输储存方式进行严格的监督和把控,定时抽查,一经发现有非法行为,应立即要求卖家整改,要全面禁止虚假广告的传播,对夸大功效,描述与实际严重不符的行为进行处罚。

三、结语

食以安为先,食品安全问题关系到每个国人的身心健康,并会对社会的发展产生深远影响。一方面,国家立法部门要逐步完善有关网络食品安全问题监管的法律法规。另一方面,网络食品安全的新特点以及涉及其中的法律关系的复杂性也要求政府、第三方交易平台、行业组织、消费者等多方主体积极合作,共同营造良好的网络食品经营环境。第三方网络平台也要配合政府监管工作,积极发展大数据技术,建立网络食品监管系统,切实维护消费者的合法权益。只有坚持依法治理、系统治理、综合治理的总体思路,网络食品安全治理才可能取得理想的效果,消费者的权益才能得到更好的保护。

---

① 王海馨.电子商务法给电商带上紧箍[N].光明日报,2018-9-28(10).

政府监管与网络食品安全若干问题探讨

余　镛 *

摘　要　网络食品作为"互联网＋"时代下的新型产业,其交易的虚拟性和摆脱时间、地域限制的优点,使其得到飞速发展,而快速发展的同时也带来了诸多隐患,近年来层出不穷的网络食品安全事件已经引起消费者的强烈关注,如何维护网络食品安全是当务之急。现阶段,维护网络食品安全仍然面临诸多新的问题与挑战。而政府监管对于维护网络食品安全具有重要作用,探讨政府监管应该在维护网络食品安全中扮演何种角色,目前有何不足,应该采取哪些措施,对于维护网络食品安全有着重要的现实意义。

关键词　网络交易;网络食品安全;政府监管

一、网络食品安全

(一)网络食品安全的相关概念

网络食品,是市场经济随着互联网迅速发展,由传统的实体交易转变为线上消费与线下实体门店相结合的产物。网络食品是指,消费者通过在互联网平台进行网络交易所购得的食品以及网络平台自己经营及销售的食品。

而网络食品安全主要是包括两方面的安全:①数量安全,即食品数量上要达到可控、安全的程度,保证在供应上不会产生问题。②质量安全,消费者购买网络食品,主要是为了满足自身的消费需求,供应商需要保证食品在摄入之后,不会产生食品安全问题。

＊　余镛,江南大学法学院硕士研究生。

（二）网络食品交易的特点

网络食品之所以迅速发展，主要与网络食品交易自身的特点有关：①相较于传统的一手交钱一手交货的市场交易模式，网络食品交易依赖于网络媒介，能够摆脱地域和交易时间的限制，消费者只需要手指轻轻一点，就能够迅速完成一笔交易，交易地点可以在工作场所也可以在住宅，非常灵活；②食品种类丰富，消费者能够通过各种互联网商业平台，购买来自世界各地的不同食品，享受来自不同地域的商品服务，这些都是传统交易渠道所不能比拟的①；③商品交易虚拟化，网络食品交易的本质特征是依托于互联网交易，这是区别于传统交易模式的本质特征。成为一个网络食品经营者的门槛并不是很高，只需要通过平台服务商，设立一个虚拟店铺，并且通过各种传播媒介来对食品进行宣传即可。电子时代的信息传播，呈爆炸式，相较于传统以特定地区为限的宣传范围，网络交易能够涵盖生活各个部分，实现跨地区、跨国家交易。消费者在接收到商品信息之后，通过平台服务商或者食品经营者的自建网站，选定想要购买的食品，按照交易流程进行购买，一个网络食品的交易进程就轻易地完成了。

但是网络食品交易也具有诸多不足②。①违法行为多发。相较于传统食品交易，由于网络监管难度大，相关法律不完善，使得网络食品交易的违法行为呈现种类多、数量大的特点。行政机关在惩处这些违法行为时，由于互联网交易自身的特点，证据难以提取，使得打击违法行为的难度大大提升。②虚假宣传。消费者对食品的了解依赖于网站图片及其对食品的语言描述，相较于传统交易方式，消费者并不能通过直观感受或者试用行为来对食品进行评价和判断，这往往会出现实物与商品不符的现象。

（三）网络食品安全的问题及形成原因

网络食品安全问题，主要表现在商家经营混乱，法律体系不完善，群众维权困难等方面。

1. 商家经营混乱

由于"互联网＋"交易的迅速发展及相关管理制度的滞后性，使得现阶段的网络食品市场仍然处于一个不完善的阶段。主要体现在以下方面。①无照经营或者证照不全。根据我国《食品安全法》规定，经营者从事食品生产经营、餐饮服务行业，应当前往行政机关进行登记，获得行政许可之后，才具有从事经营的资质条件。但是由于互联网平台的准入门槛低，行政机关对于商家资质的审查也不严格。经营者从事网络食品交易，无证现象非常严重，这并不利于网络

---

① 贺娴.网络订餐食品安全监管研究[D].武汉：华中科技大学，2017：27.

② 当下食品安全的新领域：网络外卖问题[J].中国防伪报道，2017(2)：34－35.

食品安全的健康发展。②缺乏卫生监管,网络食品监管主要依赖于经营者的自身监管及外部监管,自身监管主要来自网络平台提供者,而外部监督依赖于社会监督,如食品、卫生监管部门。经营者自我监管意识淡薄,片面地追求经济利益,而忽视了自己的社会责任,经营环境恶劣,提供食品的生产地可能并不具有相应的生产资质和生产环境条件,这些潜在的隐患是危害消费者的健康安全的主要来源①。据相关新闻爆料,某网红月饼的制造地就在黑网吧,生产环境非常恶劣,里面充斥着刺鼻的气味及飞舞的苍蝇。经营者过分追求经济利益,降低生产要求的最终后果却由消费者以自身健康安全来承担。混乱的市场经营现象,虽然会带来短暂的经济效益,但长期来看并不利于网络食品市场的健康发展。

2. 法律体系不完善

由于网络食品依托于互联网这一载体实现交易,虽然摆脱了时间和地域的限制,但也由于交易过程中涉及多方民事法律关系主体,虽然只是简单的买卖交易行为,但是一个完整的交易背后,包含线上线下交易结算,食品生产、销售、运输,消费者和销售者以及第三方平台等多个环节。法律关系复杂化、交易跨地域性对于完善法律的迫切需求和监管部门行政措施单一化、缺乏相关法律平衡两者之间的矛盾,加大了行政机关在维护网络食品安全工作上的难度。出现这些问题主要原因如下。①监管法律体系不完善。对于网络食品交易的规定大多数是政府规章和地方性法规,效力等级相较于法律而言是较低的,由于互联网交易一般跨越地域,这些规范性文件实际发挥作用的效果并不理想,地方性法规由于只是在特定地区发挥效力,对于跨区域的网络食品交易出现食品安全问题时,并不具有全部适用的效力。另外,对于网络食品安全监管的各个环节,相关法律并没有达成一致,由此造成监管环节的重叠或缺失。②规范经营者经营行为的机制不足。现阶段我国法律关于经营者经营行为的准入原则,并没有具体规定细节,准入门槛低,造成市场混乱,《食品安全法》对于经营行为要求获得相应的行政许可这一规定,并没有得到有效落实。同时,根据《行政处罚法》的规定,行政机关对于违法经营行为的惩罚性措施,主要是采取吊销生产经营许可证这一主要行政处罚行为,但这难以应对复杂多样的不法行为,行政机关在进行行政处罚时往往处于一种被动状态,同时由于网络食品服务提供者的生产经营场所具有隐蔽性,所以,很难实现对网络食品交易的有效规制。

3. 群众维权困难

消费者在遭遇网络食品安全问题时,若想通过法律途径维护自身权益,面

---

① 陆永博.浅议网络销售食品安全问题[J].法制与社会,2015(21):88-89.

临诸多问题,主要有以下问题。①维权证据难以取得。根据法律规定,消费者网络食品侵权是属于民事诉讼案件,在庭审过程中,根据"谁主张谁举证"的责任分配原则,往往需要由消费者来提供食品交易侵权行为的证明,这类凭证往往是以购物发票为主要形式,但是在进行网络食品交易时,经营者并不会主动提供购物发票,而消费者对于发票的索要意识也非常薄弱。同时网络食品交易依托于互联网交易,具有虚拟性,消费者对于食品信息是否达到生产经营标准,是否符合食品安全规定,都不如经营者掌握得多。食品的最终质量检查结果如何,也是消费者维权举证的一大障碍①。②维权涉及区域较大。由于互联网交易摆脱了地域的限制,当食品服务销售者和消费者处于不同的地区,消费者想要维护自身权益时,就会涉及异地维权。而消费者就需要前往各个地区、各个部门主张维护自身权益,但各个部门难以协调,互相推诿责任以及法规的不协调性,都使得消费者很难成功维权。③维权成本与可得利益不对称。消费者在进行网络食品交易时,往往标的物金额并不是很大,但是维权所需要付出的成本很高,消费者为了避免不必要的麻烦,最终会选择放弃维权。这也是维权意识淡薄的体现,毫无疑问,这种权利淡薄意识也会滋生网络食品侵权行为和助长经营者虚假宣传的不良风气。

（四）维护网络食品安全的意义

1. 维护消费者合法权益

市场经济的健康运行,需要有一个良好、健康的市场经济环境,经营者片面追求市场经济效益而忽视了自身的社会责任,只会导致市场经济的畸形发展。促进市场经济的健康良性发展,离不开保障消费者合法权益。消费者在进行网络食品交易时,由于信息的不对称而处于弱势地位,这需要加大对消费者合法权益的保护力度。同时由于消费标的涉及食品,关系人的健康安全这一特殊属性,食品的安全隐患问题是每个消费者所担心的。互联网食品交易是一种新型产业,发展迅速的同时仍然存在许多不规范行为,维护消费者权益的好坏对于新型产业的发展也有着重要影响。

2. 完善政府职能,履行政府职责

政府作为行政机关,具有为人民服务之职责,依法管理政治、经济和承担社会公共服务的职能。政府的经济职能要求,政府在进行社会经济生活时,要积极履行市场监管职能,保障市场畅通运行,保护公平交易,维护合法利益。同时行政法也对政府提出了合法行政和高效便民的要求,政府加强对网络食品安全

---

① 武丽君,荣玲鱼.关于网络食品安全问题的法律思考[J].法制与社会,2016(36):84-85.

的监管,是政府职责所在,是建设服务型政府的必然要求。

3. 推动建立良好的市场经济秩序

网络食品安全是建立在"互联网＋"基础之上的经济,作为新兴产业,具有巨大的经济效益和经济潜力,发展迅速就不可避免存在许多问题。完善网络食品安全,离不开对互联网经济的规范,这有利于建立良好的市场经济秩序,维护市场公正和公平交易。

二、政府监管

(一)法律依据

根据《中华人民共和国行政许可法》第十二条第一款的规定:直接涉及国家安全、公共安全、经济宏观调控、生态环境保护以及直接关系人身健康、生命财产安全等特定活动,需要按照法定条件予以批准的事项,需要设立行政许可。经营者在从事网络食品交易时,应当进行行政登记。而对于违法行为,法律也赋予了行政机关进行行政处罚的权利。《中华人民共和国行政处罚法》第三条规定:公民、法人或者其他组织违反行政管理秩序的行为,应当给予行政处罚的,依照本法由法律、法规或者规章规定,并由行政机关依照本法规定的程序实施。当行政机关在查处不符合规定的网络食品时,可以采取吊销许可证书的方式,对违法行为进行打击。

(二)政府监管的问题与不足

随着国务院机构改革进程的不断深化,现阶段主要是由国家市场监督管理总局负责食品安全的监管工作。机构改革的目的是为了更好地转变政府职能,精简机构,防止出现争权诿责,部门之间职能重叠的现象,推动市场经济健康发展。而网络食品交易,是"互联网＋"与传统商品交易结合的新产物,由于网络食品交易具有虚拟性、快速性和跨地域性等特点,对行政机关的监管,提出了新的要求,成为一项难题。而行政机关如果仍然遵循传统式监管模式进行抽查,并不能有效地解决问题,保障食品安全。

1. 监管具有被动性

一个经营者如果想要从事网络食品销售,其资质的取得条件限制是非常低的。以网络外卖食品为例,很多商家并不具有相应的生产经营资质,其主要群体是流动商贩,且生产地点也具有隐蔽性,如住宅、居民楼、办公楼等。商贩的流动性使得这类食品经营者并不会主动前往相关部门进行登记,获得相应的资质许可。同时,我国的食品监管模式主要是单部门与多部门监管相结合的模式,虽然国务院机构改革方案的出台,体现了我国食品监管将向统一监管、协调机制方向转变的趋势,但在地方监管上,这种分工合作的监管模式还将会在一定期限内存在。而行政机关在进行监管时，主要是通过法律手段，打防结合。监管者想要发现这类食品事故，主要是通过巡查，举报和抽查的方式发现线索。但由于生产经营地点的跨地域性、隐蔽性，以及商家的弄虚作假，如在面对抽查时，拿出质量好的食品来应对，而在抽查结束后，继续销售不符合食品安全标准的食品行为，监管难度很大。这也是食品安全事件层出不穷的一个重要原因。

行政机关获取信息的手段不适应互联网食品数据特征也是政府监管落后的一个重要因素。互联网食品数据主要以数据量庞大、分布范围广和变化速度快为特征①。行政机关现阶段仍然沿用传统的数据统计与分析手段，即商家主动申报和抽查，这并不能够适应互联网食品数据的新变化。同时，抽检方式自身也存在许多问题，如不合理的样品比例抽取，各地区抽检标准的差异性，这都会使得数据不具有代表性。

2. 监管部门之间不协调

国家市场监督管理总局设立之前，我国对于食品安全的监管主要是依赖于国家食品药品监督管理总局。而网络食品交易涉及质检、工商等多个行政机关。法律赋予食药监部门对网络食品安全的监管职权，但是网络食品的多样化，以及食品从生产、流通，到售后环节的复杂性，离不开各个部门的协调与配合。同时由于网络食品交易的跨地域性，还需要异地机关的配合与执行。但各个部门对网络食品监管，并没有一个很好的共享机制，而部门数据的封闭性也容易造成监管的重复性。

除此之外，第三方平台也是网络食品安全的一个重要主体，他们往往掌握着食品生产者、经营者的重要信息。维护网络食品安全，离不开第三方平台与行政机关的配合和协作。在实践过程中，第三方平台主要掌握的是经营者、服务提供者的基本信息，而政府部门主要掌握的是其是否拥有经营资质的权威信息。在进行网络食品交易时，单方面独占自己掌握的信息，而没有一个良好的共享机制，会造成信息的不对称。即当第三方平台在面对一个新的食品服务经营者时，无法审核判断其是否具有相应的法律资质，而行政机关也不能够把握网络食品的整体市场情况。

（三）追责机制不完善

现行行政体制存在诸多弊端，例如，监管机构重叠，行政权力制约，监督机制不完善，争权诿责现象严重。网络食品作为"互联网＋"时代的新型产物，背后具有巨大的经济效益和价值，而行政机关应当处理好其与市场的关系。但

---

① 钟晓玲.网络食品销售安全监管存在的问题及对策[J].山西广播电视大学学报，2016(2)：76－77.

是,在实际操作中,可能会出现多个部门对于同一个对象发布不同的文件,造成监管对象的缺位或者监管职权的越位①。而当出现重大食品安全事故后,随着社会舆论的不断发酵,问责追责机制才开始发挥作用。而这种问责追责机制,更多的是依赖于"人治",即依赖上级对于食品安全事故的追责。而这种单向的追责机制,并不会对那些对食品安全事故负主要责任的人员形成真正的约束,个人修养和道德品质成了行政人员能否信守职责的主要依赖。

除此之外,行政权力制约监督机制更多的是依赖于外部监督,当出现重大网络食品安全事故时,行政机关采取的行动往往不是解决问题,而是掩盖事实。当社会舆论、新闻媒体披露时,行政机关才想到要去追责。问责追责机制的缺失,只会使得消费者安全得不到保障,也危害着政府公信力,不利于"互联网+"产业的健康发展。

三、完善监管措施

维护和保障网络食品安全,离不开政府监管,离不开网络平台第三方、经营者和消费者的共同努力。而政府监管,对于维护和保障网络食品安全,有着至关重要的作用。这不仅是宪法和法律赋予政府的职权所在,也是政府为人民服务的宗旨要求。

(一)健全和完善终身诚信档案

行政机关应当健全和完善经营者诚信档案,通过与网络平台第三方建立联动机制,实现信息共享。诚信档案主要是根据经营者日常检查情况、抽查检测结果、食品安全事故记录以及消费者投诉等综合因素来进行考量。对于失信经营者,将其纳入黑名单,并且将失信商户、经营者的经营信息放在全国信用信息公示系统上进行公示,方便消费者在进行网络食品交易时,能够查询到相关经营者信息。网络平台第三方也有义务在网站平台以显著的方式提示消费者,注意该经营者存在经营失信的历史记录。对于失信经营者,应当在该入网商户所有参与的网络平台和自建网站上,进行失信记录公示。对于有具体的经营主体及负责人的经营店,应当追究其主要责任人员及经营主体的责任。

政府也应当建立健全鼓励守信奖励之制度,对于严格遵守网络食品安全制度,保护网络食品安全的经营者进行重点宣传及鼓励,发挥这些守信经营者的榜样作用。

---

① 宋文君.互联网外卖食品安全问题的政府监管研究[D].武汉:湖北大学,2017:14-17.

（二）完善法律法规

现阶段我国关于网络食品安全方面的法律法规仍然不健全，这方面的法律规定体系主要是由《食品安全法》和部门规章及地方性法规组成。网络食品行业是近年来，随着互联网迅速发展而出现的新型行业，它既具有传统的食品产业的特点，也具有交易标的虚拟性等网络产业的特性。近年来，虽然网络食品安全的法律在不断修订，但仍然存在以下问题[①]。①监管法律体系不完善。关于网络食品安全的规范性法律文件，效力偏低，约束力较低。网络交易的跨地域性，令行政机关在进行网络食品安全监管时的难度大大提升。②食品安全监管立法环节存在疏漏。消费者在网络平台进行食品交易时，虚拟交易和不对称的信息掌握，使得他们往往处于弱势地位。

（三）完善"神秘买家"制度

《网络食品安全违法行为查处办法》对于"神秘买家"制度进行了规定[②]，即要求行政机关的抽检人员在进行网络食品抽检时，利用普通消费者的身份，在抽查目标对象的经营网店进行匿名购买，并且对网络食品进行检测，根据检测结果来评断该经营者经营的网络食品是否符合相应的质量标准要求。

"神秘买家"制度与传统的线下抽查或者食品安全事故发生之后的检查相比，主要具有突击检查这一重要作用。当质检人员进行网络食品交易时，也是利用了网络的虚拟性、隐蔽性等特点。通过交易来要求经营者必须注意和保障网络食品安全，这样才能够大大地保护消费者健康安全。但是，我们也需要注意到，网络食品的种类及体系非常复杂，网络食品经营的门槛之低，也使得抽查目标对象的数量非常庞大，交易次数的频繁及交易行为的迅速性，都使得"神秘买家"制度既要保证生产、销售、流通环节个人信息不被泄露，又要能够提取相关证据，为之后形成的处罚提供相应的证据支撑。

作为"神秘买家"的抽检人员毕竟数量有限，而抽查对象数量庞大且复杂，这使得监管成本大大提升，单一依靠行政人员并不能完全保证网络食品安全。可扩大"神秘买家"的人员范围，鼓励消费者参与进来，对消费者投诉举报的对象进行重点调查，提高针对性。

---

① 严涛.加强网络食品安全监管须从立法开始[J].首都食品与医药，2017(3)：26.

② 李静.我国网络交易市场食品安全之行政监管研究[D].广州：广州大学，2016：59 -62.

网络食品安全若干问题探究

买列义哈吉·卡马力拜克 *

摘　要　改革开放以来,人们的物质生活水平不断提高,越来越多的人关
注食品安全问题。近几年来,与食品安全相关的热点话题层出不
穷,针对越来越频繁出现在日常生活中的网络第三方订餐平台食
品安全问题,更是引起了各方的广泛关注。本文针对此问题结合
2015 年新修订的《食品安全法》进行进一步的探究。

关键词　网络食品;网络餐饮;食品安全法

近十年来网络技术的进步,不仅彻底改变了我们生活的点点滴滴,也为我
们的衣食住行带来巨大的便利。近年来,人们已经渐渐习惯利用网络平台外卖
服务,足不出户地在家中享受大饭店小餐厅的美味佳肴。

一、当下网络食品安全监督管理现状

(一)在线订购食品安全监管现状

我国餐饮业中食品流通存在不少问题,这些问题在网络订餐过程中表现得
尤为突出。很多小作坊式的毫无经营手续的"苍蝇餐厅"和大排档更愿意落户
于网络第三方平台,如此就能间接地避免验证店面的标识信息,规避监管。通
过调研发现,目前我国日常消费者中只有不到一半的人会关注网上餐饮机构食
品卫生情况。而只有两成的在线餐厅持有真正符合工商管理部门和食品卫生
部门审核通过的相关手续。由此可见,网络订餐平台极易陷入实体经营的灰色
地带,而大量的这类餐饮机构的出现,也加剧了各方对网络订餐平台监管的
难度。

---

*　买列义哈吉·卡马力拜克,江南大学法学院硕士研究生。

（二）第三方平台在线订购食品安全相关措施

在已制定的食品安全监管法规的基础上，新的《食品安全法》明确规定了网上订购第三方平台的主要责任。根据《食品安法全》第 62 条的规定：第三方平台在线食品交易平台提供者应当对入网食品经营者进行实名登记，明确其相应食品安全管理职责的划分，且第三方网络食品安全问题及其违法违规是县级以上人民政府食品药品监督管理部门的责任。根据《消费者保护法》，当商家向消费者销售劣质产品时，如果第三方平台不想承担责任，只需向卖家提供商家真实信息即可。上述规定与《知识产权法》中的"避风港"制度相似，这导致第三方平台的监管责任较轻，甚至出现对商家审核资质不过关的情况。新的《食品安全法》进一步规范了这一情况，明确规定了行政部门的监管职责，并规范了第三方平台的责任分工。这意味着第三方平台不仅需要进行形式审查，也要进行实质审查，以及时制止销售商户的违法行为，积极维护消费者权益。《互联网餐饮业食品安全监督管理办法》实施后，进一步明确了第三方平台的资格审查义务，并将审核义务明确为证照的真实性审核义务，即"类监管制"义务。

为有效落实《食品安全法》，国家食品药品监督管理局于 2016 年颁布了《互联网食品安全违法行为调查处理办法》（以下简称《办法》），从根本上加强了对网上食品安全的监管和对违法活动的查处。该《办法》的贯彻落实，真正实现了强化法律责任，细化平台及网络经营者义务的功效。

目前的监管现状发生了如下变化。

1. 监管模式发生转变

伴随 2015 年新修订的《食品安全法》的颁布以及随后出台的有关在线食品安全的法规，中国网络食品安全监管模式已从分段监管转变为集中监管。过去，食品药品监督管理部门，工商行政管理部门和质量监督部门负责监督网上食品安全。现在，由国家食品药品监督管理局全权负责国家食品和药品安全工作，以及监督、调查和处理县级以上非法的食品经营行为。而正是这种政府监管模式的转变解决了分段式监管模式下存在的政府权责不清，相互推卸责任等问题，切实提高了监管部门的行政效率。在网络食品安全监管主体中加入了舆论媒体、消费者等第三方力量，与政府监督形成合力，同时加强沟通协作与信息共享，形成对网络食品安全全方位多领域高覆盖的监管格局①。

2. 监管范围逐步扩大

现阶段我国行政监管部门对网络食品安全的监督范围在不断扩大，包括了

---

① 孟倩如.责任伦理视阈下网络食品安全监管问题研究[D].郑州：郑州大学，2018：13.

多个环节、多个领域、多个过程。如食品添加剂、奶粉配方的使用,以及食品生产、管理和分销的监管。行政监管范围的扩大不仅客观上解决了管理不足、监管不力的问题,并且进一步形成了对网络食品安全全流程的监管,构成了网格化的新型监管系统。

3. 监管方式逐渐完善

相关法律法规的出台完善,也进一步促进了各地方政府结合自身网络食品安全问题出台适合本地情况的相关治理监督管理办法。积极创新,勇于尝试,打破原有固定陈旧的管理思路,进一步更好地依托新的《食品安全法》,大力宣扬,做到谁执法谁普法,联合食物卫生工商等多部门,利用网络新媒体,以及报纸电视媒体等大众传媒对消费者食品安全权益维护进行宣传普法,使消费者的维权意识得到逐步提升,鼓励消费者报告在线食品违规行为并给予奖励。有些地方政府因地制宜,在地区设立派出机构,实行片区负责制,明确权责划分,辅助监管部门实施相关举措。同时逐步建立网络食品经营者诚信档案,及时记录食品经营者的诚信状况,对违法经营行为责令整改,给予严厉处罚。通过完善和创新网络食品安全的监管方式,提高了政府的监管效率,遏制了网络食品的违法生产行为,使人民群众的网络食品安全得到了保障。

二、网络第三方平台食品监管的困境及其原因

网络餐饮是新生事物,其快速的发展给网络餐饮平台食品安全管理带来了新挑战。在网络餐饮平台从信息平台向一般商品平台,再到食品经营服务平台的发展过渡中,其责任也越来越大。由于网络餐饮面临着产业链条长、无国际经验可借鉴、信息不能有效共享、执法依据不一、公众误读误判及媒体报道欠缺规范等困难,第三方平台的责任越大,风险也越大。

(一)网络食品安全监管法律体系待完善

首先,《食品安全法》第 109 条规定,中国食品监管机构主要是县级以上人民政府食品药品监督管理部门和质量监督部门。然而,这里所谓的"质量监督部门",究竟是哪一个职能部门,并未做细致而准确的规定,这也直接导致了相关部门权责不清,出了问题逃避责任,互相推诿,并带来网络食品安全监管力度的削弱。我国现有的食品安全法律体系以《食品安全法》为指导,以《食品卫生行政处罚办法》《食品卫生监督程序》《国务院关于加强食品等产品安全监督管理的特别规定》,其他单行食品相关法律和近百条配套法规及相关食品卫生标准为支柱,并以《消费者权益保护法》《产品质量法》《标准化法》中有关食品安全的相关规定作为补充。表面上,相关法律法规已初具规模,但是因为立法分散等原因,各个法律法规之间相对独立,缺乏一定的系统衔接性和完整性,因而在

实务中极易造成交叉执法,执法疏漏等问题的发生[①]。

其次,不明确的责任容易导致监管盲点。依据目前的相关法律法规,食品药品监督管理部门要对当下网络食品订餐等行为进行有效的监督和管理,实施优化整合,统筹兼顾。但是,时至今日,仍然没有明确的法律规定明确食品药品监督管理部门的相关责任。这也造成即使新修订的《食品安全法》颁布后,也未有实效,各部门执行规则仍然相对分散,各个职能部门内部相互推诿,互相扯皮现象依然存在,无证禁令仍然是监管盲点。纵观全国,各个地区政府部门对相关食品安全法的执法力度、执法方式、执法速度等方面也存在较大差异,这也与当地经济发展状况具有紧密联系。因此,垂直监管虽在一定程度上可以有效避免地方监督不力,或监督出现灰色区域,但是也无法避免执法力度减弱,执法范围局限,执法监督效率低下的尴尬局面。

(二)网络平台监督不力

随着前期如"饿了吗""美团"这类网络餐饮订购平台的出现,后期如"滴滴外卖""达达外卖""百度外卖"等网络餐饮订购平台的强势加入,必然导致激烈的市场竞争[②]。在此过程中,极易导致网络平台监督不力的情况发生。过分地追求市场份额的抢占,第三方平台在审核外卖商家资质过程中极易降低要求,再加上后期监管的缺失,跟进工作不到位,食品安全问题发生也就不足为怪了。此外,网络宣传的照片与现实餐饮状况不符的情况屡见不鲜,而消费者却无法在网络餐饮订购平台合法保护自己的权益,这一点亟待解决。因此,网络第三方平台缺乏有效的监督自查能力也是目前网络食品安全问题层出不穷的重要原因。

(三)网络食品安全监管能力待提高

第三方在线食品交易模式改变了传统的餐饮行业食品销售方式,突破了区域、空间、时间等的限制,而这些便捷性也导致监管部门对于食品经营管辖权的确定、相关调查取证及案件执行的难度大幅增加,导致网络食品安全监管机构之间相互推诿责任的现象出现。此外,在线食品交易的虚拟性和隐蔽性使得食品安全监管机构无法及时有效地掌握所需信息。因此,网络食品安全监管部门无法及时有效地监管违法经营活动。

此外,网络食品交易由于其隐蔽性、跨地域、无实物店铺经营的特点,对安全监管提出了较高的要求。针对这一类问题,网络食品安全监管部门通常是到

---

① 赵鹏.超越平台责任:网络食品交易规制模式之反思[J].华东政法大学学报,2017(1):68.

② 李立娟.外卖 APP 商家资质乱象难平[J].互联网观察,2016(1):34.

现场查处问题食品和违法经营行为,或者依照消费者投诉举报等,针对违法经营活动进行查处、处罚等。在实际的监管中,大多采取事后监管的方式,在接到群众举报后,行政监管部门虽及时对食品经营者的违法行为进行了调查取证,但网络食品经营者往往在食品监管部门展开调查前就已"人去楼空",这使得行政部门对网络食品交易行为的监管困难重重。而且网络食品监管过程中的取证大多在异地进行,且多为电子证据,固定证据较难获取,若违法证据没有在第一时间内取得便很容易被销毁,造成证据的丢失。

(四)监管人员专业素质较弱

经济飞速发展,技术革新不断进步,促使网络食品第三方交易平台迅猛发展,也吸引着大量网络食品经营者不断涌入,与规模庞大的食品经营者相比,我国网络食品安全监管人员无论是在人员配备还是专业能力上都显得较为薄弱,很多监管人员目前掌握的专业知识和能力还不能达到网络食品安全监管的要求,对于网络食品市场中经营者的资质,经营者身份的核实以及出现的新问题并不能得心应手地处理,这致使政府在实际监管活动中责任履行不到位,对于网络食品的监管常常流于形式。此外,与发达国家相比,我国食品检测技术起步较晚,权威的食品检测机构较少,检测技术落后,仅有的检测机构承担了大量的食品检测任务,检测持续时间较长,影响了对网络食品安全及时有效的监管和责任的落实。

(五)国际监管经验可复制性不强

在线订购食品的安全监管方面,欧美发达国家也没有达到成熟和完善。如美国各州法律要求外卖餐厅对食品安全负总责,国外对于网络餐饮并未制订相关专门的法律法规。我国法律明确了网络餐饮平台第三方主体责任,创造性地提出了共治共享的监管模式。我国网络餐饮在发展速度、平台规模、管理模式上都走在世界前列,在没有经验可以借鉴的情况下,解决网络餐饮高速发展中出现的食品安全问题面临很大挑战,必须社会共治,特别需要监管部门、第三方平台、餐饮企业和消费者的共同探索①。

三、加强网络食品安全监管的建议及具体措施

(一)严格贯彻执行《食品安全法》

严格执行《食品安全法》是维护消费者权益,维护食品安全,促进食品工业健康有序发展的重要保证。政府监管部门要坚决贯彻落实《食品安全法》,高度

---

① 李长健,张天雅.欧美食品安全风险交流制度经验及其启示[J].食品与机械,2018(2):81.

重视《食品安全法》的推进。利用现阶段最为快速便捷的新媒体和主流媒体的舆论宣传作用,开展相关宣传教育工作。明确落实网络餐饮机构、食品生产经营者、第三方平台的职责分工,认真落实政府及相关部门的职责。食品生产者和经营者是食品安全的第一负责人。政府建立完善的食品召回制度,加强源头预防,确保生产有记录,信息可查询,网络食品交易第三方平台要认真履行法律义务,承担自己的法律责任,并与监管部门密切配合,加强在线食品安全管理。

(二)加强网络食品安全监管机制建设

明确工商、质检、卫生等监管部门的职责,加强各部门之间的沟通协调,确保适当的监督。加强日常监督检查和抽样检查,坚持网络食品安全风险管理原则,加强风险监测和预警交流,加强正常和突发风险预警。提高食品安全标准,努力营造明确、协调、高效运行的标准体系和运行机制。制定符合当地实际情况和实际需要的食品安全法规,将食品安全标准中的强制性内容转化为食品安全技术法规,并辅之以行业标准和企业标准。根据当地情况,加强监督队伍的能力建设,加强网络信息技术的培训,提高基层执法水平。

(三)加强在线食品安全监管的大数据应用

随着互联网技术的快速发展,近年来,"大数据应用""人工智能"等一系列新思路和新技术不断涌现,这也是在线食品行业发展的难得机遇。通过有效挖掘并利用网络食品安全交易平台信息数据库,加强网络食品安全风险控制显得极为重要。因此,有必要加快建立全国性的在线食品交易信息数据库,推动在线食品安全监管信息共享平台的建设和发展①。通过监管部门、生产经营者和第三方交易平台的合作,建立真实、可信、专业的质量监督体系。公司可以根据测试标准进一步规范管理和改进流程,消费者可以及时获得有关食品质量的安全信息,监管部门真正实现了信息的联动与共享,有效地建立了资源对接,实现了安全预警和责任追溯。

(四)建立特殊的政府抽检制度

特殊的政府抽检制度,不同于常规的上门抽检,而是以特殊买家的身份,通过互联网购买网络食品进行随机抽样。网络食品安全本身就区别于传统门店餐饮销售模式,在质量监督方式上也应采取创新模式。现有的监督抽检方式过于单一,无法针对现阶段网络食品安全进行全方位更有效的监管,很容易造成重大安全事故。一旦这种特殊的政府抽检形式成为常态,将有效地规范商家的销售行为。

---

① 王睿.网络订餐食品安全监管研究[D].西安:西北农林科技大学,2018:30-31.

但是,在《食品安全抽样检验管理办法》第3章有关"抽样"的规定中[①],没有"神秘买家"合法性的依据。第十七条规定:食品安全监督抽样检验在进行抽样任务时,应当出具监督抽样通知书,委托书及其他文件和有效身份证件,不得少于2人。这些要求在"神秘买家"采样方法中无法实现。为克服这一缺点,必须尽快加强相关法律制度的完善,提高此类抽检制度的合法性。具体操作上可参考广东省食品药品监督管理局的做法,对"神秘买家"名单、账号等先进行公证,在抽样结束后再及时披露相关信息。

(五)建立网络食品安全共同治理体系[②]

建立网络食品安全共同治理体系,需要动员社会各方确保食品安全,充分发挥中国消费者协会、行业协会等的作用;促进在线食品生产提供商和第三方在线交易平台的自我监管;加强宣传和组织,鼓励消费者和公众投诉举报,积极提供网上食品安全问题的线索;支持社会监督,汇集法治轨道上的所有力量,形成共同治理的局面,协调和良性互动在线食品安全。

食品安全关系人民的健康和安全。习近平总书记指出,要用最严谨的标准,最严格的监管,最严厉的处罚,最严肃的问责,确保人民群众"舌尖上的安全"。今天,当"互联网+"蓬勃发展时,食品安全监管战场正在逐步展开向网络转移。监管部门要牢固树立责任意识,着力弥补现有监管体系、网络食品市场及大流通中存在的不足,将监管重点转移到大型网络市场。

四、结语

目前,网络食品安全秩序仍在建立之中,网络食品仍存在安全隐患,主要表现在:政府审批制度不够健全,后续缺乏相关严格的审查机制,检查管理水平仍旧不高;第三方网络订餐平台往往追求利益大过社会责任,导致盲目地吸收缺乏审核资质的食品经营者,缺乏高标准的严格核查机制,缺乏积极的审查思维;一些食品经营者缺乏法律意识和诚信观念,无法真正履行作为合格店家的义务;网络食品行业整体缺乏创新性,单一追求"烧钱"模式,无法实现长期良性循环。网络餐饮快速发展是大势所趋,加强网络餐饮食品安全管理需要政府监管部门、第三方平台、线下商户、消费者和媒体多方面的共同努力,只有大家共同管理,群策群力,我们才能不断提高食品安全水平,满足人们对美好生活的渴望。

---

① 陈财.网络订餐的安全监管问题浅析[J].中国食品卫生杂志,2016(5):634.

② 成诚.网络食品交易第三方平台提供者法律责任之规定的缺陷与完善[D].北京:中国政法大学,2018:27.

食品安全标准与食品风险的法律规制

国外转基因食品安全规制模式的考察以及对我国行政法规制的启示

张　弘　司楠楠 *

摘　要　基于对转基因食品潜在的风险和利益的评估,也出于各自的经济、文化和社会安全的考虑,转基因技术研发实力和商业化发展规模不同的国家对转基因食品确立了不同的发展战略,产生了不同的食品安全规制模式。本文在考察国外代表性国家和地区在转基因食品安全规制基本原则确立的实践基础上,从规制立法、规制制度、规制机构等方面比较各国转基因食品安全规制的基本模式,总结经验,以期对完善我国转基因食品安全规制体系有所裨益。

关键词　转基因食品;行政法规;启示

一、转基因食品安全规制的国际规则

(一)《卡塔赫纳生物安全议定书》与转基因食品安全

从 20 世纪 50 年代生物技术产生以来,生物技术的产业化进程逐步加快,转基因作物不仅数量猛增,种类也日趋繁多,世界各国基于自身利益的考虑对转基因食品的法律控制也呈现多元化趋势。美国制定了较为宽松和实用的法律制度,欧盟对转基因食品制定了非常严格和预防性的法律制度,日本、新西兰

---

* 张弘,辽宁大学行政法治研究中心主任,研究员;司楠楠,北京航空航天大学法学博士。

等国在此方面的法律规制程度介于两者之间①。目前国际上关于转基因食品安全的国际法文件最重要的是依据《生物多样性公约》②制定的《卡塔赫纳生物安全议定书》。1992年,里约热内卢联合国环境与发展大会第一次在国际范围内讨论了生物技术的安全使用和管理问题,大会签署的两个纲领性文件,《21世纪议程》和《生物多样性公约》均专门提到了生物技术安全问题。从1994年开始,联合国环境规划署(UNEP)和生物多样性公约秘书处组织了多轮工作会议和政府间谈判,为制定一个全面的生物安全议定书做准备。经过三年半的正式谈判,2000年1月29日,在加拿大蒙特利尔召开的生物多样性公约缔约国大会特别会议续会上,130多个国家的代表通过了《卡塔赫纳生物安全议定书》③。此后,该议定书又经过六次缔约方大会的不断完善,对有关转基因食品安全进行了较为系统的规定。

《卡塔赫纳生物安全议定书》共有40个条款,3个附件。其关于转基因食品安全的内容主要包括议定书的适用范围④、"事先知情协议程序"⑤、转基因食品标识的法律规制⑥。但是该议定书也存在相当的局限性,以美国为代表的转基因技术和产品生产、出口大国至今没有加入议定书,很大程度上妨碍了其影响力的发挥;此外,该议定书调整范围狭窄,未能包括所有转基因产品,特别是加

---

① Richard E. Just, Julian M. Alston and David Zilberman. Regulating Agricultural Biotechnology[J]. Economics and Policy,2006:459.

② 《生物多样性公约》(Convention on Biological Diversity, 简称 CBD),是保护地球生物资源的国际性公约,于1992年6月5日在巴西里约热内卢举行的联合国环境与发展大会上签署,1993年12月29日正式生效。

③ 2005年9月6日,中国成为《卡塔赫纳生物安全议定书》缔约国。

④ 《卡塔赫纳生物安全议定书》第4条规定:"本议定书应适用于可能对生物多样性的保护和可持续使用产生不利影响的所有改性活生物体的越境转移、过境、处理和使用,同时亦顾及对人类健康构成的风险。"其中,改性活生物体是指任何具有凭借现代生物技术获得的遗传材料新异组合的活生物体(Living modified organisms,简称 LMOs),或称转基因生物(Genetically modified organisms,简称 GMOs)。

⑤ 事先知情协议程序是指出口缔约方在改性活生物体首次越境转移之前,应书面通知并获得进口国主管部门的明确同意。

⑥ 《卡塔赫纳生物安全议定书》第18条第2款对转基因食品的标识做了概括性的规定,一缔约方应采取措施,至少以文件方式:(1)明确说明该转基因生物是有意转移直接用作食物或饲料或加工,而不是有意引入环境,并标明其特征和任何特有标识;(2)明确说明该转移的转基因生物是预定用作封闭性使用,并具体说明任何有关安全装卸、贮存、运输和使用的要求;(3)明确说明其他转基因生物是有意引入进口国的环境中,并具体说明其特征和相关的特性和/或特点,以及任何有关安全装卸、贮存、运输和使用的要求。

工后的转基因食品，且调整环节单一，仅规范进口步骤，而未覆盖转基因食品生产和销售等前后环节。

《卡塔赫纳生物安全议定书》通过前后，国际上一直在考虑拟订详细的关于改性活生物体造成损害的赔偿责任和补救的规则问题。2004 年 2 月 23 日至 27 日在马来西亚吉隆坡举行的卡塔赫纳生物安全议定书缔约方会议的缔约方大会第一次会议设立了《卡塔赫纳生物安全议定书》范围内赔偿责任和补救问题不限成员名额法律和技术专家特设工作组，分析问题并详细拟订备选办法和就这一主题提出国际规则和程序的建议。经过七年的谈判，作为议定书缔约方会议的缔约方大会第五次会议 2010 年 10 月 15 日在日本名古屋通过了一项称为《卡塔赫纳生物安全议定书关于赔偿责任和补救的名古屋—吉隆坡补充议定书》①的国际协定，是对《卡塔赫纳生物安全议定书》在责任与赔偿方面作出的补充。该本补充议定书的目标是，通过制定改性活生物体的赔偿责任与补救领域的国际规则和程序，协助生物多样性的保护和可持续利用，同时顾及对人类健康所构成的风险。

（二）WTO 体系与转基因食品安全

转基因食品在国际贸易中的成交量和成交额日渐增大，在世界贸易中所占比例也在不断增加，有关转基因食品安全的规则主要有两方面涉及 WTO 体系：一是 GATT 1994、SPS 协议和 TBT 协议，主要涉及转基因产品进口的限制措施；二是 TRIPS 协议，主要涉及转基因技术及含有转基因技术成分的产品的专利保护。

《1994 年关税与贸易总协定》（The General Agreement on Tariff sand Trade 1994，GATT 1994）是世界贸易组织管辖的一项多边贸易协定，是关贸总协定乌拉圭回合多边贸易谈判对 1947 年的《关税及贸易总协定》进行较大修改、补充后形成的。该协定本身条款由序言和四大部分，38 条组成，GATT 1994 中与转基因食品贸易和安全规制相关的条款主要是第 1 条、第 3 条和第 20 条，涉及最惠国原则、国民待遇原则及其适用例外。

根据 GATT 1994 第 1 条和第 3 条最惠国原则要求，任何缔约方给予来自或运往其他国家的任何产品的利益和好处必须无条件地给予来自或运往所有其他缔约方领土的同类产品。国民待遇原则要求，某一缔约国应该给予进口产品"不低于本国同类产品的待遇"。根据最惠国原则，对待转基因食品贸易，各 WTO 缔约国对外国的产品不能存在不统一的贸易措施，也不能对相同的产品进行歧视，即一个国家不能对来自不同国家的转基因产品进行差别待遇。同

① 我国尚未加入该补充议定书。

理,国民待遇原则要求各缔约国不能仅对转基因食品的进口实施限制却允许本国大规模生产。GATT 1994 第 20 条规定,在为保护公共道德,为保护人类、动物或植物的生命或健康,为保护可耗尽自然资源三种情形下可对转基因产品进行贸易限制。根据该条规定,缔约国可以基于维护生命健康、生态环境和社会稳定对转基因食品实施进口限制措施。

《实施卫生与植物卫生措施协议》(简称 SPS 协议)允许成员方出于保护居民、动物和植物的生命安全和健康的需要,按照本国的标准制定有关食品安全和动植物安全的规定。该协议适用于所有可能直接或间接影响国际贸易的动植物卫生检疫措施,目的是防止各成员方所采取的措施对国际贸易造成消极影响和以保护生命或者健康之名滥用措施。按照 SPS 的宗旨,缔约各方"为保护人类、动物及植物的生命或健康"目的,有权在必要时采取贸易限制措施。

SPS 协议在解决转基因产品国际贸易争端方面有着极其重要的作用,凡成员方在对转基因产品实施检疫措施时需要充分考虑该协议的具体要求。其中,SPS 协议第 5 条风险评估原则在转基因产品贸易中意义重大,成员方所采取的转基因产品贸易措施都须建立在风险评估的基础上。SPS 允许各国在风险评估的基础上,根据自己的可承受危险程度,制定本国的标准和规则,同时也需考虑国际组织制定的国际标准。在风险评估时,各成员应考虑可获得的科学证据、加工和生产方法、相关生态和环境条件因素等。据此,有科学依据是各成员国实施动植物卫生检疫措施正当性评判的基本准则,一国对于转基因食品安全的担心并不能构成限制其进口的正当理由。所以在现有的 SPS 协议框架下,所有欧盟成员国针对转基因产品进口采取的保护性措施,均被视为不具有足够的科学依据,未遵守 SPS 协议所规定的风险评估原则,因此,欧盟违反了其承担的 SPS 协议第 5 条第 1 款①和第 5 条第 2 款②的义务。

《技术性贸易壁垒协议》(Agreement on Technical Barriers to Trade,简称 TBT 协议)是指一些国家或组织为维护国家基本安全、维护人类健康和安全、保护生态环境等采取的技术法规、标准、认证等技术性措施。TBT 协议旨在保证关于产品、生产工艺和方法的技术法规和标准,包括对包装、标志和标识的要

---

① SPS 协议第 5 条第 1 款规定:各成员应保证其卫生与植物卫生措施的制定以对人类、动物或植物的生命或健康所进行的、适合有关情况的风险评估为基础,同时考虑有关国际组织制定的风险评估技术。

② SPS 协议第 5 条第 2 款规定:在进行风险评估时,各成员应考虑可获得的科学证据;有关工序和生产方法;有关检查、抽样和检验方法;特定病害或虫害的流行;病虫害非疫区的存在;有关生态和环境条件;以及检疫或其他处理方法。

求，以及对技术法规和标准的合格评定程序不构成对贸易的不必要限制，即成员国基于保护人类、动植物的生命健康，保护环境等合法目的，实施技术管制和措施时，不得对国际贸易造成不必要的障碍。

TBT 协议中关于产品及产品的生产工艺和方法的规定及相关检验和标识要求对转基因产品国际贸易的影响最为明显。1998 年，欧盟向 TBT 委员会提出了实施转基因产品强制标识制度。其理由是含有基因改变的 DNA 或蛋白质的食品、食品成分与传统同类产品不同，因此必须标识清楚，向消费者提供相关信息。转基因标识管理体制要符合 TBT 精神，尽量采用国际标准。成员方如需制定技术法规，而有关国际标准已经存在或即将拟就，则各成员方应依据现行的国际标准制定其国家的技术法规或法规中的有关部分，除非这些国际标准对达到该成员方所追求的合法目标无效或不适当。

在转基因产品的贸易问题上，可能适用 TBT 协议，也可能适用 SPS 协议。其区别在于争端的起因是否是基于人类健康的考虑。如果在食品问题上，出于人体健康问题而限制添加剂的使用考虑，则属于 SPS 协议的管辖范围。如果采取的措施是出于保持食品成分的完整性考虑，则适用 TBT 协议。其管理范围的划分之所以重要，是因为 SPS 协议对成员国的要求标准更高一些：SPS 协议要求 SPS 措施要以科学为根据，而 TBT 协议仅仅要求缔约国采取的 TBT 措施符合协议目的，并且是依照有关国际标准制定的既可。

《与贸易有关的知识产权协议》（Agreement On Trade-related Aspects of Intellectual Property Right，简称 TRIPS 协议）是一项管理知识产权的重要国际立法体系。其宗旨是确保 WTO 成员须参与国际贸易的产品最低限度的知识产权保护。与转基因技术和食品相关的条款主要由 TRIPS 协议第 27 条规定，一切领域的任何发明，只要具有新颖性、创造性和实用性，无论是产品发明还是方法发明，均具有可专利性。但是，为了保护公共秩序或社会公德，保护人类、动植物的生命或健康，或为避免对环境的严重破坏，成员国可排除某些发明的可专利性①。成员国可以将除微生物之外的动植物，以及生产动植物的生物方法，排除在专利保护之外，但应采用其他有效的专门制度或组合制度保护植物品种②。可见在转基因技术的专利保护方面，TRIPS 协议赋予成员国较大的自由度，并鼓励采用专利制度以外的其他制度进行补充性保护。

对比《卡塔赫纳生物安全议定书》与 WTO 框架内协议，可以看出，《卡塔赫纳生物安全议定书》旨在防范转基因食品越境转移可能对生物多样性和人体健

---

① TRIPS 协议第 27 条第 2 款。
② TRIPS 协议第 27 条第 36 款。

康带来的风险,忽视对贸易的影响;WTO 规则以贸易促进为第一目标,强调所有转基因食品规制措施都应以不妨碍贸易自由为原则。我国既已加入《卡塔赫纳生物安全议定书》,同时也是 WTO 成员国,必须以成员国的身份履行国际条约义务,遵从国际规则。所以,我国对待转基因食品安全规制的政策和立法,既要采纳《卡塔赫纳生物安全议定书》的要求,加强转基因食品的安全性研究,为安全评价和规制提供技术支撑,也不能违背 WTO 各项规则,妨碍贸易自由。

二、代表性国家和地区转基因食品安全规制模式比较

(一)美国的允许式规制模式

美国采取"可靠科学原则"和"实质等同原则"作为评价转基因食品安全与否的依据。"可靠科学原则"是指美国认为规制不能建立在无端的猜测和消费者担忧的基础上,转基因食品的风险和可能致损性必须通过可靠科学的证据证明,政府才能采取规制措施。"实质等同原则"是指如果某个新食品或食品成分与传统食品或食品成分基本相同,则视为同等安全。简单来说,就是如果一种新的食品或食品成分与现有的某一种特定的食品或成分在实质上相同,那么,在安全性方面,即可认为这种新的食品和传统食品同样安全,这是评价转基因食品及成分的安全性最为实际的方法。美国是一个典型的实证主义国家,在没有实际的证据表明转基因食品的健康风险问题之前,即认为它是安全的。因此,美国认为转基因食品和传统食品在实质上是相同的,它们是一样安全的,在这种理念的指导下,美国对转基因食品安全的规制也就较为宽松。美国的食品法没有将转基因食品和传统食品区别对待,也没有设置专门的转基因食品管理机构。

美国是较早通过立法来规范转基因食品安全的国家。1975 年,当时的一些美国科学家认为转基因技术很有可能对自然环境、社会环境及人类、动植物的安全、健康产生重大影响。因此,建议美国联邦政府制定并发布关于 DNA 技术重组的法律规范。美国国立卫生研究院在 1976 年和 1986 年先后颁布的法规中规定,美国政府要严格审查和管理转基因工程,对转基因技术的安全领域进行大规模的规范和限制。但是美国未对转基因食品进行专门立法,而是和传统食品一起实行统一监管,一并适用食品安全领域的《联邦食品、药品和化妆品法》及其《食品添加剂修正案》,通过这些政策法规来达到对转基因食品监督规制的目的。

总体而言,美国政府认为转基因技术不会从根本上改变农业产品的自然品质。如果没有证据证明转基因产品会引起特殊的健康危险,即可认为是安全可靠的。

此外，在规制机构方面，美国转基因食品的规制机构有三家，即食品和药品管理局（FDA）、动植物卫生检验检疫局（APHIS）、环境保护局（EPA）。动植物卫生检验检疫局负责田间释放和商业化释放许可证的发放；环境保护局通过制定杀虫剂允许量标准来管理转基因食品农作物农药的使用，只要该转基因食品农作物含有农药，就要经过环境保护局的审批；食品和药品管理局发挥核心领导作用，主管由转基因作物制成的食品和饲料的安全性检验，不仅要确保美国本土生产和进口的各类转基因食品的安全，同时还要负责转基因生物和含有转基因成分的食品上市前的审批管理，以保证在美国市场上销售的各类转基因食品的安全。

根据三个部门各自的管理职责，一种转基因食品由试验到最终上市要经过以下步骤：首先，由动植物卫生检验检疫局通过发放许可证对转基因作物的实验室试验和田间试验进行管理；其次，经过实验室试验和田间试验的转基因作物，如果开发商想对该种转基因作物进行商业化生产，必须先向动植物卫生检验检疫局申请撤销对该种转基因作物的试验管制，由动植物检验检疫局对该种转基因作物对人体和环境可能造成的影响进行重新评估，符合要求的予以撤销试验管制；再次，环境保护局对含有农药成分的转基因作物进行审批；最后，食品和药品管理局对由该转基因作物制成的转基因食品的安全性进行严格审查，符合要求的，准许上市，同时要求包装的标签上必须注明该种食品的成分、营养物质含量、所含过敏原及可能引起的后果等。

（二）欧盟的预防式规制模式

欧盟是目前世界上对转基因食品规制最为严格的地区，在如何规制转基因食品这一颇具争议的问题上，欧盟与美国的立场截然相反，持谨慎和怀疑的态度。欧盟认为，科学技术存在局限性，现有的评估转基因食品安全的数据并不全面，因而无论采用多么严谨的研究方法，得出的结论总会具有某些不确定性。

欧盟采用"预防原则"作为规制转基因食品的理论依据。"预防原则"原本是环境法中的一项基本原则，它的本意是"当一项行动或行为可能对人体健康或生态环境造成威胁时，应当立即采取预防措施，即使它们之间的因果关系尚未得到科学证明"。欧盟将这项原则应用到对转基因食品安全的规制上，这意味着欧盟对转基因食品的规制并不是建立在已经经过科学证明的风险之上，而是根据可能及潜在的风险采取合理的预防措施。"预防原则"为欧盟在无法提出科学证据证明转基因食品安全具有风险的情况下，对转基因食品的研发、生产、上市和进口进行规制提供了强有力的理论论据。

在"预防原则"指导下，欧盟对转基因食品安全规制采取严格的"过程主义"，对转基因食品建立了严格的追踪制度，架构了完备的法律制度。欧盟于

2003 年 9 月通过的 1829/2003 号《有关转基因食品和饲料的条例》和 1830/2003 号《有关转基因生物追踪性和标签、有关由转基因生物制成品的追踪性和标签条例》是欧盟在转基因食品安全规制上的重大突破。前者取消了欧盟各成员国对转基因产品进行风险评估和审批的权力,实行统一的审批制度,将审批权力统一划拨给欧洲食品安全局,加强了对转基因食品的风险防范管理力度。同时该《条例》取消了之前的简易审批程序,规定所有的转基因食品必须经过一般正常程序的审批方可上市,进一步严格规范了转基因食品的上市审批制度。后者建立了"转基因食品追踪制度"及更加严格的标识制度。"所谓追踪制度是指制成的食品(饲料)在投放市场的各个阶段,包括从生产到流通的全过程都能被追查到。同时,欧盟建立转基因生物的标识系统,使得每一种转基因生物都有一个独一无二的识别码。转基因食品的生产、经营者还须建立转基因食品信息档案制度,记录上游供应商和下游购买商的身份信息,并保持记录五年备查。同时向购买商书面说明食品含有的转基因生物、该转基因生物的识别码或食品含有由转基因生物制成的食品成分或添加剂。当该购买者转售这种转基因食品时,也必须记录购买者的身份,并以书面形式提供同样信息。这样,就形成一个追踪转基因食品去向的锁链。"①追踪制度为以后对最终产品进行标识并且提供监督和控制提供了便利,对于消费者而言,追踪制度使他们享有充分的知情权,透明的产品信息有利于消费者更好地自主做出选择。同时,追踪制度可以实时监控转基因食品的去向,对转基因食品的管理形成一个可以跟踪的安全网,从技术上为政府对转基因食品安全进行规制提供了便利。无论是种植、生产还是销售,任何一个环节出现问题都可以马上追溯到相应责任人,追踪调查到产品质量原因,以便及时采取适当的手段,最大限度地保护公民的权益。

在规制机构方面,欧盟转基因食品安全的规制机构可以分为三类:立法机构、执行机构和咨询机构。立法机构为欧洲理事会、欧洲议会和欧盟委员会。欧洲理事会是由欧盟各个成员国的国家元首或政府元首与欧盟委员会主席共同参加的首脑会议,是欧盟的最高权力机构,有关欧盟立法和政策的各项重大决策主要由其作出,并负责制定出框架,因此,转基因食品的相关立法的决议也要由它来决定。欧洲议会也是欧盟的立法机构,它向欧盟理事会提供建议或与其共同作出决策。欧盟委员会对欧盟理事会制定出的框架进行细化,制定出实施框架指令的相关政策法规,如转基因食品的相关法规及政策规范主要由其来负责制定。

---

① 王迁.欧盟转基因食品法律管制制度研究[J].华东政法学院学报,2004(5):93 - 96.

执行机构为食品和兽医办公室。食品和兽医办公室于 1997 年在爱尔兰成立，其隶属于欧盟委员会，它的主要任务是负责监督欧盟各成员国执行欧盟法规的情况及其他国家出口欧盟的食品安全情况①。目的是督促欧盟各成员国遵守欧盟有关食品安全卫生的相关法规，从而确保欧盟市场上食品的安全和卫生。

咨询机构为欧洲食品安全局。欧洲食品安全局成立于 2002 年，不隶属于欧盟的任何机构，它主要负责对食品及饲料进行风险评估，并独立地提出与食品安全问题有关的科学建议。"欧洲食品安全局的科学委员会及其下属的 8 个专门科学小组，以及其他专家组针对所有与食品及饲料安全有关的问题进行风险评估。专门科学小组为欧盟委员会、欧洲议会及各成员国关于食品及饲料安全的立法和政策提供完善的科学基础。"②其咨询建议为欧盟及各成员国进行转基因立法及管理提供依据。欧洲食品安全局的管理范围包括：与转基因生物和营养有关的科学问题，所有对转基因食品安全有直接或间接影响的问题，如植物保护、动物健康和福利等。

（三）日本的折中式规制模式

日本对转基因食品采取相对折中的立场，在可靠科学原则与预防原则之间寻找平衡，探索形成了较为独特的转基因食品安全规制体系。

日本对转基因食品实行中央和地方两层规制体制。中央层面，厚生劳动省、农林水产省、文部科学省、通产省以及由内阁府直接领导的食品安全委员会等部门各司其职，进行转基因食品安全规制。地方政府则负责本区域内转基因食品问题的综合协调监管。具体职能分工如下。厚生劳动省负责食品安全风险管理，其下设的医药食品安全局是主要的食品安全规制机构，负责制定食品添加剂和药物残留的法定标准，监控和指导食品流通过程的安全管理，收集、研究和交流国民提出的食品管理政策建议。医药食品安全局所属食品安全部负责对转基因食品安全和标识规范进行评估。农林水产省负责制定和实施转基因食品安全、标识制度以及与转基因食品消费安全相关的政策，下设消费安全局和食品安全危机管理小组负责食品安全管理和重大事故处理。文部科学省负责审批生物技术实验室研发。通产省负责生物技术在化学药品和化肥生产中的应用。食品安全委员会由 7 名专家组成，独立评估食品的安全风险，指导、监督风险管理部门工作，向公众披露风险信息并及时交流。地方政府制定本辖区食品卫生检验和指导规划；检查食品商业配套设施的卫生安全状况；发放和

---

① 迟玉聚.食品安全立法新进展[J].食品与药品，2005(6)：70 - 71.

② 迟玉聚.食品安全立法新进展[J].食品与药品，2005(6)：71.

撤销食品安全生产经营许可证,行使对特定种类食品的检验权。

日本颁布了规制转基因食品从研发到上市的一系列法规。转基因食品立法主要基于"对于在农业和工业中应用重组 DNA 生物体的框架"建立。文部省颁布《重组 DNA 实验指南》规范转基因农作物的研发和实验,实验室封闭环境中研发出来的转基因作物在田间种植和上市销售之前,必须逐一认证其环境安全性、食品安全性和饲料安全性。农林水产省出台《在农林渔、食品和其他相关产业中应用重组 DNA 生物体指南》和《在饲料中应用重组 DNA 生物体的安全评估指南》规范转基因作物的环境安全性和饲料安全性;厚生劳动省制定《食品和食品添加剂指南》规范转基因作物的食品安全性。任何未经安全评估的转基因食品和食品添加剂,禁止进口或销售。2001 年 3 月,日本颁布《转基因食品检验法》以确保转基因食品进口的安全性;2001 年 4 月,农林水产省颁布实施《转基因食品标识法》,对通过安全性认证的大豆、玉米等 5 种转基因食品及其加工品,规定了具体的标识方法。

三、国外转基因食品安全规制模式对我国行政法规制的启示

在转基因食品安全规制方面,美国、欧盟、日本各自展现了自己的特点,美国代表宽松型的规制模式,欧盟代表严格型的规制模式,日本则展现了折中的规制模式。美国和欧盟对转基因食品的态度之所以大相径庭,不仅是因为转基因食品的安全性在国际上尚无明确定论,也因为食品的供应和风险防范是否能达到市场的交易平衡也是未知的,此现象反映了各国之间激烈的市场利益斗争。美国的转基因技术在世界上发展最为迅速,作为重要的产品生产和出口强国,美国始终要求其他各国在转基因食品的政策方面做出宽松举措,目的就是为了追求经济利益最大化。欧盟新出台的有关转基因食品安全规制的一系列制度在加强规制力度的同时,也在一定程度上保护了消费群体的健康环境。欧盟也借由"转基因食品安全性尚无定论"之名,将美国等其他国家的转基因食品拒之门外,以便保护成员国相关产业,更好地追求贸易利益。

(一)优化转基因食品安全规制的运行模式

我国的转基因食品安全规制受到复杂的经济、社会背景影响,因此,必须首先厘清我国转基因食品安全规制应以何种模式为指导,以贯穿到政府行政法规制的各项具体措施之中。从我国当前发展现状分析,与发达国家的研发技术相比,我国转基因技术的整体实力还需要进一步提升。因此,我国转基因食品安全的规制模式不能盲目引用美国宽松的法律制度,忽视对风险的预估,也不能片面追求欧盟的严格发展模式,忽视整个社会对转基因食品产业供给的意义和其代表的巨大经济利益。对我国转基因食品安全规制而言,日本的折中型做法

是可取的。我们要以保护本国利益为出发点，立足于我国的基本国情和现有的法律制度，对转基因食品规制采取一种"积极、谨慎"的态度。

在产量上，转基因作物的表现并不比其天然的同类作物好。袁隆平的杂交水稻，从过去的亩产 300 多千克，提高到亩产 700 多千克，现在逼近亩产 900 千克，这种是真增产。如果转基因品种只是对虫害有所控制而已，那么，其亩产量如果多种几代就会越来越低。之所以对转基因作物采取积极的态度在于，我国人口众多，经济水平与发达国家相比还有很大差距，农业的健康发展可以保障国家粮食供给总量充裕。在人口激增而耕地面积减少的形势下，在生物科技的浪潮下，转基因技术已充分地显示了其社会价值和潜力。我们要以积极的态度参加相关技术的国际研讨会和国际竞争，积极开展转基因技术的研究。在保障安全的前提下，推动转基因作物的商业化和产业化。

基于目前国际农产品市场的复杂性和生物安全性等长远考虑，我们在积极发展转基因技术的同时还应该持谨慎态度，对转基因农产品及其食品的发展给以适当比例。"积极"和"谨慎"互为条件，互相制约。只有在谨慎的前提下，积极才是科学的，才能使人民健康国家获利；只有在积极的目的下，谨慎才会使得我国在转基因技术领域积累优势，越走越稳。

我们在借鉴各国转基因食品安全规制模式的同时，应根据我国具体国情，在转基因食品安全的有序规范和科技发展的政策之间，在保护国内传统农产品生产和转基因食品安全性的法律控制之间，找到最佳的契合点。立足我国转基因食品安全的行政法规进行实践，建立行之有效的风险预估体系，切实保护社会消费群体的食品安全权、身体健康权和环境权等基本权利，以建立起最适合我国转基因技术及产品发展的规制模式，推动我国转基因食品产业健康有序发展。

（二）建立可操作的执法体系

建立可操作的执法体系，加强对转基因食品安全的执法力度。首先，扩大规制执行机构的审查权力，检查转基因食品的生产记录及销售记录，要求生产商和销售商对规制执行机构负责，向其报送食品清单，及时准确地向规制执行部门通报不符合法律规定的转基因食品。生产商和销售商要保存与转基因食品安全有关的各项记录，以便有关部门审查。其次，提高执法人员的业务素质，加强对专门人员，如研究人员、分析人员等的专业技能培训。最后，对执法人员实施严厉的责任追究制度，对执法不规范的相关责任人进行处罚。把对转基因食品安全的治理绩效作为地方官员政绩考核的重要指标，对管理范围内发生重大安全责任事故的相关人实行引咎辞职等方法，促使政府官员重视转基因食品安全工作。

（三）建立有关机构的有效协调机制

就目前来说，很多发达国家已经建立了比较完善的转基因食品安全规制模式。规制模式与规制机构并没有必然的联系，集中型的规制模式不一定意味着规制机构的协调统一，分散型的规制模式也不一定意味着规制机构的分散。如以美国为代表的分散型规制模式，其转基因食品安全的规制机构分布在不同部门，但依据转基因食品种类对其他规制环节进行合理分工，实现对整个食品产业链的系统管理，就避免了各规制机构间的权责不清。日本对转基因食品安全的相关机构设置也值得我们借鉴，明确中央和地方规制职能，各部门各司其职。在此基础上，日本政府对各部门职能进行优劣互补，形成了较为系统协调的规制机构体系。我国应完善对转基因食品安全规制机构的建设，通过建立以转基因食品安全委员会为中心的有效协调机制，通过对转基因食品安全各个方面的规制整合，有效发挥全体规制机构的职能优势和技术优势，促进规制机构之间的良性沟通，加强中央和地方规制机构之间的沟通协调，减少在权力运用过程中，因不能与同级别的部门协调管理而引发的效率低下和资源浪费的现象。

新时代北京居民对保健食品安全的法治需求研究[*]

新时代北京居民对保健食品安全的法治需求研究[*]

陈凤芝　杨　青[**]

摘　要　本文通过对北京居民在保健食品安全认知方面的调查,对比我国现有的立法、执法、司法、守法、法律监督状况,得到新时代北京居民对保健食品安全的法治需求,结合国外食品安全法治经验,提出相应对策,构建更为科学的保健食品安全体系。

关键词　新时代;保健食品;安全法治需求

一、绪论

(一)研究背景

现阶段我国已进入中国特色社会主义新时代,这是一个承前启后、继往开来、在新的历史条件下继续夺取中国特色社会主义伟大胜利的时代,是全面决胜小康社会,进而全面建设社会主义现代化强国的时代,是全国各族人民团结奋斗、不断创造美好生活、逐步实现全体人民共同富裕的时代,是全体中华民族儿女勠力同心、奋力实现中华民族伟大复兴中国梦的时代,是我国日益走近世界舞台中央、不断为人类作出更大贡献的时代。中国特色社会主义新时代的一个重要特征就是全面依法治国。中国共产党第十八届中央委员会第四次全体会议提出,全面推进依法治国,就是要在中国共产党领导下,坚持中国特色社会主义制度,贯彻中国特色社会主义法治理论,形成完备的法律规范体系、高效的

---

　　*　本文系食品药品监督管理局项目"保健食品虚假宣传和欺诈法律规制研究"(项目批准号:2017327)的阶段性成果。

　　**　陈凤芝,北京工商大学法学院副教授、北京工商大学食品安全法研究中心成员;杨青,北京工商大学法学院本科生。

法治实施体系、严密的法制监督体系、有力的法治保障体系,形成完善的党内法规体系,坚持依法治国、依法执政、依法行政共同推进,坚持法治国家、法治政府、法治社会一体建设,实现科学立法、严格执法、公正司法、全民守法,促进国家治理体系和治理能力现代化①。习近平总书记在中央政治局第二十三次集体学习时发表重要讲话,指出如果想要切实加强食品药品安全监管,应当落实最严谨标准、最严格监管、最严厉处罚、最严肃问责。汪洋副总理也在 2015 年全国加强食品安全工作电视电话会议的讲话中提出食品药品监管工作应当做到有责、有岗、有人、有手段,保证生产过程中的监管职责和食品中农药、兽药残留和非法添加的检验职责落到实处。中国共产党第十九次全国代表大会提出我国已经进入了新时代,在进入新时代后,我国社会的主要矛盾已经从人民日益增长的物质文化需要同落后的社会生产之间的矛盾转化为人民日益增长的美好生活需要和不平衡不充分的发展之间的矛盾②,就保健食品领域而言,我国公民已经从以吃饱为目的转化为以吃得好,吃得营养,吃出健康为目的,以北京为例,新时代北京居民对保健食品安全法治需求越来越高,现有法律有待完善。

（二）研究意义

随着人们生活水平的提高和各类保健养生节目的盛行,人们对营养健康食品的追捧也达到了前所未有的热度,在强大的利益驱动下,保健食品行业出现了鱼龙混杂的局面③,安全问题频发,即使在进行了有关保健食品安全方面的立法后,安全问题也只是在一定程度上有所减少,并没有杜绝。截至 2017 年底,食品药品监管部门一共检查了 87 万家保健食品生产经营单位,查处违法保健食品 1.2 万余件,其中主要发生的问题是虚假宣传、欺诈,所以,笔者针对新时代北京居民对保健食品安全的法治需求进行研究,针对北京居民的法治需求与现实的差异,根据差异提出相应对策,进一步完善食品安全法有关保健食品的立法,加强保健食品安全执法效能,提高对保健食品的监管力度,从法治的角度,更好地保障居民的保健食品安全,保证居民的身体健康。

①　施芝鸿.准确把握全面深化改革的总目标[N].光明日报,2013 - 11 - 28.

②　邵锦华.全面把握中国特色社会主义的"四个特色"[J].武警工程大学学报,2013(1):25 - 27.

③　张瑞妮,张海生.保健食品安全问题与对策探究[J].农产品加工(学刊),2011(1):85 - 88.

（三）法治需求的内涵

1. 什么是法治需求

法治需求就是对法治的需要。它是人的内在需求，既是利益需求，也是精神需求。它既体现了社会的发展进步，也体现了人类最本质的要求。它包含了立法需求、执法需求、司法需求、守法需求和法律监督需求。法治是人类政治文明的重要成果，是现代社会的基本框架。国家的政府体制，个人的言行举止，都需要在法治的框架中运行。在新时代的中国，只有进行法治国家、法治政府、法治社会一体化建设，才能做到法治。做到法治的基础是依法治国、依法执政、依法行政；只有做到科学立法、严格执法、公正司法、全民守法全面推进，才能更好地推进法治建设。实施依法治国基本方略、建设社会主义法治国家，既是经济发展、社会进步的客观要求，也是巩固党的执政地位、确保国家长治久安的根本保障。所以，无论是经济发展还是政治改革，法治都是先行者①。只有对法治有需求，才能更好地实现经济发展、政治清明、文化昌盛、社会公正、生态良好，构建社会主义和谐社会。

2. 法治需求对保健食品安全的意义

法治既是处理社会问题的手段，其自身也是一种有序的社会生活方式。法律把人们的正当需要上升为权益，表达了社会上大多数人的合法需求和合法利益。对法治的需求也催生了法治共识，只有当北京居民对保健食品安全具有法治需求，且该需求成了刚性需求，北京居民又对该种需求达成了共识，保证保健食品的安全才有动力，才能通过法治的角度更好地保证保健食品的质量，有效地降低或避免保健食品安全问题的再次出现，从而保障消费者的健康安全。

（四）北京居民对现有保健食品安全相关方面的认知

为了更好地了解北京居民对保健食品安全法治的需求，我们进行了本次调研。调研信息详见文后附录。本次调研主要以网络问卷为主，兼有实体问卷发放。共发放问卷 300 份，回收有效问卷 300 份，回收率为 100%，问卷共提出 17个问题，其中北京居民对保健食品认知程度的调查结果如表 1 所示。

---

① 张爱军，崔莹. 借鉴人类政治文明成果的多维审视[J]. 辽宁师范大学学报（社会科学版），2013（6）：769－773.

表 1　北京居民对保健食品的认知程度

问题	选项	人数（名）	比例
您是否能够分辨及定义一般食品、保健食品和药品？	A.能分辨且能定义	23	7.7%
	B.能分辨但不能定义	268	89.3%
	C.不能分辨、定义	9	3.0%

从表 1 中可以得知：北京居民能较好地分辨一般食品、保健食品和药品，但对一般食品、保健食品和药品的定义不是十分明确。一般食品指的是人们食用或饮用的物质，包括加工食品、半成品和未加工食品，不包括烟草或药品等物质。保健食品，是指具有特定保健功能或者以补充维生素、矿物质为目的，适合特定人群食用，具有调节机体的功能，不以治疗疾病为目的，并且不对人体产生任何急性、亚急性或者慢性危害的食品①。而药品则是指用于预防、治疗人的疾病，有目的地调节人的生理机能并规定有适用症或者功能主治、用法和用量的物质②。

表 2　北京居民得知保健食品安全问题的渠道

问题	选项	人数（名）	比例
您是如何得知保健食品存在安全问题的？	A.报纸及杂志	29	9.7%
	B."3·15"晚会	223	74.3%
	C.微博、微信	39	13.0%
	D.网页	9	3.0%

通过表 2 可知：大部分北京居民是通过"3·15"晚会才了解到保健食品安全问题的，平时只关注一般食品的安全问题。

此外，调查显示只有小部分北京居民购买过保健食品，购买保健食品超过 3 次的人数占购买过保健食品人数的 27.9%，其中以 60 岁以上的老年人为主。他们购买保健品的原因大多是因为相信保健食品的宣传，认为其确实能够补充身体所缺少的维生素或矿物质。相比较而言，60 岁以下的北京居民只有极少部分购买过保健食品，在这些居民当中，绝大部分仅购买过 1 次，他们购买的原因

---

① 郝佳.保健食品标识规定[J].农村实用工程技术：绿色食品，2004(1)：42.

② 陈斌，黄琴，谢榕，等.对我国拟制定《保健食品广告审查发布标准》的探讨[J].上海医药，2013(7)：34-36.

也大多是相信购买的保健品确实可以起保健作用。

二、新时代北京居民对保健食品安全的法治需求的主要内容

（一）立法方面

在立法方面的调查显示（见表3），在以下几个方面有待提高。

表3　立法方面的不足

问题	选项	人数（名）	比例
您认为立法方面有什么不足？	A.限制标准不严格	116	38.7%
	B.设置的处罚力度小	72	24.0%
	C.对消费者保障不足	104	34.7%
	D.其他	8	2.6%

1. 严格限制标准

从立法方面来看，北京居民首先想到的是在《食品安全法》中关于保健食品的限制标准不严格。例如，《中华人民共和国食品安全法》第七十五条提出的保健食品声称的保健功能，应当具有科学依据，不得对人体产生急性、亚急性或者慢性危害。大部分居民认为这一条的限制不够严格，尤其是60岁以上的老人，因为他们对网络的不熟悉以及理解能力有所下降，不能够很好地理解保健食品公司或推销人员提供的科学依据，想查证又苦于对电脑、手机等操作不熟悉，就在保健食品公司或推销人员的宣传下，错误地购买了无效或没有达到保健食品公司声称效果的保健食品。再如，第七十八条中提到"保健食品的标签、说明书不得涉及疾病预防、治疗功能，内容应当真实，与注册或者备案的内容相一致"。"保健食品的功能和成分应当与标签、说明书相一致"。北京居民认为他们并不能知道购买的保健食品和注册或备案的内容是否一致，功能和成分与标签、说明书是否一致，如果购买，只能选择相信保健食品的标签和说明书，他们也不想在购买后再去检验是否一致之后再进行食用。因此，北京居民关于立法方面首先想到的就是对于保健食品的限制标准不严格，他们希望可以严格限制标准，从源头出发，最大限度地减少或杜绝保健食品安全问题的发生。

2. 加强对消费者的保障力度

北京居民普遍认为，现有的保健食品使用不符合规定的原材料、使用不符合规定的技术的情况相对较少，维生素、矿物质成分与标签、说明书一致，但含量不足，或者在食用之后没有达到宣传中提到的效果，或者在停止食用保健食品较长一段时间后才产生不良反应的情况比较多见。这些情况没有或未直接

对身体产生损害,不符合《食品安全法》第一百四十八条规定的消费者因不符合食品安全标准的食品受到损害,可以向经营者要求赔偿损失,也可以向生产者要求赔偿损失的前提条件,也就是消费者受到损害,保健食品生产厂家等完全可以以此为理由不赔偿消费者的损失。所以北京居民认为《食品安全法》对消费者保障不足,希望可以更大限度地保障消费者权益,让他们放心地食用购买到的保健食品。

(二)执法、司法方面

在执法、司法方面的调查显示(见表4),在以下几个方面有待提高。

表 4　执法、司法方面的不足

问题	选项	人数(名)	比例
您认为执法、司法方面存在哪些不足?	A.执法力度不足	77	25.7%
	B.检查周期较长	72	24.0%
	C.容易出现贪腐现象	83	27.7%
	D.司法不公正	68	22.6%

1. 加大执法力度

北京居民认为,出现如此众多的保健食品安全问题不仅是因为在立法方面有一些缺陷,在执法方面也存在着一些问题,如执法力度不足。北京居民认为执法力度不足的原因很多,主要是在执法过程中容易出现贿赂、收买执法人员等现象,这些情况在近年来反腐力度加大以后有所减少,但仍旧存在。北京居民认为,他们虽然是在北京购买的保健食品,但是原材料、生产地等大多不在北京,尤其那些只有在较为偏远的地区才能采集到的原材料,或是从国外进口的原材料、保健食品成品,这些环节相较于售卖阶段更容易出现问题,而且现在还不能完全做到谁执行、谁负责的执法责任制,容易出现不承认错误、逃避责任的情况。出现这些情况,究其根本,还是因为无论对内还是对外,执法力度都有所欠缺。

2. 缩短检查、公布周期

在执法过程中,除去执法力度不足的原因,北京居民认为出现保健食品安全的另一个主要原因就是对保健食品的检查、公布周期较长。大多数居民得知保健食品有问题是通过"3·15"晚会,而晚会是一年举办一次,在这一年中发生了什么样的保健食品安全问题,哪些保健食品存在安全隐患只有每年的3月15日才能得知,这对于那些购买保健食品的北京居民来说确实有一定程度的影响。如果他们购买的是存在安全隐患的保健食品,极有可能在食用一年后才会得知该保健食品具有安全隐患，与此同时，他们已经摄入了大量问题食品，虽然能够获得赔偿，但在治疗阶段对身体的影响，产生的后果都需要消费者自己承担。所以，居民希望缩短检查、公布的周期，尽可能早地停止食用不符合标准或达不到宣传效果的保健食品。

3. 司法应当更加公正

北京居民认为，与执法力度不足类似，现在司法也有不公正的现象存在。他们认为司法公正对社会公正具有重要的作用，可以正确地引领社会生活的进步，如果司法不公正则会对社会具有较大的负面影响。北京居民认为出现此种现象的原因是司法不够公开，司法人员责任不明确导致的，这种现象不光出现在保健食品安全问题上，在其他问题上也有所体现，所以，他们希望司法能够更加公正，从司法的角度保证保健食品安全问题得到及时公正的处理。

（三）守法方面

在守法方面的调查显示（见表5），在以下几个方面有待提高。

表5　守法方面的不足

问题	选项	人数（名）	比例
您认为我国在食品安全守法方面有什么不足？	A.经营者守法观念淡薄	94	31.3%
	B.经销商虚假宣传	61	20.3%
	C.制造者自身对保健食品效果认识不明确	89	29.7%
	D.保健食品安全宣传力度小	56	18.7%

1. 制造商、经销商应当加强守法观念

北京居民认为保健食品的虚假宣传和误导性广告是保健食品安全面临的最大问题。保健食品的制造商、经销商通过广播电台、电视台以及网络等多种渠道，进行大幅度虚假宣传，严重夸大保健食品功效，以此误导、欺骗消费者来购买他们的产品。一是不法分子盗用合格保健食品的批准文号，用假冒伪劣产品冒充真正具有保健功效的保健食品。二是将一般食品谎称为具有保健功效的保健食品，以此来高价卖出牟取暴利。三是在产品广告、上门推销中夸大保健功效，将本来不具有此种功效或没有达到他们声称的功效的保健食品推销给消费者。四是以"义诊""专家诊断"等形式，骗取消费者尤其是中老年消费者的信任，借机推销消费者不需要或不能改善消费者健康现状的保健食品。五是通过发放邀请函，免费医学知识讲座等，让消费者前来听课，并雇"托儿"，诱导消

费者盲目购买其推销的产品。北京居民希望制造商、经销商能够提高他们的守法观念，避免因为虚假宣传、推销，让消费者花费大量金钱购买无用、无效或不合格的保健食品。

2. 制造商、经销商应当明确保健食品具体功效

中医认为"药食同源"，认为只有通过"食补"才能增强自身免疫力、降低血糖、血脂。北京居民认为通过食补这个方法是十分可取的，但是，一般消费者难以对自己身体有正确的判断，没有经过正规医院的诊断，以自己具备的"常识"错误地给自己下了"诊断"，听信了制造商、经销商的虚假宣传和推销。还有的制造商和经销商自身认识方面就有偏差，他们没有经过科学验证、动物体实验，就在短时间内投入大量资金来进行广告宣传。也有的制造商和经销商不注重产品研发，误认为他们制造、贩卖的保健食品确实具有某些效果，但实际上出现了没有或具有相反效果的情况。从制造到销售的全部过程法律都应有所规定，尤其是保健食品更应该严格把关，制造商、经销商也更应该遵守法律。所以，北京居民希望保健食品制造者、经销商能够明确认识保健食品的具体功效，在他们充分了解自身产品后，严格遵守法律。

（四）法律监督方面

在法律监管方面的调查显示（见表6），在以下几个方面有待提高。

表6　如何加强法律监督

问题	选项	人数（名）	比例
您认为应当如何加强法律监督？	A.增加监督渠道	121	40.3%
	B.增大信息透明度	94	31.3%
	C.提高监管部门权限	77	25.7%
	D.现有监督机制足够	8	2.7%

1. 增加法律监督渠道

北京居民普遍认为，通过法律监督保证保健食品安全的方法是奏效的，因为只有公众才知道自己到底有什么样的需求，仅有执法部门和司法部门还难以满足社会上的所有需求。但是现在法律监督的渠道比较少，年轻人每天要上班，退休之后的人们虽然没有工作问题困扰，但他们一是缺少专业知识，难以进行较为专业的判断；二是精力、体力相对年轻人较差，难以进行有效的监督。所以居民希望政府增加法律监督渠道，拓宽有关部门监管权限。

2. 增加信息公开透明度

北京居民认为，仅仅增加法律监督渠道，加大法律监督力度还不够，现有保

健食品在安全方面的信息公开透明度较低,容易出现"挂羊头卖狗肉""换汤不换药""新瓶装旧酒"的情况,而且这种情况对于不知晓具体情况的公众是十分危险的,只有在保证执法、司法公正严格的情况下,让百姓也能够了解具体情况,才能够有力地保障消费者权益,避免上述情况出现。所以,他们希望执法、司法机关能够增大保健食品安全方面信息的公开透明度,在法治上全方位保证保健食品安全,保障消费者权益。

三、国外保健食品安全法治的经验

(一)立法方面的经验

1.标准较高

塞尔维亚在保健食品立法方面对原料的采集、产品的制作和产品的销售这一系列过程均有严格的限制标准。首先是对原料采集的限制。保健食品有的以补充维生素、矿物质为主要功能,有的以辅助缓解体力疲劳、增强免疫力等为主要功能,无论二者在功效上有什么区别,共同点都需要采集制作产品的原料。食源性寄生虫病就是一种因为保健食品原料具有安全问题而导致的病症,只有保证采集的原料安全卫生,采集原料的用具合规,采集原料的过程合格,才能避免这种疾病的发生,所以,欧盟采用了沿食物链的动物传染病控制的新立法,从食品源头降低患病风险。以食品源是动物体为例,塞尔维亚的研究人员认为以下两个方面容易产生安全问题:一是食品或饲料的包装不卫生;二是原料供应商故意向饲料中添加有害物质。不论是动物的食品或饲料包装不卫生,还是原料商添加了有害物质,结果都会导致动物在食用以后产生疾病,用此种动物的内脏或皮肤作为保健食品原料自然会对人的身体健康产生危害。其次是产品的制作。从保健食品安全立法角度来看,过程的调控十分重要,因为在加工、制造、处理、包装、运输、储存和配送保健食品的过程中任何环节都可能会产生微生物危害、物理危害、化学危害等,所以,塞尔维亚在这些方面予以了严格的立法,不仅是设备要求严格,连制作场所的墙面、地板、天花板甚至制作工人使用的热水温度都有严格的标准。最后是产品的销售。对虚假宣传或推销、故意夸大产品功能诱骗消费者购买的情况,国外一些国家将危害保健食品安全犯罪采取附属刑法模式,尤其针对虚假宣传,在刑罚种类和幅度的设定上,涵盖了罚金刑一直到死刑的整个刑罚体系,力图实现罪刑均衡[①]。

2.对消费者保障更完善

国外不但通过严格限制标准设立了更明确、涵盖更广的保健食品安全方面

---

① 王宏丽.食品安全的刑法保护[J].内蒙古财经大学学报,2014(4):81-84.

的法律,借此来规范原料供应商、制造商、经销商等的行为,也设立了明确的法律保障消费者权益,保证消费者在受到侵权等情况后有法可依,能够通过法律途径解决问题。例如,美国食品安全法中对保健食品安全犯罪采取附属刑法模式,只要违反法律,违法者将会受到罚金以及 5 年以上监禁的刑罚,如为累犯,罚款额可高达 500 万美元。这相较于我国的处罚更为严重,高额的违法成本使得原料供应商等更愿意遵守法律,他们遵守法律就意味着消费者的权益能得到良好的保障。

(二)执法、司法方面的经验

1. 执法力度大、惩罚更为精准

美国在保健食品安全执法方面力度很大,而且执法部门的执法机制也是十分科学高效的,职能整合、统一管理是美国保健食品安全监管的显著特征。美国将保健食品安全的监管集中在某一个或几个部门,并加大各部门之间的协调力度,提高保健食品安全监管的效率。如在处理中央与地方食品安全监管权限问题时,美国主要实行的是垂直一体化监管模式,由中央政府承担主要责任,地方政府仅承担销售时产生的相关责任。这样的模式既保证了执法的快速高效,又保证了各个地区的执法力度、限度的统一,这样很难产生逃避责任或收受贿赂的情况。在具有良好法律的前提下,在能够保证执法力度的基础上,只要有违反法律的情况出现,违法者就会受到与其过错相适应的处罚,这在一定程度上避免了错罚、漏罚的情况出现。

2. 司法较公正

美国的司法运用陪审团制度,可以由具有选举权的一定数量的公民参与决定是否起诉嫌犯或裁定嫌犯是否有罪。他们的作用是认定案件事实,在保健食品安全犯罪中,他们仅能决定嫌犯的行为是否合乎常理。这样的制度能帮助法官更有效地认清事实,再辅以专业的法律知识,法官就能给嫌犯一个相对公正的判决,让公众在任何一个司法案件中都能感受到公平正义。

(三)守法方面的经验

1. 保健食品安全法宣传力度大

国外的食品安全法宣传力度很大,发达国家更是如此,美国、英国、日本等发达国家对法律的宣传尤为重视。因为这些国家的食品安全法律细化程度很高,以日本为例,日本有《食品安全基本法》《屠宰法》《健康促进法》等很多专项法律,保健食品的安全也被列入其中,他们将保健食品分为"特定保健用食品""营养功能食品""功能性食品""一般健康食品(类似于膳食补充剂)",这些保健食品都被涵盖在保健功能食品制度、功能性食品标示制度等法律法规中。国家对法律的重视程度决定了媒体对法律宣传的力度,只要是对法律极为重视的国

家,无论是发展中国家还是发达国家,他们在对法律的宣传上都有大量投入,保健食品安全法属于法律,通过大量宣传违法的不利后果以及守法的好处,自然而然能够让守法深入人心。

2. 民众守法意识较强

美、英、日等发达国家民众普遍守法意识较强,不仅是因为国家的宣传力度较大,也是因为他们信任国家的立法机关能够科学立法,维护公民合法权益,相信执法机关、司法机关能够通过执行法律、依照法律保护公民权益,也是因为法律规定明确,同时违法成本实在太高。但不论因为何种心理,国外民众尤其是发达国家民众的守法意识都是很强的。

(四) 法律监督方面的经验

1. 保健食品安全方面的非政府组织较多

已经有多个国家通过事实证明,想要确保食品安全,仅仅依靠政府是不够的,需要所有的利益相关方共同努力。所以国外成立了很多非政府组织,如食品企业协会、消费者团体、食品科学学术团体等。政府通过与这些组织合作,共同对保健食品的安全进行监督,同时也对执法、司法部门进行监督,确保执法到位,司法公正,保障消费者的权益。

2. 食品安全相关部门权限较高

美国本想将所有和食品安全相关的监管职能都整合于一个部门,虽然这个想法没能实现,但是通过签订部门间涉及保健食品安全的协议,达到了信息共享,消除了安全标准不统一、交流不畅通等弊端①,促进了各部门之间的协调和合作,也正是基于这一点,食品安全相关部门得到了较高的权限,监管食品安全的同时也能保证执法、司法部门及人员的公平公正。这使得美国在保障保健食品安全方面取得了突破性进展。

三、完善保健食品安全法治的主要措施

(一) 立法方面

1. 严格限制标准

立法是保证保健食品安全最重要也是最核心的环节,只有在立法时将保健食品的适用范围,维生素、矿物质含量,辅助功能(如缓解体力疲劳、增强免疫力、辅助降低血糖、辅助降低血压等),监督管理等一系列问题都解决好,健全立法机关主导、社会各方有序参与的沟通机制,才能真正地达到立法的效果。结

---

① 韩永红.美国食品安全法律治理的新发展及其对我国的启示——以美国《食品安全现代化法》为视角[J].法学评论,2014(3):92 - 101.

合我国当下实际情况、北京居民对保健食品安全的法治需求和国外先进经验，在立法方面笔者认为现有标准应当更加严格、细化，而不仅仅是以几个条款的形式出现在《食品安全法》中。在立法过程中保证公平、公正、公开，增强保健食品安全法的及时性、有效性、针对性，只有在立法时将标准严格限制，才能从最开始就保证保健食品的安全。

2. 完善消费者保障制度

完善消费者保障制度是立法中不可或缺的环节，在限制原料商、制造商、经销商的同时，也应当注重保护消费者权益。当然，即使在立法时尽可能地严格限制标准，但还是会有黑心商家为牟取暴利，不惜违法使用不合格的原料等。消费者以为买到了合法合格的保健食品，直到食用之后才发现是不合格的产品。这时，就需要明确的法律条款来保证消费者可以向商家追责，而且黑心商家的违法技术越来越高，所以，完善消费者权益保障制度迫在眉睫，在立法时应当尽最大可能地保障消费者权益，如果发现现有制度已经不能很好地保障消费者权益，就应当及时调整，使守法的消费者在受到侵害之后能获得有效赔偿。

（二）执法、司法方面

在有效整治虚假宣传方面的调查显示（见表7），在以下几方面有待提高。

表7　有效整治虚假宣传的方法

问题（可多选）	选项	人数（名）	比例
您认为以下哪个（些）方法能够有效整治食品尤其是保健食品的欺诈和虚假宣传	A.落实最严谨标准	268	89.3%
	B.落实最严格监管	295	98.3%
	C.落实最严厉处罚	284	94.7%
	D.落实最严肃问责	256	85.3%

1. 加大执法力度，落实最严格监管

在反腐倡廉的新时代，贿赂执法、司法人员的情形已经减少了很多，但还是会偶尔出现，所以，应该在法治轨道上开展执法工作，创新执法体制，完善执法程序，推进综合执法，严格执法责任，建设权责统一、权威高效的依法行政体制，加快建设职能科学、权责法定、执法严明、公开公正、廉洁高效、守法诚信的法治政府。为了保证保健食品安全，就应该在法治轨道上开展高强度的执法，严格执行最严谨标准、最严格监管、最严厉处罚、最严肃问责，尤其是要将最严格监管真正落到实处，减少管理层次，整合执法队伍，提高执法效率，坚持按程序执法。

2.公正司法,明确法律责任

不仅执法机关应当按程序执法,司法机关也应如此。保证公正司法,完善司法管理体制和司法权力运行机制,规范司法行为,才能提高司法公信力,才能让人民群众在每个涉及保健食品安全的案件中感受到公平正义。其中,公正司法较为核心的一点就是明确法律责任,落实责任终身制度,明确司法人员工作职责、程序、标准,实行办案质量终身负责制和错案负责倒查追责制。在这样的制度下,司法人员才会更加公正,才能保证消费者在遇到保健食品安全问题时能够得到有效的解决方案,不冤枉真正守法的商家也不漏掉任何一个黑心商家,从实际出发,真正地保障消费者权益。

(三) 守法方面

1.加大有关保健食品安全的宣传力度

我国应当学习国外先进经验,结合中国社会实际情况,加大宣传力度,弘扬社会主义法治精神,建设社会主义法治文化,增强全社会厉行法治的积极性和主动性,形成守法光荣、违法可耻的社会氛围,使全体人民成为社会主义法治的忠实崇尚者、自觉遵守者、坚定捍卫者。在有关保健食品安全的立法完成之后,积极宣传,让人们从心底意识到守法的光荣,让人们自发地维护保健食品安全,警示正在实施违法行为的人们意识到自身错误,避免等到出现保健食品安全问题时才追悔莫及。

2.从学校教育入手,从小培养守法意识

现阶段我国校内的法治教育还不完善,应该从小学开始就培养孩子的守法意识,初、高中阶段也应当增设法治教育课程,有目标、有意识、正确地教导学生遵纪守法,只有从小树立了正确的价值观,才能保证成年以后秉持着自己的观念做人做事。保健食品安全如果加入立法,自然也属于法律范畴,所以,从学校教育入手,从小培养守法意识能够有效地减少保健食品安全违法情况的出现。

(四) 法律监督方面

1.增设保健食品安全的非政府组织

我国现在已有的消费者协会就属于非政府组织,能够通过公益诉讼等方式有效地保障和维护消费者权益,但保健食品行业内部缺乏自行监管,在总结了国外的先进经验后,笔者认为我国食品行业内也可以增设保健食品安全方面的非政府组织,如食品企业协会等。我国保健食品企业数量很大,通过企业内部的联合来进行法律监督是十分有效的。但是也不能让企业拥有过大的权力,否则,不仅会出现保健食品的制造商、经销商每天都要面临各种各样的企业前来监督的情况,而且执法、司法部门也会面临同样的问题,虽然这样可以限制或避免不合格的保健食品公司出现,保证执法、司法部门的公正,但即使是正规的企

业也难以承受这样的监督,执法、司法机关也会因此陷入混乱。笔者认为,可制定相关法律法规,在既能够保证监督渠道数量与监督力度的情况下,又能保证制造商和经销商等相关公司不受监督影响正常工作,保证执法、司法机关的正常运行。

2. 提高食品安全相关部门权限

笔者认为国外的垂直一体化监管模式是十分可取的,尤其是在我国适用。因为我国现在就有政府垂直领导的情况,如果可以提高食品安全相关部门的权限并强化各部门之间的沟通交流,或者能够将相关部门进行整合,那么权限自然会加强。有了较高的权限,就能有效地监督执法、司法部门及人员的工作,但是这种权限也需要确定一个标准来限制这个或这些部门,否则就会出现部门干预执法、司法的情况,更加不利于执法廉明、司法公正。

附录

有关"新时代北京居民对保健食品安全法治需求"的调研

尊敬的女士/先生:

您好! 为了了解您对我国食品安全的法治需求以及对现有状况的意见和建议,我作为北京工商大学学生进行网上调查。非常感谢您能够作为该群体的代表参加调查,提供您的看法与意见,希望能够得到您的大力支持与合作。本调查不记名,数据由后台统一处理。能倾听您的意见,我感到十分荣幸。谢谢!

1. 您的年龄:A. 18 岁以下　B. 18～25 岁　C. 35～60 岁　D. 60 岁以上
2. 您的文化程度:A. 初中及以下　B. 高中　C. 大专　D. 本科及以上
3. 您是否能够分辨及定义一般食品、保健食品和药品?
A. 能分辨且能定义　B. 能分辨但不能定义　C. 不能分辨、定义
4. 您是在我国发生什么事件后才开始关注保健食品安全的?
A. "冬虫夏草"事件　B. "鸿茅药酒"事件　C. "亿好酒"事件　D. 其他
5. 您是如何得知保健食品存在安全问题的?
A. 报纸及杂志　B. "3·15"晚会　C. 微博、微信　D. 网页
6. 您对于我国保健食品安全立法了解如何?
A. 完全了解　B. 基本了解　C. 不太了解　D. 完全不了解
7. 您认为我国保健食品安全立法方面有什么不足?
A. 限制标准不严格　B. 设置的处罚力度小　C. 对消费者的保障不足
D. 其他

8. 您认为我国在保健食品安全法执法．司法方面有什么不足？

A. 执法力度不足　　B. 检查周期较长　　C. 容易出现贪腐现象　　D. 司法不公正

9. 您认为我国在食品安全守法方面有什么不足？

A. 经营者守法观念淡薄　　B. 经销商虚假宣传　　C. 制造者自身对保健食品效果认识不明确　　D. 保健食品安全宣传力度小

10. 您认为我国在食品安全法律监督方面有什么不足？

A. 法律监督渠道少　　B. 信息透明度较低　　C. 监管部门权限较低　　D. 现有监督机制无不足

11. 您认为以下哪个(些)方法能够有效地完善保健食品安全的立法？（可多选）

A. 严格限制标准　　B. 提高处罚力度　　C. 完善消费者保障制度　　D. 其他

12. 您认为以下哪个(些)方法能够有效整治食品尤其是保健食品的欺诈和虚假宣传？（可多选）

A. 落实最严谨的标准　　B. 落实最严格监管　　C. 落实最严厉处罚　　D. 落实最严肃问责

13. 您认为应当如何加强保健食品法律监督？

A. 增加监督渠道　　B. 增大信息透明度　　C. 提高监管部门权限　　D. 现有监督机制足够

14. 如果保健食品质量有问题，您是否会进行维权？

A. 会　　B. 不会

15. 您不进行维权的原因是什么？（第 14 题选 B 的回答）

A. 路途遥远　　B. 价格很低，不值得维权　　C. 维权效果不佳　　D. 其他

16. 您认为以下哪个(些)方法能从法治角度更有效地提高我国的保健食品安全？（可多选）

A. 完善保健食品安全立法　　B. 加强保健食品安全执法力度　　C. 加大保健食品安全法宣传，使民众自觉守法　　D. 完善与保健食品安全相关的法律监督

17. 从法治的角度而言，您对提高我国保健食品安全还有哪些更好的建议？

食品企业标准法律制度的完善[*]

季任天[**]

摘　要　2015 年《食品安全法》修订了关于食品企业标准的规定,缩小了食品企业标准的制定范围,因此我们需要重新审视食品企业标准。食品企业标准应当不属于食品安全标准,食品企业标准的制定需要规范。食品企业标准备案应当进行改革,明确备案审查的对象制定的食品企业标准是否严于国家标准、改单备案制为双备案制、加强备案审查过程中的指导。食品企业标准标识应当规范,在标明食品执行的食品安全国家标准或食品安全地方标准的代号的同时,标注经过备案的食品企业标准代号。经过备案的食品企业标准具有一定的法律效力,虽然不能产生刑事责任,但是可以有限制行政责任,同时,也会产生民事赔偿责任。

关键词　食品;企业标准;食品安全;备案;法律效力

2015 年《食品安全法》修订了关于食品企业标准的规定,缩小了食品企业标准的制定范围,也触发了重新审视食品企业标准,进一步完善食品企业标准的契机。随着人们对食品企业标准与食品安全标准的深化认识,食品企业标准的法律规定将会不断得到合理化。目前,关于食品企业标准的法律规定主要有

---

　*　本文为 2019 年度江苏高校哲学社会科学研究重大项目《食品安全标准法律制度改革研究》(编号 2019SJZDA017)阶段性成果。

　**　季任天,法学博士,中国计量大学法学院副教授,硕士生导师。

《食品安全法》第 30 条①，《食品安全法》第 31 条第 1 款②，《食品安全法实施条例》第 18 条③，卫生部 2009 年 6 月 10 日发布实施的《食品安全企业标准备案办法》等。本文以这些法律规定为基础，将从以下几个方面进行探讨。

一、食品企业标准是否属于食品安全标准

食品企业标准在《食品安全法》的第三章"食品安全标准"之下的第 30 条、第 31 条进行了规定，似乎默认了食品企业标准属于食品安全标准体系中的一员。但是存在两个疑点：一是《食品安全法》只有食品企业标准的提法，并没有出现"食品安全企业标准"或"食品企业安全标准"的提法；二是《食品安全法》第 25 条规定："食品安全标准是强制执行的标准"，而食品企业标准没有强制力，对于该企业之外的其他企业没有任何约束力，对于该企业本身也仅仅是规定"在本企业适用"，没有明确本企业必须适用，也没有明确本企业不适用将会有什么法律责任。

那么食品企业标准到底是否属于食品安全标准体系呢？这首先需要对食品安全标准作一个准确的界定。

《食品安全法》并没有对"食品安全标准"作出明确定义④，仅对食品安全进行了定义。当然，标准本身的定义可以借用《标准化法》中的定义，即标准是指农业、工业、服务业以及社会事业等领域需要统一的技术要求⑤。那么对于食品安全标准，可能存在狭义和广义之说。根据《食品安全法》颁布之后卫生部门发布的食品安全国家标准，基本在标准名称中采用了两层标示法，即无一例外是先点明"食品安全国家标准"或"食品安全地方标准"字样，然后接上具体标准名

---

① 2015 年《食品安全法》第 30 条规定："国家鼓励食品生产企业制定严于食品安全国家标准或者地方标准的企业标准，在本企业适用，并报省、自治区、直辖市人民政府卫生行政部门备案。"

② 2015 年《食品安全法》第 31 条第 1 款规定："省级以上人民政府卫生行政部门应当在其网站上公布制定和备案的食品安全国家标准、地方标准和企业标准，供公众免费查阅、下载。"

③ 2009 年《食品安全法实施条例》第 18 条规定："省、自治区、直辖市人民政府卫生行政部门应当将企业依照食品安全法第二十五条规定报送备案的企业标准，向同级农业行政、质量监督、工商行政管理、食品药品监督管理、商务、工业和信息化等部门通报。"

④ 季任天. 论中国食品安全法中的食品安全标准[J]. 河南财经政法大学学报，2009(4)：122 - 127.

⑤ 2017 年《标准化法》第 2 条第 1 款规定："本法所称标准(含标准样品)，是指农业、工业、服务业以及社会事业等领域需要统一的技术要求。"

称。因此，从狭义上讲，《食品安全法》所指食品安全标准是指挂名"食品安全国家标准"或"食品安全地方标准"字样的食品安全标准。从广义上讲，食品安全标准目的是为了保证食品安全的标准，即包括所有与食品安全有关的标准，包括食品安全团体标准、食品安全企业标准、食品安全管理体系标准等，远远超出了《食品安全法》所界定的食品安全标准范畴。

其实，对于食品企业标准来说，2009年《食品安全法》也是称之为"企业标准"，尽管是放在"食品安全标准"这一章之下，但是在第三章"食品安全标准"之下没有明确提出"食品安全企业标准"的说法①，倒是在第九章"法律责任"第87条第（三）项规定了"食品安全企业标准未依照本法规定备案"的法律责任②。正因为第九章出现"食品安全企业标准"字样，支持了那些赞同食品企业标准属于食品安全标准体系一派的观点，从而将食品企业标准混同于食品安全企业标准，在2009年《食品安全法》实施之后，各地的卫生部门在操作实践中大多称之为"食品安全企业标准"。

事实上，2009年《食品安全法》尽管存在不完善的地方，但是对于食品企业标准与食品安全企业标准之间的关系暗藏着正确的理解。根据该法律文本的字面意思，我们可以解读出食品企业标准分为食品安全企业标准（没有食品安全国家标准或者地方标准而制定的企业标准）以及与安全无关的食品质量企业标准（严于食品安全国家标准或者地方标准的企业标准）。或者说，企业标准作为企业产品的执行标准，不仅包含食品安全方面的指标，还应包含食品质量与营养等不涉及食品安全的指标。这两类企业标准都要备案，但是只有前一种企业标准未备案的要承担法律责任，后一类企业标准未备案无须承担法律责任。2009年制定的《食品安全法》的表达可能不太清晰，但是这种暗藏的逻辑结构是没错的。2015年修订的《食品安全法》印证了这种内含逻辑，在删除了前一种食

---

① 2009年《食品安全法》第25条规定："企业生产的食品没有食品安全国家标准或者地方标准的，应当制定企业标准，作为组织生产的依据。国家鼓励食品生产企业制定严于食品安全国家标准或者地方标准的企业标准。企业标准应当报省级卫生行政部门备案，在本企业内部适用。"

② 2009年《食品安全法》第87条规定："违反本法规定，有下列情形之一的，由有关主管部门按照各自职责分工，责令改正，给予警告；拒不改正的，处二千元以上二万元以下罚款；情节严重的，责令停产停业，直至吊销许可证：……（三）制定食品安全企业标准未依照本法规定备案；……"

品企业标准①之后，对后一种标准仍持鼓励态度，尽管规定了"备案"的要求，但是在第九章中删除了食品企业标准未备案的法律责任。

尽管"对于企业内部执行的企业标准，是强制性标准或推荐性标准的讨论，是没有意义的"②，但是，《食品安全法》对于食品安全标准的强制性要求是很明确的，那么没有确定强制性的食品企业标准就不属于食品安全标准的体系组成部分。

《食品安全法》将食品企业标准放在第三章"食品安全标准"之下，不是将食品企业标准纳入食品安全标准体系之中，而是用"鼓励"这一字眼表达了食品企业标准与食品安全标准的区别，潜在意思应当是，食品企业标准不是判断食品企业是否符合强制性要求的依据；判断食品企业是否符合强制性的标准要求，只能依据食品安全国家标准与食品安全地方标准。

《食品安全法》第31条第2款规定："对食品安全标准执行过程中的问题，县级以上人民政府卫生行政部门应当会同有关部门及时给予指导、解答。"分析这一表达，可以发现其中"食品安全标准"不可能包括"食品安全企业标准"，因为卫生部门没有责任也没有能力去给食品企业指导、解答食品企业自己制定的在其内部适用的企业标准实施中的问题。

《食品安全法》对于食品添加剂③与食品相关产品④的生产均要求符合"食品安全国家标准"，连食品安全地方标准都排除了。但是对于食品生产经营要求符合"食品安全标准"⑤，看来不仅仅是食品安全国家标准，还包括了食品安全地方标准，但是显然不包括食品企业标准。《食品安全法实施条例》第19条第1

---

① 删除了"没有食品安全国标地标应当制定企标"的规定，原因之一是立法者认为随着食品安全标准的清理结束，"没有食品安全国标地标"的情形将不复存在，因此不需要保留此规定；原因之二是立法者认为"没有食品安全国标地标"的情形下，食品的安全风险未知，应由国家进行评估以后制定国家标准或地方标准方可生产，在此之前企业不得生产。

② 王艳林，杨觅玫，韩丹丹. 论《食品安全法》中的企业标准——对《食品安全法》第25条注释与评论[J].法学杂志，2009(8)：498－504.

③ 《食品安全法》第39条第2款规定："生产食品添加剂应当符合法律、法规和食品安全国家标准。"

④ 《食品安全法》第41条规定："生产食品相关产品应当符合法律、法规和食品安全国家标准。"

⑤ 《食品安全法》第33条规定："食品生产经营应当符合食品安全标准。"

款规定了对于食品安全国家标准和食品安全地方标准的执行进行跟踪评价①，第 3 款规定对食品安全标准执行问题的报告义务②。上述第 3 款中的"食品安全标准"应该就是指第 1 款中的"食品安全国家标准和食品安全地方标准"。

因此，毫无疑问，在《食品安全法》及其配套法规中，食品企业标准不属于食品安全标准。

二、食品企业标准的制定是否需要规范

如前所述，食品企业标准是国家鼓励制定的严于食品安全国家标准和食品安全地方标准的，那么是否可以放任不管，是否可以不用法律条文进行规范？

根据历年的食品企业标准备案审查经验，食品企业在制定自己的企业标准时还是存在很多问题的。有些问题对于安全问题无伤大雅，但是也有一些问题关系食品安全问题，因此，对食品企业标准进行必要的规范，是《食品安全法》的职责所在。

企业标准所存在的问题主要集中在企业标准的有效性、合法性、规范性三个方面：有效性问题是指食品企业标准引用的标准已失效、作废而导致自身成为无效标准；合法性问题是指食品企业标准不符合国家法律、法规和强制性标准的规定；规范性问题包括标准格式问题，引用文件缺少必要的标准，理化指标不具体等③。

郭爱萍等调查上海某区食品生产企业制定食品企业标准现状，发现 34 家企业首次提交的 52 件企业标准均存在问题，其中理化指标设置不符合要求、微生物指标设置不符合要求等问题发生率分别为 61.54%、48.08%；是否组织专家对企业标准进行审查对关键问题发生率、3 个及以上重要问题发生率有影响④。

食品企业标准的格式如果不符合 GB/T 1.1《标准化工作导则》的要求，对于安全问题影响不大，而且对于推荐性标准的不符合，不能追究法律责任，因

---

① 《食品安全法实施条例》第 19 条第 1 款规定："国务院卫生行政部门和省、自治区、直辖市人民政府卫生行政部门应当会同同级农业行政、质量监督、工商行政管理、食品药品监督管理、商务、工业和信息化等部门，对食品安全国家标准和食品安全地方标准的执行情况分别进行跟踪评价，并应当根据评价结果适时组织修订食品安全标准。"

② 《食品安全法实施条例》第 19 条第 3 款规定："食品生产经营者、食品行业协会发现食品安全标准在执行过程中存在问题的，应当立即向食品安全监督管理部门报告。"

③ 黄屹.浅析食品企业标准编制中存在的问题及对策[J].标准科学，2009(8)：58 - 61.

④ 郭爱萍，史济峰，邹涛，等.上海某区食品生产企业制定企业标准现况调查和问题分析[J].中国标准化，2017(4 上)：109 - 111，116.

此，也不能成为对食品企业标准进行法律规制的理由。但是，对于食品企业标准中出现以下问题涉及安全性就需要进行法律规制。①食品企业标准中列出的原料不允许使用：一是使用非药食同源的药材，例如，将"黄芪""党参"等未列入药食同源目录的中药材作为原料开发食品；二是使用未批准为新资源食品的非食品原料；②产品质量及安全卫生指标制定不准确：一是产品的质量及安全卫生指标不全面；二是产品质量特征性指标制定缺乏有效依据；③指标检测方法的制定不准确①。因此，对食品企业标准有必要进行法律规范。

三、食品企业标准备案的改革

2015 年修订的《食品安全法》与 2009 年《食品安全法》尽管有区别，还是保留了食品企业标准备案的规定，但很显然这是不合理的。加上食品企业标准备案的工作量很大，不断有呼声要求取消食品企业标准的备案。例如，2016 年北京市食品安全企业标准备案工作共受理 635 件，备案完成 539（85%）件，不予备案 93（15%）件，完成备案的企业标准中制定 290（54%）件，修订重新备案 121（22%）件，修改 128（24%）件②。浙江省自 2009 年 6 月至 2013 年 12 月，累计接收企业标准备案材料 16 287 件，历年受理的备案数量基本呈上升趋势；有效备案率（准予备案/接收备案）93.07%。备案数量的众多，监管人员的缺少，对食品企业标准备案审查就不能深入，效果不会太好，不如就取消备案审查；有效备案率很高，表明大多数食品企业标准都通过了备案审查，备案审查产生的把关效益不是很突出，取消审查带来的不合格食品企业标准数量不会太多，影响不会太坏。从长远看，确实应当取消备案，与其他企业标准一样，根据 2017 年《标准化法》的规定改为企业自我声明制度即可。但目前《食品安全法》还是规定了食品企业标准的备案制度，而且备案制度在现阶段确实能够起到引导、规范的作用。

2009 年制定的《食品安全法》第 87 条第（三）项规定了食品企业标准备案的法律责任："制定食品安全企业标准未依照本法规定备案"，"由有关主管部门按照各自职责分工，责令改正，给予警告；拒不改正的，处二千元以上二万元以下罚款；情节严重的，责令停产停业，直至吊销许可证"。但是在 2015 年《食品安全法》中删除了这一罚则，尽管源起于删除了食品企业制定"填空型"食品安全

---

① 付光中，窦兴德，章建设，等.谈食品安全企业标准的制修订[J].食品安全导刊，2012(4)：74 - 75.

② 赵亮宇，李红，徐亚东.2016 年北京市食品安全企业标准备案工作情况分析及政策建议[J].中国卫生标准管理，2017(13)：8 - 14.

标准的义务,但也表明了食品企业标准备案无须承担法律责任的态度。如此一来,食品企业标准备案失去了法律责任的保驾护航,变成了形同虚设。因此,有学者认为,新法框架之下的食品安全企业标准备案制度,在根本上是没有必要的,是传统上企业标准"政府包干"到"适当放开加审查把关"的制度演变的残余,未来可以考虑将其废止;政府不必为消费者对此不闻不问、不为自己负责的怠惰而过分担负"家长"角色[1]。但是,在目前至少还保留了食品企业标准的备案制度,短期内是不能取消的。因此,还不如改革之,对现行《食品安全企业标准备案办法》进行修订。首先,规章的名称应当删除"安全"两字,将"食品安全企业标准"改为"食品企业标准"。然后,应当对规章的备案具体规定进行改革。当然,食品企业标准的备案改革并不是放弃对食品企业标准的监管。食品企业标准备案制度改革可以尝试从以下几个方面展开。

(一)明确备案审查的对象制定的食品企业标准是否严于国家标准

国家鼓励食品生产企业制定严于食品安全国家标准或者地方标准的企业标准,因此,备案审查就是为了判定制定的食品企业标准是否严于国家标准。但何为严于?如何判断是否严于食品安全国家标准或地方标准?有人认为只要要求中的项目比国家标准多的就是严于,或指标比国家标准定得高就是严。不仅企业标准中的所有项目不能比国家的少,而且指标也要在国家标准设定的范围之内才能称为严于。通常企业标准要求中有如下四个部分:①原辅料要求;②感官指标;③理化指标;④微生物指标。例如,如果食品安全国家标准中有铅、砷、镉、汞、菌落总数、大肠菌群、致病菌七项,那么企业标准这些项目必须要有,当然除此七项外还可增加如铝、霉菌等有食品安全意义的项目,如此可认为是严于国家标准;如增加的项目(如黏度、细度等)不具有食品安全意义则也不应视为严于。如果项目相同,则指标值必须在国家标准的设定范围之内;如国家标准规定是小于等于某值,则企业标准该指标值至少应为小于;如国家标准规定是大于等于某值,则企业标准该指标值至少应为大于;如国家标准规定的是一个取值区间,则企业标准的规定一定要在此区间范围之内[2]。

(二)改单备案制为双备案制

对于是否要备案以及备案途径如何选择的问题,董欣通过对食品安全企业标准备案制度的博弈分析,得出结论,主张食品企业标准应当进行备案,并应当

---

① 沈岿.食品安全企业标准备案的定位与走向[J].现代法学,2016(4):49-59.

② 高志胜,李力.试论食品安全企业标准备案之关键点[J].中国卫生监督杂志,2012(6):581-583.

从目前《食品安全法》规定的单备案制改为双备案制①。目前，食品企业标准备案工作由省级卫生部门承担，食品企业是否遵守食品企业标准由市场监管部门进行监管，食品标准备案与实施监督工作不能紧密联系，存在脱节的现象。《食品安全法实施条例》第 18 条规定："省、自治区、直辖市人民政府卫生行政部门应当将企业依照食品安全法第二十五条规定报送备案的企业标准，向同级农业行政、质量监督、工商行政管理、食品药品监督管理、商务、工业和信息化等部门通报。"尽管已用这种通报制度来弥补单备案制的弊端，但是效果仍可能会打折扣，制度存在漏洞可能性。因此，最好要求食品企业必须向卫生部门与市场监督管理部门同时备案，并要求卫生部门与市场监督管理部门之间进行信息沟通与相互核对。尽管这样有重复浪费和加重企业负担的弊端，却能够尽量减少监管脱节的可能性。

（三）加强备案审查过程中的指导

各地在食品企业标准备案过程中发现了很多问题，既有备案内容（食品企业标准具体条文）存在的问题，也有备案程序与审查标准的问题。例如，浙江省企业标准备案工作中存在的问题包括：①食品生产企业人员制标能力不足、标准化意识薄弱；②文本格式不准确；③食品名称不准确；④原辅料使用不规范；⑤规范性引用文件不准确；⑥安全性指标设置不正确；⑦试验方法不准确②。王志钢等收集整理近年来在北京市国产保健食品企业标准备案审核中经常遇到的问题，对大部分企业存在的共性问题进行归纳分析，列出需要注意的关键点，提出改进的建议和意见，以期指导企业建立项目齐全、格式规范、内容完整的产品质量标准；同时从加强企业标准的审核和备案入手，探讨提高保健食品质量的途径③。薛云浩等通过对 2016 年河南省备案食品企业标准的类别数量分析，一方面，说明我国在饮料、粮食加工品和调味品等类别中推荐性国家标准或行业标准尚不能满足市场快速发展的需求，有待不断更新完善与补充，另一方面，也说明河南省的饮料、粮食加工品、调味品等生产企业，经常发布企业标准，不断推陈出新，研发上市新产品④。

---

① 董欣.食品安全企业标准备案制度的博弈分析[J].中国高新技术企业，2013(36)：3‐6.

② 蒋贤根，吴媛，顾仲朝.浙江省食品安全企业标准质量评估及改进对策[J].中国卫生监督杂志，2016(1)：34‐39.

③ 王志钢，刘彬，于春媛.北京市保健食品企业标准备案审查中常见问题及要点评析[J].首都食品与医药，2018(1 下)：102.

④ 薛云浩，李梵.河南省食品安全企业标准备案情况分析[J].河南预防医学杂志，2018(8)：625‐628.

各地企业标准备案规定存在差异化。一直以来,在企业标准备案过程中,诸如是否写入营养成分表、是否写入保质期、是否写入配料配比、是否应包含质量指标、如何界定"严于"的含义等问题一直是企业困惑的地方。国务院卫生部门应该出台一个指导全国各省市企业标准备案的说明文件,进行统一规定,供各地参考。

食品备案管理部门应当加强食品企业标准备案过程中的指导,将企业可能存在的不安全标准扼杀在萌芽之中。食品企业标准尽管不是强制性标准,即不是必须执行的标准,但是大多是企业自愿去执行的标准,如果食品企业标准不合理,食品企业按此生产,将带来很大的食品安全隐患。因此,不但要加强对食品企业标准的审查把关备案,而且要加强对食品企业标准制定的指导。

四、食品企业标准标识的规范

《食品安全法》第 67 条第 1 款第(五)项规定,预包装食品的标签"应当标明下列事项:……(五)产品标准代号;……"①这一规定中的"产品标准代号"没有作出明确界定,没有限定在食品安全国家标准与食品安全地方标准的代号,应当理解为可以标注食品企业标准的代号。

如果在预包装食品的标签上标注了食品企业标准的代号,那么,该食品企业标准必须经过备案并公示。如果某食品企业标准已经经过备案并公示,则在其产品标签上就应当标注食品企业标准的代号。

这一点理解似乎没有任何问题。但是由于目前食品企业标准的备案公示在各地省级卫生部门的网站上,不便于公众的查询。而且,备案的食品企业标准不能保证百分之百地符合食品安全国家标准与食品安全地方标准,再加上前述食品企业标准的鼓励性与备案无法律责任的特点,因此,在食品标签上仅仅标注食品企业标准代号的做法似乎不妥。

尽管从理论上讲,食品企业标准严于食品安全国家标准与食品安全地方标准,如果食品企业执行了食品企业标准,那就等于符合了食品安全国家标准与食品安全地方标准。但是如果让食品企业免除了多加注一些信息的义务,就有可能带来消费者对食品执行标准的疑惑,实在是不太明智的。因此,法律规定

---

① 《食品安全法》第 67 条第 1 款规定:"预包装食品的包装上应当有标签。标签应当标明下列事项:(一)名称、规格、净含量、生产日期;(二)成分或者配料表;(三)生产者的名称、地址、联系方式;(四)保质期;(五)产品标准代号;(六)贮存条件;(七)所使用的食品添加剂在国家标准中的通用名称;(八)生产许可证编号;(九)法律、法规或者食品安全标准规定应当标明的其他事项。"

应当进行完善，明确规定在食品标签上应当标明其执行的食品安全国家标准或食品安全地方标准的代号，如果企业制定了食品企业标准，可以同时标注经过备案的食品企业标准代号。也就是说，食品标签上不能仅仅标注食品企业标准代号。

五、食品企业标准的法律效力

食品企业标准能否成为判定法律责任的依据呢？毫无疑问，没有经过备案的食品企业标准没有任何法律效力。关键是经过备案的食品企业标准能否产生法律效力？

首先，必须承认经过备案的食品企业标准具有一定的法律效力。如若不然，食品企业标准的备案就真的失去任何意义了。

其次，备案的食品企业标准不能成为判定食品企业是否应当承担刑事责任的依据。对于食品企业标准，本来就是鼓励的态度，如果对符合食品安全国家标准或地方标准却不符合食品企业标准的行为人采取苛刻的刑事法律责任进行规范，恐怕没有任何企业愿意尝试带给自己重责的风险。

再次，如果食品企业不符合自己所备案的食品企业标准，但能符合食品安全国家标准或地方标准，对其追究的行政责任应当有限制，一般情况下限于责令改正与撤销备案的行政处罚，慎用行政罚款等重责。

最后，如果食品企业不符合自己所备案的食品企业标准，不论其是否符合食品安全国家标准或地方标准，必定会产生民事赔偿责任。消费者完全可以依据备案的食品企业标准，对不符合食品企业标准的食品，向食品企业主张赔偿。此时，判定食品是否合格的依据，不仅仅是食品安全国家标准或食品安全地方标准，还包括备案的食品企业标准。

当然，如果因为备案的食品企业标准不符合严于食品安全国家标准或食品安全地方标准的条件，导致出现食品符合食品企业标准却不符合食品安全国家标准或食品安全地方标准的情况，则不但消费者可以依据食品安全国家标准或食品安全地方标准对食品企业主张赔偿，而且食品企业还可能被追究行政责任，甚至刑事责任。

食品企业标准的作用毋庸置疑，对其进行法律规制也是必不可少的，对其进一步的深化认识，必将推动法律规定的不断完善。

我国食品安全标准的法律性质与效力探究*

刘亚茹**

摘　要　民以食为天,食品安全是关系国计民生的重大社会工程。而食品安全标准作为一个重要的食品安全监管工具,是食品生产企业组织生产以及食品监督管理部门进行监督检查的重要根据,在保障食品安全上发挥着巨大作用。从形式上来看,食品安全标准并不具备法的正式渊源所要求的表现形式,但从实质意义上来讲,食品安全标准作为强制执行的标准,已经具备了与法律规范相同的法律效力,对食品生产经营者从事生产经营活动、行政机关执法、司法机关进行司法活动有着法律拘束力,也影响着消费者的消费意向。

关键词　食品安全标准;法律性质;效力

食品属于典型的"经验性商品",在消费者购买和食用食品之前,很难观察到食品的诸多属性,很难确定食品质量。往往只有在消费之后,甚至经历过一段时间后,才能发现劣质食品引发的不利后果[1]。因此,对食品安全问题进行严格监管已成为世界各国的共识,也是当前我国政府的一项重要战略举措。作为食品安全监管的一项重要指标,食品安全标准在保障食品安全和维护人体健康方面有着极为重要的意义。准确定性食品安全标准的法律性质及其效力十分

---

　*　本文为 2019 年度江苏高校哲学社会科学研究重大项目"食品安全标准法律制度改革研究"(编号 2019SJZDA017)的阶段性成果。

　**　刘亚茹,江南大学法学院硕士研究生。

　①　安东尼·奥格斯.规制:法律形式与经济学理论[M].骆梅英,译.北京:中国人民大学出版社,2008:192.

必要。

一、食品安全标准的概念界定

2015 年新修订的《食品安全法》并没有对"食品安全标准"一词作出明确的界定，仅在第二十六条[①]列举说明了食品安全标准应当包含的七项主要内容，并且以"其他需要制定为食品安全标准的内容"来兜底。因此，在对食品安全标准进行分析研究前，有必要先对"食品安全标准"进行概念界定。

《食品安全法》第一百五十条[②]对食品和食品安全的含义作出了明确规定，这一定义反映了人们对食品安全的极高要求，除了不损害人体健康以外，食品还应当满足人的营养需求。这也表明食品相对于其他物质而言，对人们的生存发展有着更为重要的意义。对于"标准"一词，《中华人民共和国标准化法》（以下简称《标准化法》）第二条作出规定，标准是指农业、工业、服务业以及社会事业等领域需要统一的技术要求。综合上述概念，笔者认为可以对"食品安全标准"作如下定义：食品安全标准是为保障人身健康安全以及满足人体营养需要，由有权机关制定的、食品生产经营者在生产经营过程中必须遵守的对性能作出的统一的技术要求。

二、标准的类型

划分食品安全标准的依据有很多，我国主要根据食品安全标准制定主体的不同，将食品安全标准划分为食品安全国家标准、地方标准和企业标准三类。

（一）国家标准

国家标准包括强制性标准和推荐性标准两类，对于保障人身健康和生命财产安全、国家安全、生态环境安全以及满足经济社会管理基本需要的技术要求，《标准化法》第十条规定应当制定强制性国家标准。食品安全与人的生命健康

---

① 《食品安全法》第二十六条："食品安全标准应当包括下列内容：（一）食品、食品添加剂、食品相关产品中的致病性微生物，农药残留、兽药残留、生物毒素、重金属等污染物质以及其他危害人体健康物质的限量规定；（二）食品添加剂的品种、使用范围、用量；（三）专供婴幼儿和其他特定人群的主辅食品的营养成分要求；（四）对与卫生、营养等食品安全要求有关的标签、标志、说明书的要求；（五）食品生产经营过程的卫生要求；（六）与食品安全有关的质量要求；（七）与食品安全有关的食品检验方法与规程；（八）其他需要制定为食品安全标准的内容。"

② 《食品安全法》第一百五十条："食品，指各种供人食用或者饮用的成品和原料以及按照传统既是食品又是中药材的物品，但是不包括以治疗为目的的物品。食品安全，指食品无毒、无害，符合应当有的营养要求，对人体健康不造成任何急性、亚急性或者慢性危害。"

息息相关,是关系国计民生的重要一环,故《食品安全法》明确规定了食品安全标准的强制执行性,即赋予了食品安全国家标准强制性标准的效力。截至 2017 年 7 月,我国已累计制定食品安全国家标准 1 224 项,各项食品安全国家标准已趋于完善,已经形成通用标准、产品标准、生产经营规范标准、检验方法标准等四大类的食品安全国家标准①。

(二)地方标准

食品安全地方标准也有其适用的空间。相比较 2009 年的旧法②,2015 年新修订的《食品安全法》③对允许制定地方标准的情形进行了限制,仅限于没有制定国家标准的地方特色食品。而对于非地方特色的其他食品或者食品添加剂、食品相关产品、专供婴幼儿和其他特定人群的主辅食品、保健食品等其他食品安全标准内容,不能制定地方标准。但对于何为"地方特色食品",《食品安全法》并未给出明确的解释,一般认为,地方特色食品是指生产、流通、食用均局限于特定区域内,具有较强地方特色的食品,如江苏盱眙小龙虾、湖北武汉热干面等④。但随着食品安全国家标准的日趋完善以及网购的日益发达,地方特色食品的销售范围已经可以遍及全国,甚至行销海外,国务院卫生行政部门、食品安全监督管理部门可能会对原先没有制定国家标准的地方特色食品制定相应的国家标准,为避免国家标准和地方标准相混同,《食品安全法》也明确规定,地方标准在相应的国家标准出台后即告废止。有意见提出,目前我国的食品安全国家标准基本覆盖了从农田到餐桌食品生产加工的各主要环节,地方标准的存在会使一些地方政府借地方标准搞地方保护主义,不利于食品行业的发展,因此,建议删除有关食品安全地方标准的规定⑤。但应指出的是,虽然我国的食品安全国家标准体系已相当完善,但依然还存在一些需要纳入食品安全标准保护的食品,在尚未制定相应的国家标准时,把是否需要保护的权力赋予省级相关行政部门,不失为一种有效的举措。

---

① 李旭. 我国食品标准的演进历程及现状概述[J]. 中国标准化,2019(03):62－67.

② 《食品安全法》(2009 年)第二十四条:"没有食品安全国家标准的,可以制定食品安全地方标准。"

③ 《食品安全法》(2015 年修订)第二十九条:"对地方特色食品,没有食品安全国家标准的,省、自治区、直辖市人民政府卫生行政部门可以制定并公布食品安全地方标准,报国务院卫生行政部门备案。食品安全国家标准制定后,该地方标准即行废止。"

④ 曾祥华. 食品安全法新论[M]. 北京:法律出版社,2016:192.

⑤ 参阅《食品安全法》(2015 修订)关于食品安全地方标准修订释义,http://www.pkulaw.cn/ CLink_form.aspx? Gid＝247403&tiao＝29&subkm＝0&km＝siy,2018－11－12.

（三）企业标准

企业可以根据自身需要自行制定食品安全企业标准,根据《食品安全法》第三十条①规定,制定企业标准必须满足两个条件:①该食品已存在相应的国家标准或地方标准;②制定的企业标准必须严于国家标准或地方标准。之所以要求食品生产企业制定的企业标准要严于国家标准或地方标准,主要是因为由行政机关制定的国家标准和地方标准往往是基于综合考量而对食品生产者所做出的最低标准,如果企业可以自行设定高于国家、地方标准的企业标准,这不仅有利于保障食品安全以及人体健康,从长远来看,还有利于食品行业的发展。食品安全企业标准作为企业组织生产的依据,在企业内部进行适用,根据《最高人民法院关于审理食品药品纠纷案件适用法律若干问题的规定》的相关规定②,食品生产者使用的标准高于国家标准、地方标准的,应当以企业标准为依据,即虽然国家对企业标准采取鼓励而非强制的态度,但只要企业制定了企业标准,进行了备案,该企业就必须严格遵守已经备案的企业标准,按照该标准进行组织生产,一旦生产的食品不符合已备案的企业标准,那么,该企业就要承担相应的法律责任。

三、食品安全标准的法律性质

根据《食品安全法》的相关规定,国务院卫生行政部门负责制定、公布食品安全国家标准,而省、自治区、直辖市人民政府卫生行政部门享有食品安全地方标准的制定权。由此可见,食品安全地方标准并没有被列入法的正式渊源之中,而食品安全国家标准的制定主体是国务院有关部门,似乎可以将其视为部门规章,但对比之下,我们又会发现,其与部门规章还是存在一定差别的,那么,食品安全标准的法律性质究竟如何?下面将从食品安全标准的形成方式、实施方式、表现形式、特征等角度来对食品安全标准的法律性质进行分析。需要进行说明的是,下文所探讨的食品安全标准主要针对国家标准而言,并不包括地方标准和企业标准。

---

① 《食品安全法》第三十条:"国家鼓励食品生产企业制定严于食品安全国家标准或者地方标准的企业标准,在本企业适用,并报省、自治区、直辖市人民政府卫生行政部门备案。"

② 《最高人民法院关于审理食品药品纠纷案件适用法律若干问题的规定》第六条:"食品的生产者与销售者应当对于食品符合质量标准承担举证责任。认定食品是否合格,应当以国家标准为依据;没有国家标准的,应当以地方标准为依据;没有国家标准、地方标准的,应当以企业标准为依据。食品的生产者采用的标准高于国家标准、地方标准的,应当以企业标准为依据。没有前述标准的,应当以食品安全法的相关规定为依据。"

（一）形成与实施

《食品安全法》将食品安全国家标准的制定授权给了国务院卫生行政部门，其由法定的国家机关制定，体现了一定的权威性。同时，《食品安全法》明确规定食品安全标准是强制执行的标准，除食品安全标准外，不得制定其他食品强制性标准。从食品安全标准的实施来看，《法律责任》一章规定：如果企业生产销售的食品不符合食品安全标准，将根据其情节轻重予以一定的行政处罚；若造成人身、财产或者其他损害，将依法承担民事赔偿责任，如果情节严重、构成犯罪，还会追究生产经营企业的刑事责任。由此可以看出，食品安全标准的实施是具有一定的国家强制力的，生产经营者在生产经营的过程中必须加以贯彻落实，否则，就要受到法律的制裁。

（二）表现形式

从表现形式来看，食品安全标准与规章存在区别：①从名称来看，规章一般都被称为"规定""决定""办法"等，而食品安全标准则被冠以"中华人民共和国国家标准"；②从内容来看，规章的正文部分，一般就是规章的具体内容。食品安全标准公告的正文部分，只是载明标准的编号、名称，没有标准的具体内容，其具体内容则载于其他文件中①；③从发布主体来看，规章是由行政首长签署命令发布，而食品安全标准是由相应的行政部门以公告的形式发布的。

（三）社会规范性

食品安全标准是行政机关为了保证食品安全、提高百姓健康生活所依法采取的管理措施，其将法律、法规、规章所确定的原则和规则与社会实践需要结合起来。从实质上讲，食品安全标准是对法律、法规、规章所规定的行为规范内容的进一步完善和细化，具有调整行政机关和食品生产企业行为的规范功能②。

（四）普遍约束力

食品安全标准的约束主体是食品生产经营者，对食品生产经营者从事食品生产起着最低的规范作用。食品安全标准一旦公布，在国家权力所及范围内，就产生了普遍约束力，任何食品企业都禁止生产、销售不符合标准的食品。由于食品安全标准规定的内容具有概括性、一般性的特点，因此，它设定的行为规则不是实施一次即告终止，而是可以对同类事物反复适用，在同样条件下重复

---

① 厉珊珊. 浅析食品安全标准的法律性质[J]. 现代商业，2015（6）：261.

② 伍劲松. 食品安全标准的性质与效力[J]. 华南师范大学学报（社会科学版），2010（3）：14.

发生效力的①。由此可见,食品安全标准具有与法律规范相同的约束力。

（五）制定程序

规章制定一般要经过立项、起草、征求意见、审查、决定和公布等环节。而对于食品安全标准,根据《食品安全国家标准管理办法》的要求,其程序大致可以分为制定规划、实施计划、立项、起草、征求意见、审查、报批和发布等环节。仅仅以此来看,似乎规章和食品安全标准的制定程序并无不同,但在各个具体环节的程序设置上,二者还是存在一定差别的,如食品安全标准是由食品安全国家标准审评委员会审查通过,该委员会由食品污染物、微生物、食品添加剂、农药残留等多个专业分委员会和数百位医学、农业、食品、营养等方面权威专家组成,具体负责标准审查工作②,无须经过部务会议或委员会会议决定,也不需要卫生部长签署发布,这明显与规章制定的法定程序有所差异。

从以上五个方面可以看出,法律授权给国务院卫生行政部门制定食品安全国家标准,从形式意义上来看,其并不具备法的正式渊源所要求的表现形式,但从实质意义上来讲,其作为强制执行的标准,已经具备了与法律规范相同的法律效力。因此,我们不能断章取义,要从食品安全标准的实质内涵进行理解,认可其效力。

四、食品安全标准的效力

食品安全标准虽然没有直接创设权利义务,但这并不意味着其不具有法律效力,从食品安全标准的本质属性来看,其与法的正式渊源一样,是特定国家机关代表国家以国家的名义制定的,体现了国家意志性。作为国家对食品进行监管的重要指标,食品安全标准在社会生活中发挥着重要作用,既规范了食品生产经营者的生产活动,又是行政机关进行食品监管、司法机关裁判食品安全案件的重要依据,更是消费者维护其合法权益的可靠指标。

（一）对食品生产经营者的效力

食品无小事,健康是大事。食品生产经营者作为食品卫生的第一责任人,从事着与人的生命健康最为密切的活动,有必要且必须对其生产活动进行规制。食品安全标准对食品安全性能作出了统一的技术要求,每一个食品生产经营者都必须遵守这一要求,如果没有达到这一要求,就无法申请食品生产许可

---

① 伍劲松.食品安全标准的性质与效力[J].华南师范大学学报(社会科学版),2010(3):14.

② 张明.基于综合指数法和粗糙集理论的中国食品安全评价研究[D].沈阳:辽宁大学,2018:24.

证。如果生产出的食品不符合规定的标准就会面临行政处罚,轻则罚款,重则吊销许可证,构成刑事犯罪的,还会依法追究刑事责任。例如,2017 年 9 月,嘉善一家食品有限公司生产的某一批次的黑芝麻糊菌落总数项目不符合GB19640—2016 食品安全国家标准冲调谷物制品要求,浙江省食品药品监督管理局依法作出了没收违法所得 57.73 元、罚款 65 000 元的行政处罚①。此外,食品监管机关一旦公布了不符合食品安全标准的企业名单,势必会对该企业的商誉造成影响,同时也会影响消费者的选择。因此,食品生产企业生产食品必须符合相应的食品安全标准,甚至有的企业会自行制定高于国家标准或地方标准的企业标准,从而获得竞争优势,以在食品行业中立于不败之地。

(二)对行政机关的效力

行政机关作为国家的执法机关,以国家的名义对社会进行全面管理,鉴于对执法效率的追求,法律赋予行政机关在执法过程中行使一定的自由裁量权,为了确保同种情况同种对待,就需要在行政机关自由裁量的同时设定一个确定的规则。食品安全标准就是食品安全领域的一项规则,其一经发布,基于对行政相对人信赖利益的保护,相关行政机关非经法定程序不得任意撤销、变更该标准。因此,行政机关在作出具体行政行为时,必须适用食品安全标准的规定,通过调查企业生产的食品是否达到食品安全标准来评价行政相对人的生产行为是否违法,一旦行政机关没有适用这一标准,那么,其所做出的行政行为就可能涉嫌违法。从这种意义上来讲,食品安全标准成了行政机关监督检查食品安全活动是否存在违法情形的重要根据。

(三)对司法机关的效力

我国司法机关依据法定职权和法定程序,具体应用法律,对相关案件进行处理和裁判。食品安全标准不是正式的法律渊源,因此,法官在判决中不能引用食品安全标准作为法律依据,但在专业技术领域,其可以作为判断事实认定构成要件的基准,食品安全标准事实上发挥着审查基准的功能②。在审判过程中,法院以食品安全标准为依据,通过审查经营者生产的食品是否达到食品安全标准这一事实,在涉及行政案件时来判定行政机关相应行政行为的合法性;在涉及人身、财产损害等民事案件时,结合《侵权责任法》的相关规定,来确定生产不符合食品安全标准的企业所应承担的民事赔偿责任;在构成犯罪时依法追

① 参见嘉善县政府信息公开网,http://open.jiashan.gov.cn/gov/jcms_files/jcms1/web127/site/art/2018/1/29/art_5502_112754.html,2018 - 11 - 12.

② 伍劲松.食品安全标准的性质与效力[J].华南师范大学学报(社会科学版),2010(3):15.

究刑事责任。以 2018 年利川查处的一起涉嫌生产销售不符合食品安全标准案为例,为了让贩卖的油条口感更加酥软,2018 年 3 月至 2018 年 4 月间,何某雇请吴某某在其经营的早餐店制作油条时肆意添加含铝食品添加剂。2018 年 3月,利川市食品药品监督管理局对何某、吴某某加工出售的油条进行抽样检测,发现其油条内铝含量为 581mg/kg,严重超过国家标准(≤100mg/kg)。经专家认定,何某、吴某某加工出售的油条足以造成严重食物中毒或者其他严重食源性疾病。故湖北省利川市法院依法判决被告人何某、吴某某犯生产、销售不符合安全标准的食品罪,分别判处拘役四个月,缓刑六个月,并处罚金 2000 元,禁止二被告在缓刑考验期限内从事食品生产、销售活动①。由此可见,食品安全标准事实上已经具备了法的正式渊源的效力,发挥着与法律规范几乎相同的功能。

(四)对消费者的指引

食品安全标准在对食品生产经营者、行政机关、司法机关产生法律拘束力的同时,也影响着消费者的消费活动。食品安全标准的制定为消费者提供了一个其在消费时可以参考的因素。消费者在购买食品时,出于对自身健康的考虑,倾向于选择符合食品安全标准的食品,而不会购买那些不符合安全标准的食品。一旦食用不符合标准的食品造成人身损害,消费者也可以以此为依据向法院起诉获得合理的民事赔偿,维护自己的合法权益。

五、结语

食品安全标准从形式上来讲虽然不具备法的正式渊源的外形,但其具有明确的法律授权、普遍约束力,同时依靠国家强制力发挥作用,从实质意义上来讲,食品安全标准与法律规范的功能几乎是一样的,对食品生产经营者以及相关国家机关的行为都起到了一定的规范作用,因此,法院在审理相关案件时应赋予食品安全标准相应的适用效力。

---

① 参见中国食品安全网,http://www.cfsn.cn/supervision/2018 - 11/02/content_297724.htm,2018 - 11 - 12.